低渗透—致密气藏井网优化技术

贾爱林　郭　智　王国亭　等著

石油工业出版社

内容提要

本书以苏里格气田为研究对象，综合地震、测井、地质、气藏工程、经济评价等多学科，采用模拟研究、室内实验等手段，结合密井网解剖和现场试验，形成了致密气储层精细解剖与地质建模、剩余储量表征、直井井网井距优化调整、直井与水平井混合井网设计等有效开发系列技术。

本书可供从事油气勘探开发研究人员及高等院校相关专业师生使用。

图书在版编目（CIP）数据

低渗透—致密气藏井网优化技术 / 贾爱林等著. —北京：石油工业出版社，2022. 3

ISBN 978-7-5183-5356-9

Ⅰ. ①低… Ⅱ. ①贾… Ⅲ. ①致密砂岩-低渗透油气藏-井网（油气田）-油田开发 Ⅳ. ①TE348

中国版本图书馆 CIP 数据核字（2022）第 077458 号

出版发行：石油工业出版社
（北京安定门外安华里 2 区 1 号　100011）
网　址：www. petropub. com
编辑部：（010）64523708
图书营销中心：（010）64523633
经　　销：全国新华书店
印　　刷：北京晨旭印刷厂

2022 年 3 月第 1 版　2022 年 3 月第 1 次印刷
787×1092 毫米　开本：1/16　印张：13
字数：300 千字

定价：140. 00 元

前　言

低渗透—致密气是我国产量最大的气藏类型。近十年来，全国年新增致密气探明储量$3000\times10^{8}m^{3}$以上，占全国新增天然气储量的40%；截至2020年底，致密气累计探明储量$5.4\times10^{12}m^{3}$，占全国天然气总储量$17\times10^{12}m^{3}$的32%。2020年全国致密气产量$470\times10^{8}m^{3}$，占全国天然气年产量($1925\times10^{8}m^{3}$)的24%。

苏里格气田是我国低渗透—致密砂岩气田的典型代表，也是我国已开发的最大气田。气田勘探面积约为$5\times10^{4}km^{2}$，开发区内累计提交探明储量及控制储量$4.64\times10^{12}m^{3}$，具有储层物性差、储量丰度低、气井产量低、递减率高等典型特征，采用多井低成本开发模式实现规模效益开发，2020年产量为$274.8\times10^{8}m^{3}$。受控于储层致密、连续性及连通性差、渗流及压降传导能力弱等原因，主体开发井网(600m×800m)对储量控制不足，采收率仅为32%。

研究团队长期紧密结合油田现场，以苏里格气田为研究对象，通过持续攻关，综合地震、测井、地质、气藏工程、经济评价等多学科，采用模拟研究、室内实验等手段，结合密井网解剖和现场试验，形成了致密气储层精细解剖与地质建模、剩余储量表征、直井井网井距优化调整、直井与水平井混合井网设计等有效开发系列技术，对于其他致密气田的有效开发也具有一定的启示和借鉴意义。

本书共八章：第一章介绍典型低渗透—致密气藏基本特征，包括苏里格气田概况、气田开发历程、基本地质及开发特征；第二章论述低渗透—致密气藏储层规模及结构模式，着重分析辫状河体系带对于沉积微相和有效储层的控制关系；第三章开展气田生产动态分析，优选产能评价方法，分直井、水平井分别论证动储量、EUR、递减率等关键生产指标；第四章论述三维地质建模，提出"多层约束、分级相控"的多步建模方法，较大程度地提高了模型精度和井间预测的准确度；第五章论述储量分类及剩余储量评价，结合储量开发动用情况，提出剩余储量表征的"四步法"流程；第六章论述密井网试验区开发评价，分析对比不同密井网试验区地质条件及开发效果差异；第七章论述井网优化技术对策，基于密井网试验区实际生产情况及建模、数模结果，分储量类型论证适宜井网密度，形成井网整体优化技术流程，同时提出局部加密技术对策；第八章开展混合井网设计及指标论证。

主要形成四个方面的认识。

1. 储层精细描述与地质建模

根据密井网解剖、野外露头观测、沉积物理模拟，明确了二叠系盒8段、山1段的有效砂体规模及分布结构。有效单砂体厚度1.5~5.0m，厚度200~500m，长度400~700m。80%的有效砂体在空间孤立分布，20%的有效砂体通过垂向叠置及侧向搭接形成相对较大规模。根据辫状河相致密砂岩储层地质特征，提出了"多层约束、分级相控"的多步建模方法，尽可能地在模型中加入约束条件，将地质建模分为自然伽马(GR)建模、岩石相建模、辫状河体系带建模、沉积微相建模、有效砂体建模等多个步骤，提高了模型的精度和准确度。

2. 剩余储量表征

结合储量开发动用情况，提出剩余储量表征的“四步法”流程：(1)通过动静储量比评价剩余储量富集区块；(2)通过地球物理分频反演技术预测井间剩余储量分布；(3)选取储层厚度、渗透率等参数，结合产能分层测试，开展分层拟合，评价单层储量动用程度；(4)利用数值模拟方法实现区块剩余储量分布的定量评价。可将剩余储量划分为井网未控制型、复合砂体内阻流带型、射孔不完善型，分布比例分别为82%、10%、8%。

3. 井网井距优化调整

根据密井网开发区解剖分析，井距方向大于500m时，井间干扰概率为22.2%；排距方向大于700m时，井间干扰概率为20%。兼顾提高采收率和开发效益，提出“区块开发整体有效、加密井能够自保、井间适度干扰”的井网调整原则。基于密井网开发区实际生产数据和建模数模预测，综合定量地质模型法、动态泄气范围法、产量干扰率法、经济技术指标评价法等，建立了区块采收率、气井EUR、井间干扰程度与井网密度的关系图版，论证了合理井排距为(400~500)m×(600~700)m。在储量丰度分别为(1.0~1.3)×$10^8m^3/km^2$、(1.3~1.8)×$10^8m^3/km^2$及大于1.8×$10^8m^3/km^2$的条件下，适宜井密度分别为3口/km^2、4口/km^2、3口/km^2，采收率分别为38.3%、50.3%、51.4%。

4. 直井与水平井混合部署

通过对比水平井与直井开发，认识到单期厚层块状型、多期垂向叠置泛连通型在储层剖面上的储量集中度高，水平井控制层段采出程度可达65%以上，层间采出程度在40%以上，采用水平井整体开发可大幅提高采收率；多期分散局部连通型储层剖面上的储量分布分散，水平井控制层段采出程度小于60%，层间采出程度小于25%，可在井位优选的基础上采用加密水平井开发。

混合井网开发相对直井井网开发具备一定的优势：当直井密度为2口/km^2时，通过优选井位部署混合井网可以提高区块采收率，提高幅度约为5%；当直井密度达到4口/km^2时，部署混合井网的采收率指标与直井井网的采收率指标基本相当，没有明显提高；按照目前苏里格气田的水平井投资约为直井的三倍计算，按照混合井网部署可节约与水平井数等量的直井投资。

本书共分八章，第一章、第八章由贾爱林编写；第二章、第四章、第七章由郭智编写；第三章由孟德伟、王丽娟、程敏华编写；第五章由王国亭、韩江晨编写；第六章由冀光、郭智、王国亭编写。全书由贾爱林、郭智统稿。另外，何东博、位云生、王丽娟、罗娜、刘群明、吕志凯、程敏华、韩江晨、程刚等人也参加了相关研究工作，在此一并表示感谢！

由于笔者水平有限，书中难免存在问题及不足，敬请读者海涵并批评指正！

目　录

第一章　典型低渗透—致密砂岩气田基本情况

第一节　苏里格气田概况

苏里格气田是我国低渗透—致密砂岩气田的典型代表，也是我国已开发的最大气田。苏里格气田位于鄂尔多斯盆地伊陕斜坡中北部（图 1-1），西临天环坳陷，东接榆林气

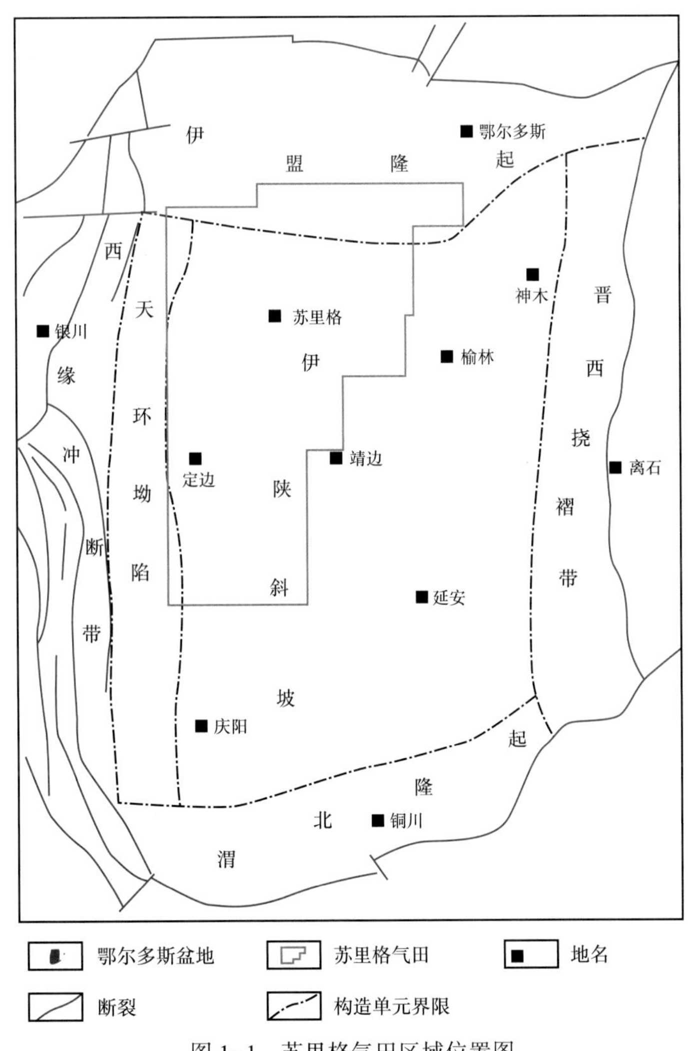

图 1-1　苏里格气田区域位置图

田，勘探面积约为 $5\times10^4km^2$，总资源量 $6.15\times10^{12}m^3$，主要含气层段为上古生界气藏二叠系石盒子组盒 8 段和山西组山 1 段，总计 7 个开发小层，储层埋深 3200～3500m。苏里格气田整体为低孔隙度、低渗透—致密、低压气藏，储层分布受砂体展布和物性控制，为地层岩性圈闭气藏，无明显边水、底水。

一、地层特征

苏里格气田上古生界属海陆过渡相—陆相碎屑岩沉积，自下而上划分为石炭系本溪组、太原组，二叠系山西组、下石盒子组、上石盒子组和石千峰组，其中本溪组顶部 8 号煤层在苏里格地区普遍分布，构成了良好的地区性标志层（表 1-1）。下石盒子组盒 8 段和山西组山 1 段是主要目的层位，按照区域标志层控制、沉积旋回组合，细分为七个小层，小层厚度 10～20m，全区可对比，地层分布稳定。

表 1-1　苏里格气田上古生界地层划分表

<table>
<tr><th colspan="5">地　层</th><th>标志层</th></tr>
<tr><td colspan="2">三叠系</td><td colspan="3">刘家沟组 T_1l</td><td></td></tr>
<tr><td rowspan="12">二叠系</td><td rowspan="5">上统</td><td colspan="3">石千峰组 P_2s</td><td></td></tr>
<tr><td rowspan="4">上石盒子组</td><td>盒 1 段</td><td>P_2sh_1</td><td rowspan="4">$-K_1$：上石盒子组顶部，紫红色泥岩，高伽马值</td></tr>
<tr><td>盒 2 段</td><td>P_2sh_2</td></tr>
<tr><td>盒 3 段</td><td>P_2sh_3</td></tr>
<tr><td>盒 4 段</td><td>P_2sh_4</td></tr>
<tr><td rowspan="6">下统</td><td rowspan="4">下石盒子组</td><td>盒 5 段</td><td>P_1x_5</td><td rowspan="4">$-K_2$：下石盒子组顶部，桃花页岩，高伽马值
$-K_3$：下石盒子组底部砂岩之上，紫色泥岩，高伽马值</td></tr>
<tr><td>盒 6 段</td><td>P_1x_6</td></tr>
<tr><td>盒 7 段</td><td>P_1x_7</td></tr>
<tr><td>盒 8 段</td><td>P_1x_8</td></tr>
<tr><td rowspan="2">山西组</td><td>山 1 段</td><td>P_1s_1</td><td rowspan="2"></td></tr>
<tr><td>山 2 段</td><td>P_1s_2</td></tr>
<tr><td rowspan="4">石炭系</td><td rowspan="2">上统</td><td rowspan="2">太原组</td><td>太 1 段</td><td>C_3t_1</td><td rowspan="2">$-K_4$：太原组顶部 6 号煤层，尖刀状大井径，高伽马值，高声速</td></tr>
<tr><td>太 2 段</td><td>C_3t_2</td></tr>
<tr><td rowspan="2">中统</td><td rowspan="2">本溪组</td><td>本 1 段</td><td>C_2b_1</td><td rowspan="2">顶部 8 号煤层分布稳定</td></tr>
<tr><td>本 2 段</td><td>C_2b_2</td></tr>
<tr><td>奥陶系</td><td>下统</td><td colspan="3">马家沟组</td><td></td></tr>
</table>

二、构造特征

鄂尔多斯盆地在大地构造属性上属地台型构造沉积盆地，原属华北地台的一部分，位于中国东部稳定区和西部活动带的结合部位，具有太古宇及古元古界变质结晶基底，其上覆以中—新元古界、古生界、中—新生界沉积盖层。鄂尔多斯盆地总体构造面貌为南北走向，呈东缓西陡的矩形向斜。根据现今的构造形态和盆地演化史，鄂尔多斯盆地内可划分为六个一级构造单元：伊盟隆起、渭北隆起、晋西挠褶带、伊陕斜坡、天环坳陷和西缘逆冲带(图 1-1)。

伊陕斜坡为鄂尔多斯盆地的主体，是一个由东北向西南方向倾斜的单斜构造，倾角不足 1°；断层不发育，仅发育多个北东向开口的鼻状褶曲，宽度 5~8km，长度 10~35km，起伏幅度 10~25m。

苏里格气田区域构造为一宽缓的西倾大单斜，坡降 4~8m/km，区内断层不发育。

三、沉积特征

平缓的构造背景是形成浅水三角洲的有利条件。浅水三角洲与正常三角洲相比，三角洲平原发育，分流河道广泛分布；前缘相对不发育，河口坝砂体较少。区域沉积背景研究表明，上古生界盆地中北部发育石嘴山、苏里格、靖边、米脂四大浅水三角洲沉积体系。各沉积体系之间界限不明显，连片分布，形成几千平方千米至上万平方千米的砂岩分布区(图 1-2)，为大面积岩性气藏的形成提供了有利的地质条件。受辫状水道迁移摆动、多期叠置影响，砂体呈叠合连片分布，目的层段河道充填和心滩微相是沉积主体，主要沿

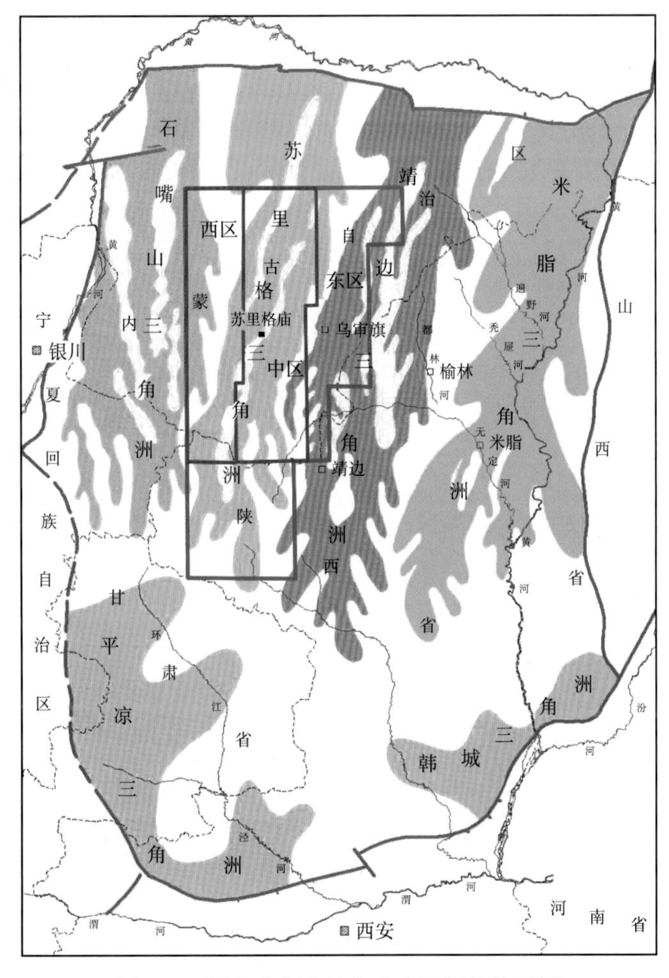

图 1-2 鄂尔多斯盆地上古生界沉积体系图

南北向展布。

四、储层特征

苏里格气田盒 8 段储层储集岩性主要为灰色—灰白色(含砾)粗砂岩、中砂岩，灰色、绿灰色细砂岩，少量灰色—灰白色砾岩。山 1 段储层储集岩性主要为灰色—深灰色(含砾)粗砂岩、中砂岩，灰色、深灰色、灰黑色细砂岩。碎屑颗粒含量中岩屑含量高，岩石类型以岩屑砂岩、岩屑石英砂岩为主。储层物性差，低孔隙度、低渗透率，孔隙度主要分布在 4.0%~14.0%之间，平均值为 7%左右；渗透率主要分布在 0.1~10mD 之间，平均值为 0.39mD，属于典型的致密砂岩储层。储集空间主要为溶孔(杂基溶孔、岩屑溶孔等)、晶间孔、残余粒间孔及少量微裂隙。

五、气体组分分析

苏里格气田天然气组分中甲烷含量普遍偏高，平均值在 90%以上；不含 H_2S 或含量低，属于无硫干气；相对密度平均值为 0.5961(表 1-2)。

表 1-2　苏里格气田天然气组分分析表

<table>
<tr><th>区块</th><th>层位</th><th>取值</th><th>CH_4 (%)</th><th>C_2H_6 (%)</th><th>C_3H_8 (%)</th><th>C_4H_{10} (%)</th><th>CO_2 (%)</th><th>N_2 (%)</th><th>H_2S (mg/m^3)</th><th>相对密度</th></tr>
<tr><td rowspan="6">西区</td><td rowspan="3">盒 8 段</td><td rowspan="2">范围值</td><td>89.53</td><td>1.06</td><td>0</td><td>0</td><td>0</td><td>0</td><td rowspan="2">0</td><td>0.5661</td></tr>
<tr><td>98.03</td><td>7.99</td><td>0.50</td><td>0.58</td><td>2.50</td><td>2.79</td><td>0.6200</td></tr>
<tr><td>平均值</td><td>93.99</td><td>4.01</td><td>0.09</td><td>0.01</td><td>0.57</td><td>0.79</td><td>0</td><td>0.5885</td></tr>
<tr><td rowspan="3">山 1 段</td><td rowspan="2">范围值</td><td>89.28</td><td>1.25</td><td>0</td><td rowspan="2">0</td><td>0</td><td>0.05</td><td rowspan="2">0</td><td>0.5635</td></tr>
<tr><td>98.23</td><td>10.06</td><td>0.37</td><td>3.42</td><td>5.08</td><td>0.6253</td></tr>
<tr><td>平均值</td><td>94.02</td><td>3.88</td><td>0.07</td><td>0</td><td>0.58</td><td>0.70</td><td>0</td><td>0.5872</td></tr>
<tr><td rowspan="3">东区</td><td rowspan="3">盒 8 段、山 1 段</td><td rowspan="2">范围值</td><td>86.69</td><td>0.73</td><td>0.11</td><td>0.01</td><td>0</td><td>0.23</td><td>0.43</td><td>0.5580</td></tr>
<tr><td>96.50</td><td>6.00</td><td>1.59</td><td>0.51</td><td>3.33</td><td>8.85</td><td>3.08</td><td>0.6600</td></tr>
<tr><td>平均值</td><td>92.00</td><td>3.69</td><td>0.78</td><td>0.17</td><td>0.66</td><td>1.92</td><td>1.68</td><td>0.5850</td></tr>
<tr><td rowspan="3">中区</td><td rowspan="3">盒 8 段、山 1 段</td><td rowspan="2">范围值</td><td>85.71</td><td>2.51</td><td>0.65</td><td>0.14</td><td>0.19</td><td>1.01</td><td rowspan="2">0</td><td>0.5800</td></tr>
<tr><td>93.20</td><td>6.46</td><td>4.06</td><td>2.00</td><td>2.72</td><td>6.69</td><td>0.6600</td></tr>
<tr><td>平均值</td><td>91.75</td><td>5.17</td><td>1.30</td><td>0.60</td><td>1.19</td><td>2.99</td><td>0</td><td>0.6076</td></tr>
</table>

六、气藏温压系统

苏里格气田整体属于一套温度系统，地温梯度一般在 3℃/100m。西区地温梯度 2.88℃/100m，中区地温梯度 3.06℃/100m，东区地温梯度 3.03℃/100m (图 1-3)。

苏里格气田整体属于一套压力系统，压力系数在 0.7~0.98 之间，属于低压气藏。西区气藏压力系数在 0.85~0.94 之间，中区压力系数在 0.771~0.98 之间，东区压力系数在 0.807~0.917 之间(图 1-4)。

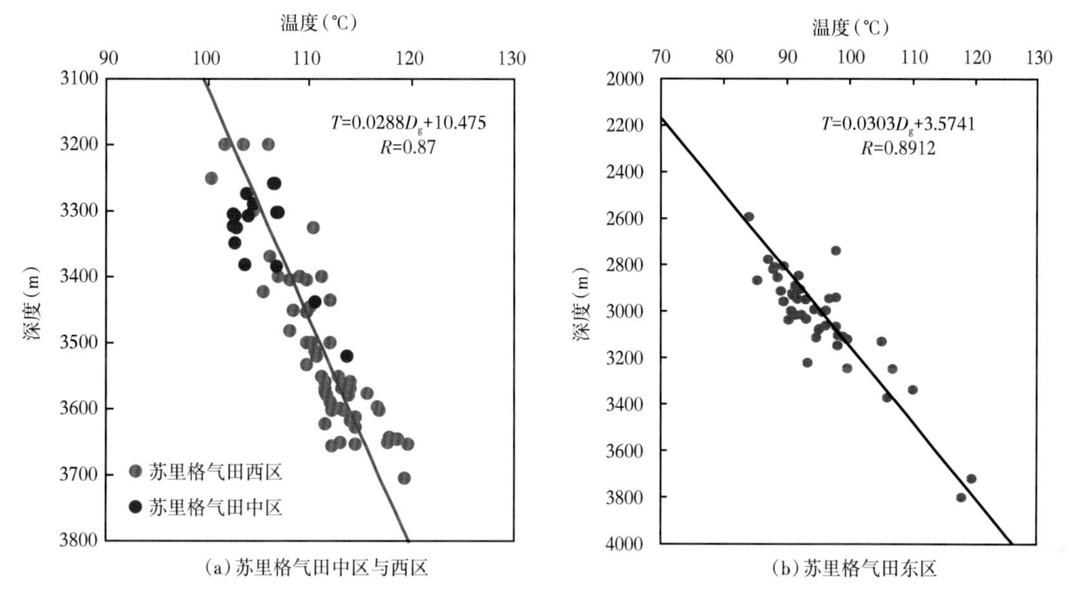

(a)苏里格气田中区与西区　　(b)苏里格气田东区

图 1-3　苏里格气田地层温度与深度关系图

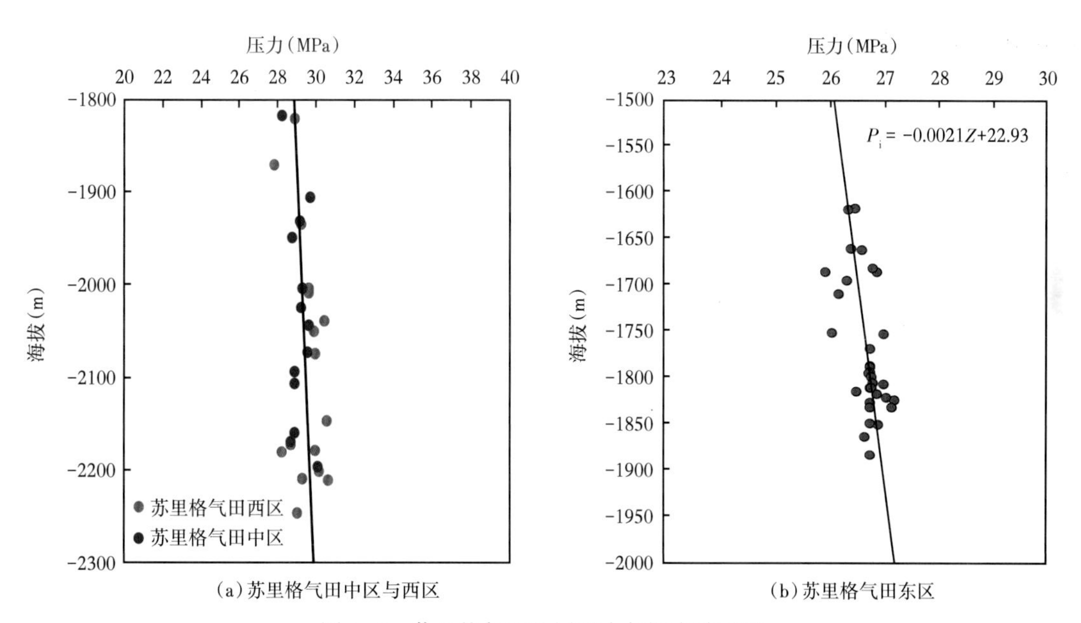

(a)苏里格气田中区与西区　　(b)苏里格气田东区

图 1-4　苏里格气田地层压力与深度关系图

七、气田开发现状

苏里格气田经过 20 年的勘探开发，累计提交探明储量和基本探明储量共 4.64×$10^{12}$$m^3$，截至 2020 年底，气田完钻井 16967 口(直井 14938 口、水平井 2029 口)，日均开井 11043 口，日均产气量 8776×$10^4$$m^3$，平均单井日产量 0.79×$10^4$$m^3$，套压 8.3MPa，累计产气量 2458.3×$10^8$$m^3$(图 1-5)。

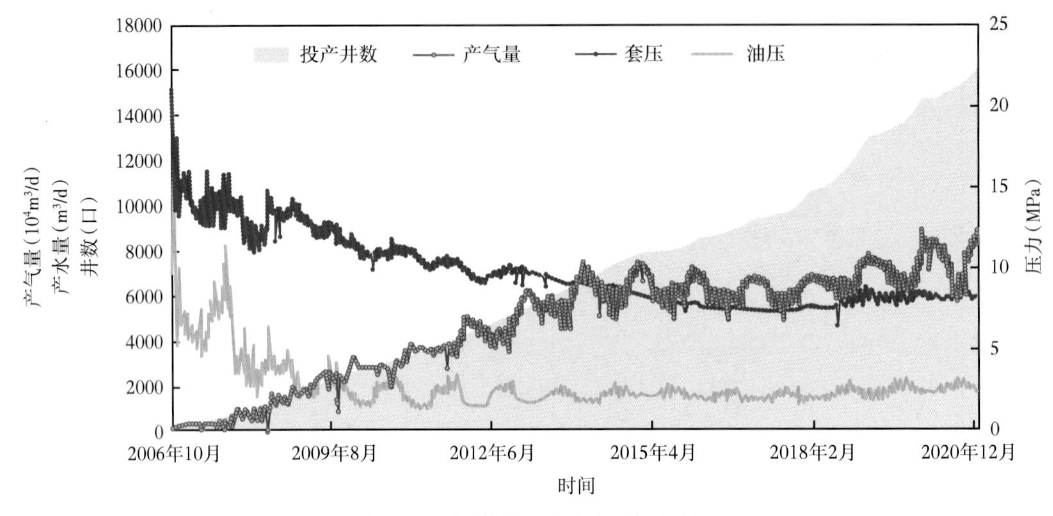

图 1-5　苏里格气田生产运行曲线

第二节　苏里格气田开发历程

2000 年 8 月 27 日，在苏里格气田中部钻探的苏 6 井压裂后井口日产天然气 $26.8\times10^4m^3$，标志着苏里格气田的发现。至今历经 20 多年的持续勘探扩边和开发滚动建产，建成了国内产量规模最大的气田，单个气田年产量占全国天然气产量的 14%。气田以砂岩透镜体成藏为特点，储量丰度低，单井产量低。技术与管理创新，开创了一条低成本开发之路，引领了我国致密气藏开发技术的快速发展，也成为具有国际影响力的致密气田开发典范。

苏里格气田近 20 年的开发历程可划分为早期评价（2001—2004 年）、规模建产（2005—2008 年）、快速上产（2009—2014 年）和稳产与提高采收率（2015 年至今）四个阶段（图 1-6）。

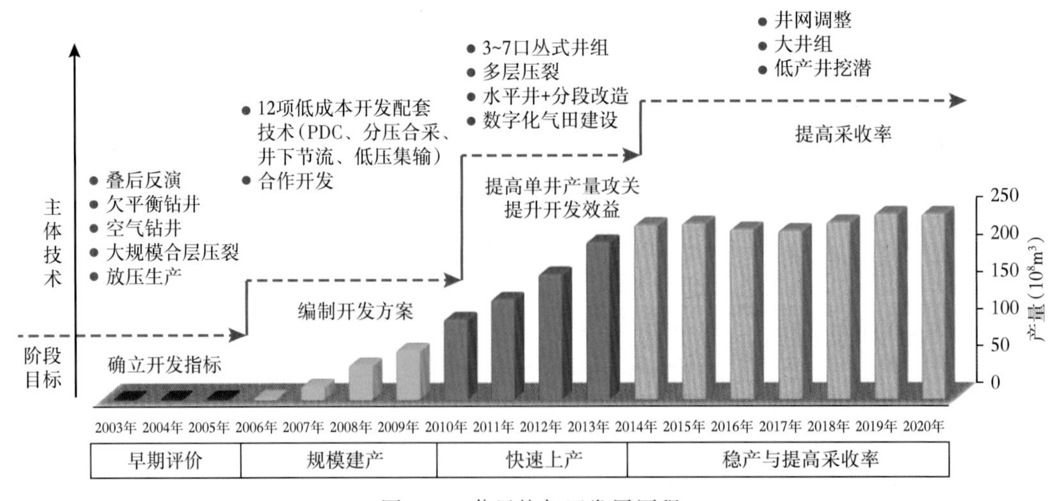

图 1-6　苏里格气田发展历程

一、早期评价阶段（2001—2004 年）

2001—2004 年，苏里格气田处于早期评价阶段。苏里格气田发现后，为了进一步落实储量，按照“中区为主，兼顾外围”的原则先后部署探井 40 余口（图 1-7），测试产量参差不齐，在当时国内还没有相似类型的气田投入开发，缺乏可借鉴的开发经验，致密气作为我国新的资源类型，对气藏特征的认识和开发策略的制订都面临新的挑战。

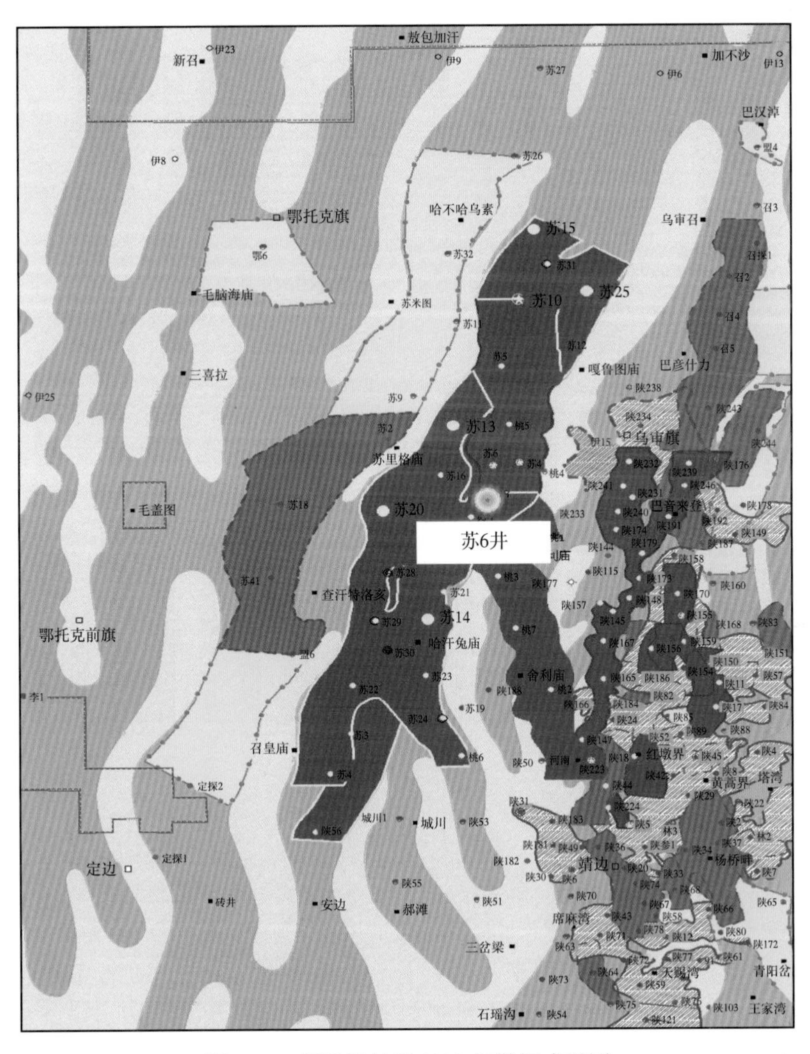

图 1-7　苏里格气田 2003 年勘探成果图

为了进一步揭示气田的开发特点，2001—2004 年持续开展前期评价研究，先后完钻评价井和开发试验井 54 口。其中，22 口试采井单井气层厚度分布在 3~28m 之间，井间差异非常大，预测气井可采储量（800~3800）$\times10^4m^3$，各井差异较大，整体表现为低压、低产特点。通过评价和试采工作开展，逐渐认识到苏里格气田非均质性强、气层厚度和单井可采储量低且变化大的客观事实（图 1-8、图 1-9）。为了进一步落实气井开发指标，对试采井进行了系统评价，提出了Ⅰ类井、Ⅱ类井、Ⅲ类井的概念，并确定三类井各占三分之一的比例关系，利用三类井的平均单井累计产量和占比加权预测开发区块指标。同时，部署了38-16、39-14两排加密解剖井，为气田开发的井网部署提前做好了准备。

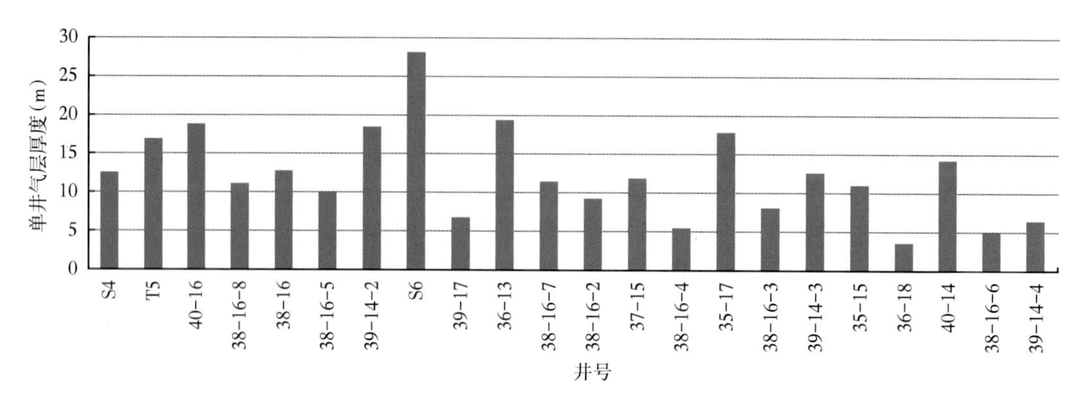

图1-8　苏里格气田早期22口试采井单井气层厚度

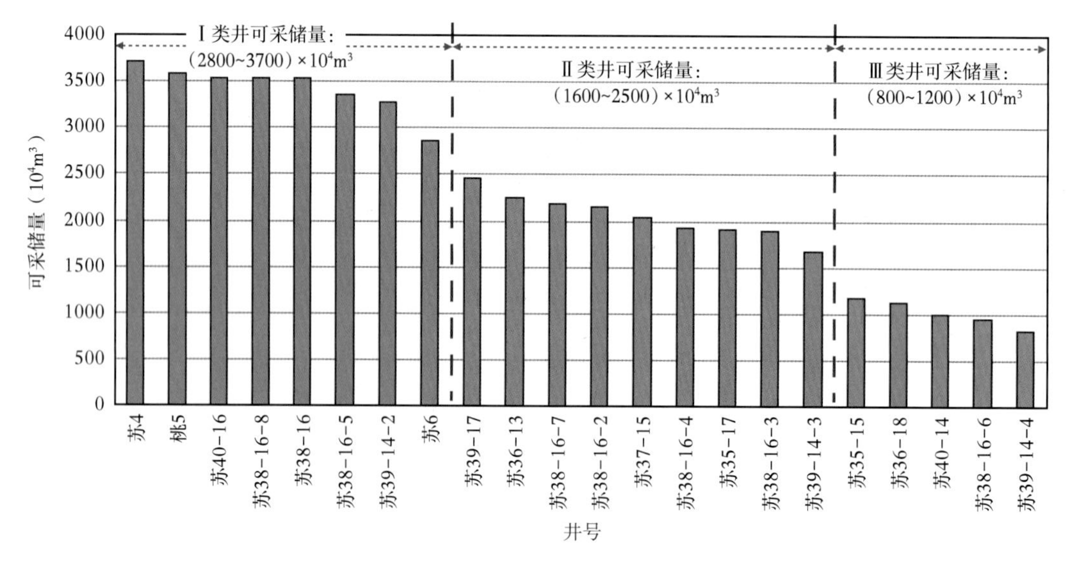

图1-9　苏里格气田早期22口试采井单井可采储量分布图

通过钻评价井、试采和部署加密井排，揭示了苏里格气田非均质性强的特征，认识到气田储量丰度低、地层压力低和单井产量低的开发特点。因此，如何实现效益开发成为气田建产的关键。在地质认识基础上，通过单井最终累计产量和单井综合投资分析，确定了当时气价条件下（0.66元/m^3）单井产量与投资的关系，明确了低成本开发的方向，提出在当时的气价条件下单井投资需降到800万元以下的经济技术政策，形成了“面对现实、依靠科技、走低成本开发的路子”的开发苏里格气田的建设思路。

二、规模建产阶段（2005—2008年）

2005—2008年，气田进入规模建产阶段，通过技术和管理创新，攻关富集区优选和低成本开发技术，创新合作开发管理模式，形成了系列气藏开发配套技术和开发模式，初步实现了气田的规模效益开发。

1. 富集区优选技术

采用地质评价与地球物理预测相结合，建立了一套实用的富集区优选技术，在苏里格中区优选富集区面积 1500km^2、地质储量 1900×10^{8}m^3，作为气田首批产能建设区块（图 1-10）。其中Ⅰ类富集区气层厚度平均值为 12m，Ⅱ类中等富集区气层厚度平均值为 8m，Ⅲ类差区块储层以致密砂岩为主。

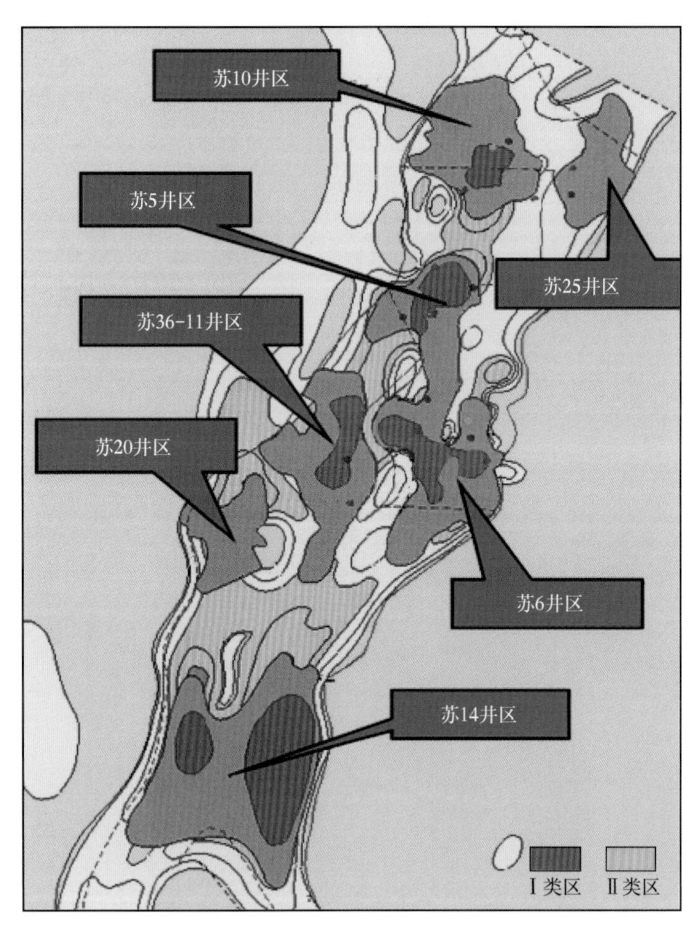

图 1-10 苏里格气田 2006 年Ⅰ+Ⅱ类区预测图

2. 提高单井产量技术

针对多层系气井压裂改造技术攻关，直井压裂取得突破，实现了直井的分压合采，有效提高了单井产量，平均单井稳定日产量 1×10^{4}m^3，最终累计产气量（2000～3000）×10^{4}m^3（图 1-11）。

3. 低成本开发工艺

建立了系列低成本开发工艺技术，包括快速钻井、井下节流、中低压地面集输技术等。通过井身结构优化、优选 PDC 钻头和改进钻井液体系等钻井技术，可使平均完钻井

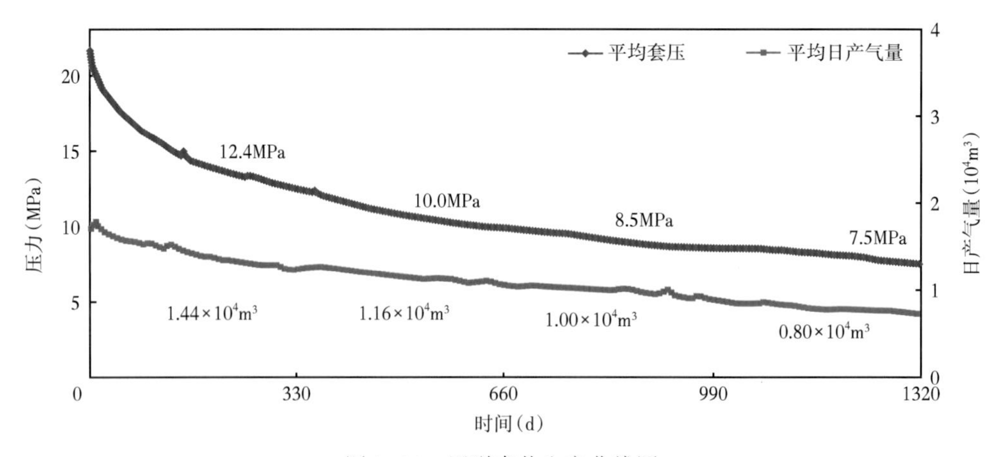

图 1-11　压裂直井生产曲线图

深达 3300m，平均完钻周期缩短至 15 天左右(图 1-12)。当时的苏 25-11-23 井，钻井周期最短为 7 天。通过快速钻井，结合油(套)管国产化、简化地面流程等技术，苏里格气田直井单井钻井成本小于 500 万元，综合投资小于 800 万元。井下节流技术利用地层能量实现井筒节流降压，取代了传统的集气站或井口加热，抑制了水合物的生成，并为形成中低压集输模式、降低地面建设投资创造了条件。井下节流器耐高温可达 200℃、耐压 35MPa，开井时率由 65%提高到 90%以上；不加热、不注醇，有利于节能减排；单井地面综合投资控制在 100 万元左右。低成本开发技术为苏里格气田有效建产奠定了基础。

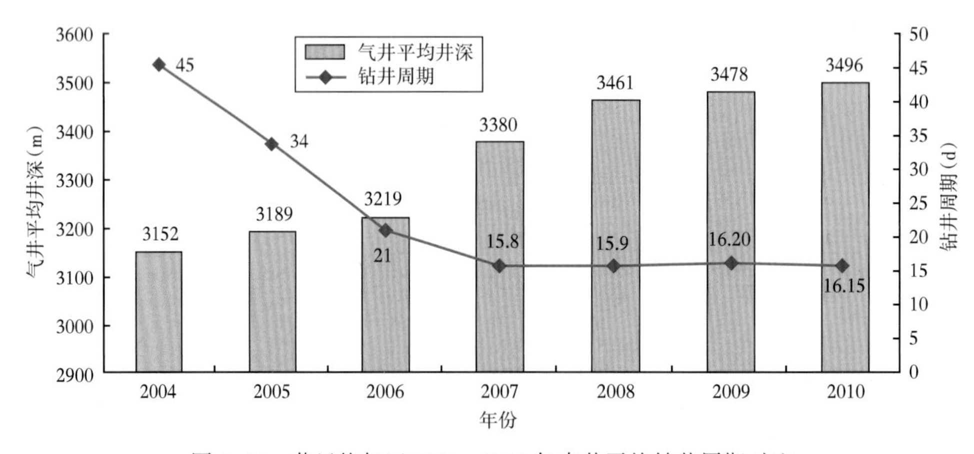

图 1-12　苏里格气田 2004—2010 年直井平均钻井周期对比

4. 管理模式创新

针对苏里格气田开发工作量大、长庆油田自身产能建设能力不匹配的开发建设情况，首次提出联合外部力量合作开发的模式，开创了合作开发管理的新局面。2005 年，引进辽河石油勘探局、四川石油管理局、大港集团有限公司、华北石油管理局和长庆油田分公司，与长庆石油勘探局组成“5+1”一期合作开发，合作开发区块包括苏 6 井区、苏 36-11 井区、苏 10 井区、苏 11 井区、苏 5 井区、桃 7 井区、苏 20 井区、苏 25 井区和苏 14

井区（图 1-13）。在合作开发条件下，苏里格气田实现了规模建产，截至 2008 年相对富集区产量达到 $46\times10^8m^3/a$，较 2006 年增加了近 $45\times10^8m^3/a$。

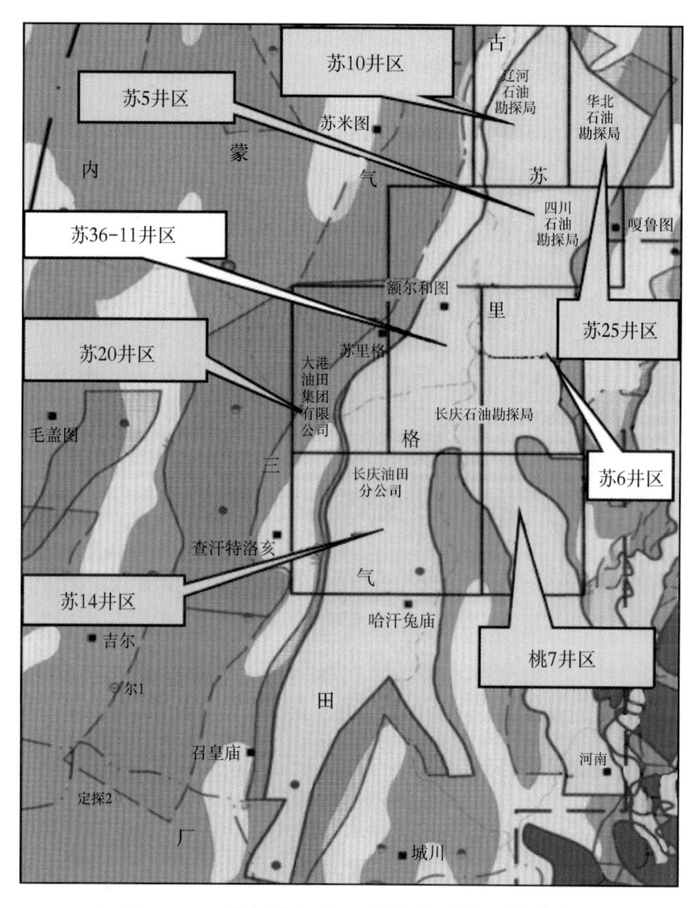

图 1-13 苏里格气田一期合作开发区块分布

这一阶段气田开发标志性成果包括三项：一是在前期井网论证和加密井实验基础上，进一步提出由 600m×1200m 井网缩小到 600m×800m 井网的井位部署要求，确立了苏里格气田规模开发的基础井网，成为后期全区推广实施的直井井网部署标准；二是引进了“5+1”的合作模式，极大地促进了气田建设速度，降低开发投资；三是创新攻克了多项开发核心技术，形成了低渗透—致密砂岩气藏的 12 项开发配套技术与开发模式，保障了苏里格气田的有效开发与规模建产。

三、快速上产阶段（2009—2014 年）

2009 年苏里格气田进入快速建产阶段。2009 年以来，气田开发区域不断扩大，关键技术不断完善，气田产量快速增长，由 2009 年的 $66\times10^8m^3$ 攀升至 2014 年的 $235\times10^8m^3$，提前一年实现了规划目标，建成我国第一大天然气田。

这一阶段气田开发进展突出表现在以下方面。

1. 储量方面

不断加强滚动勘探，气田开发区块由中区扩展到东区、西区和南区，探明储量由 $0.86\times10^{12}m^3$ 升至 $1.26\times10^{12}m^3$，基本探明储量由 $1.4\times10^{12}m^3$ 增至 $2.97\times10^{12}m^3$，探明储量+基本探明储量合计达到 $4.23\times10^{12}m^3$。

2. 产量规划方面

2009 年，基于苏里格气田的储量基础、开发特点和潜力区块，提出了建成年产量 $230\times10^8m^3$ 的开发计划，并编制了气田总产能 $249\times10^8m^3/a$、总产量 $230\times10^8m^3/a$ 的整体开发规划方案，将气田开发分为苏里格中区、苏里格西区、苏里格东区、苏里格南区、苏东南区、道达尔国际合作区等区块(图 1-14)，综合稳产期 20 年。其中，苏里格中区产能 $85\times10^8m^3/a$，苏里格东区产能 $56\times10^8m^3/a$，苏里格西区产能 $78\times10^8m^3/a$，苏里格南区及道达尔国际合作区产能 $30\times10^8m^3/a$。

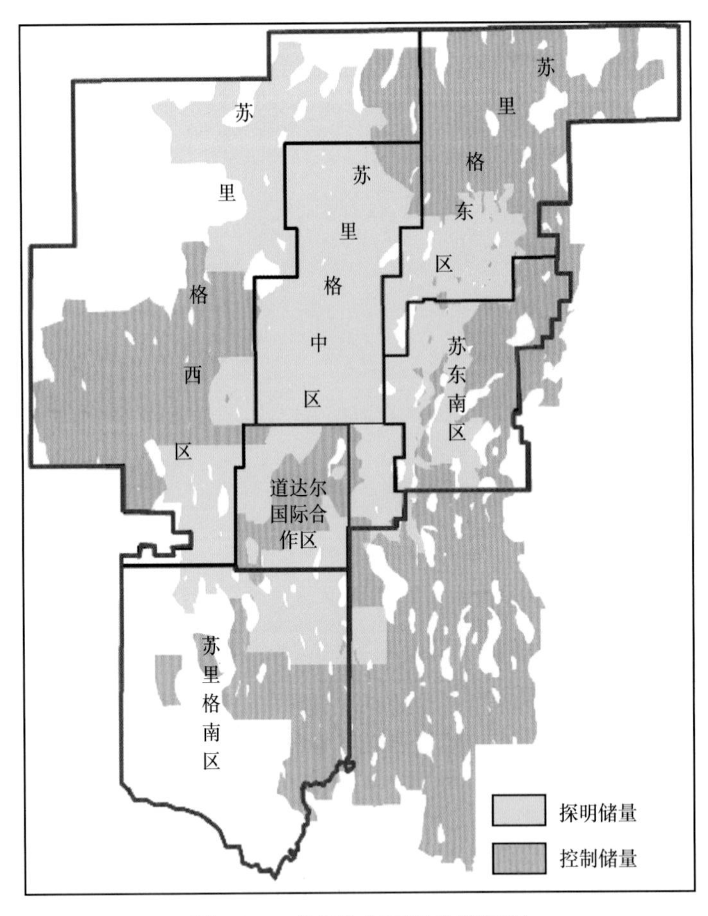

图 1-14　苏里格气田开发形势图

3. 开发工艺方面

中国石油开展“低渗透气藏、高酸性气藏、火山岩气藏”三类气藏提高单井产量技术现场攻关试验。苏里格气田作为低渗透气藏的典型代表，围绕着提高单井产量技术开展包括储层预测及富集区优选评价技术、水平井开发试验、分支井丛式井推广应用、直定向井多薄层系压裂改造技术、地面工艺配套及现场试验、环境保护技术及现场试验等，使苏里格气田开发技术进一步得到改进和完善。尤其是储层改造工艺技术和水平井开发技术在这一阶段得到了进一步提升。储层改造直井分压段数达 13 层，水平井压裂超过 20 段，改造能力完全达到了气田储层的改造需求；水平井开发取得突破，系统提出了水平井优选部署的地质条件，确定了水平井开发的技术指标，即水平井适宜的部署区储量丰度大于 $1.2\times10^8m^3/km^2$，储量剖面集中度大于 60%；水平段方位为近南北向，水平段长度合理规模在 1000~1200m 之间；水平段合理压裂间距为 100~150m，合理排距和井距是 600m×1600m。同时预测水平井生产指标，促进了水平井的快速规模应用（表 1–3）。

表 1–3　苏里格气田水平井生产指标

类型	合理产量（$10^4m^3/d$）	累计产量（10^8m^3）
Ⅰ类井	8.7	1.44
Ⅱ类井	4.1	0.70
Ⅲ类井	2.0	0.39
加权平均值	4.5	0.78

四、稳产与提高采收率阶段（2015 年至今）

2015 年以来，稳产与提高采收率成为气田开发的重心。这一阶段，开辟密井网试验区、推广大井组工厂化作业，攻关低产低效井挖潜，多措并举提高储量动用程度。在国家大力发展天然气的形势下，长庆油田提出二次加快发展战略目标，规划在“十四五”期间，通过技术和管理创新，推动苏里格气田上产至 $300\times10^8m^3/a$ 并稳产 10 年以上，为天然气业务发展做出新的贡献（图 1–15）。

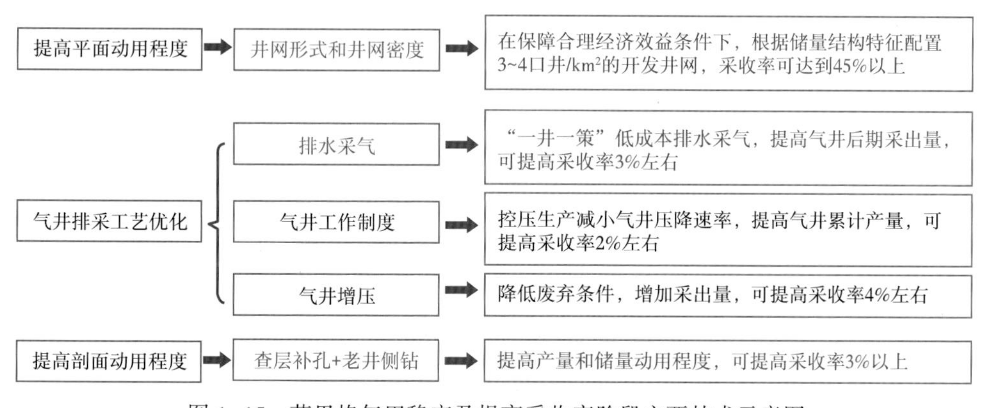

图 1–15　苏里格气田稳产及提高采收率阶段主要技术示意图

开辟了苏 36–11 和苏东 27–36 两个密井网扩大试验区，建立了一套以效益开发、采收率最大化为目标的井网加密优化方法，推动气田开发井网密度达到 3~4 口/km^2，预测采收率 45%以上。

同时，建立了大井组工厂化作业模式，节约了用地，缩短了工期，提升了作业效率，进一步实现降本增效。逐步完善低产低效井挖潜技术，形成了排水采气、关停井复产、老井侧钻等综合挖潜技术系列。2019 年排水采气增产气量 $22.86\times10^8m^3$，井均增产 $28\times10^8m^3$，关停井复产增产气量 $5.29\times10^8m^3$，井均增产气量 $103\times10^8m^3$。

第三节 苏里格气田基本地质及开发特征

一、储层物性差、规模小、非均质性强，储量丰度低

苏里格气田主力产层为二叠系石盒子组盒 8 段和山西组山 1 段，累计地层厚度约为 100m，砂层厚度 30~40m，共分为 7 个小层。根据苏里格气田 890 块密闭取心岩样的覆压分析试验，孔隙度主要介于 5%~12%，渗透率介于 0.01~0.1mD，为典型的致密砂岩气田，须经过储层压裂改造才能有工业产能。

在鄂尔多斯盆地河流—浅水三角洲的沉积背景下，河道多期切割、叠置，形成上万平方千米的砂岩大规模分布区。储层先致密后成藏，沉积以后遭受了强烈的压实、胶结等破坏性成岩作用，原生孔隙消失殆尽。有效砂体为孔隙度大于 5%、渗透率大于 0.1mD、含气饱和度大于45%的相对“甜点”区，以溶蚀孔等次生孔隙为主，是产量贡献的主体，多分布心滩中下部及河道充填底部等粗砂岩相，与基质砂体呈“砂包砂”二元结构(图 1-16)。不同于基质砂体的大规模分布，有效砂体规模小，连续性较差，在空间多呈透镜状孤立分布。直井平均钻遇 2~5 层有效砂体，井均钻遇有效厚度约为 7~12m，仅占基质砂体厚度的 1/4~1/3。

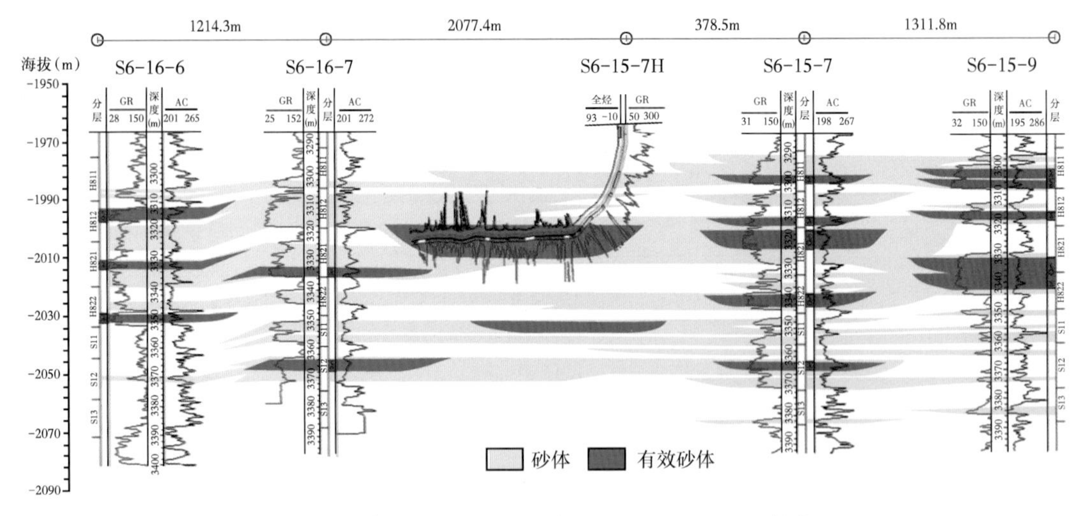

图 1-16 有效砂体及基质砂体的“砂包砂”二元结构

致密砂岩气藏虽然具有大规模连续成藏、含气面积大的特征，但受控于孔隙度小、有效厚度薄，气田储量丰度较低，平均值仅为 $1.0\times10^8m^3/km^2$，对规模效益开发提出了挑战。作为对比，四川盆地各气田储量丰度普遍较大，分布在 $(5\sim15)\times10^8m^3/km^2$ 范围内，

塔里木盆地各气田平均储量丰度分布在(10~20)×$10^8m^3/km^2$ 范围内(图 1-17)。

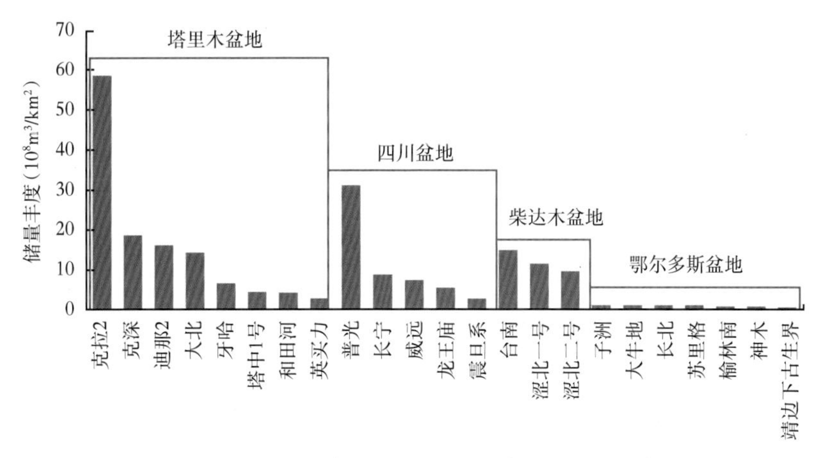

图 1-17 全国主要含气盆地主力气田储量丰度分布直方图

二、气井产量低，递减率高

多层透镜状致密砂岩气田气井泄气范围小，井均泄气范围约为 0.20km^2，气井产量低，初期直井日产气量约为 1×10^4m^3，最终累计产量约为 2000×10^4m^3。作为对比，塔里木盆地、四川盆地各气田气井平均日产量在(30~40)×10^4m^3(图 1-18)。

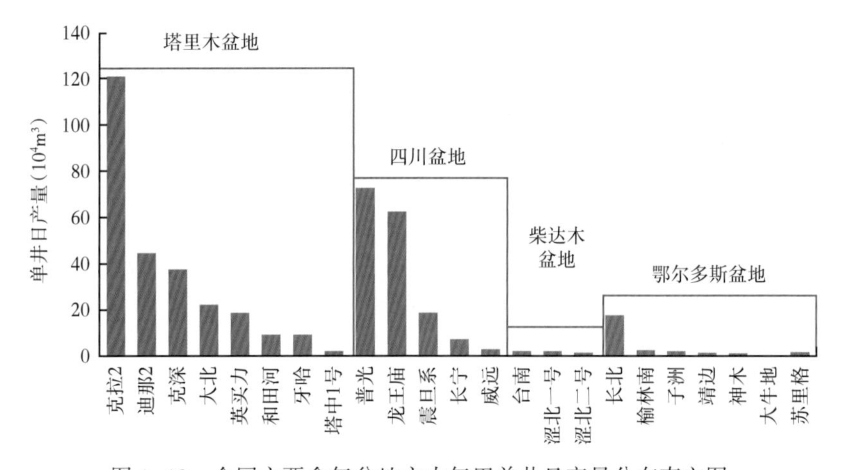

图 1-18 全国主要含气盆地主力气田单井日产量分布直方图

受储层结构影响(图 1-19)，致密气藏能量衰减快，气井没有严格意义上的稳产期，投产之后产量与压力同步递减，生产表现出一定的阶段性(图 1-20，表 1-4)。早期人工裂缝控制区供气，产气量相对较大但递减快，单位压降采气量小于 30×10^4m^3/MPa；后期外围基质砂体供气，产气量小却递减慢，单位压降采气量大于 100×10^4m^3/MPa。受气井生产特征影响，气田只能依靠不断钻新井实现井间接替或区块接替。按不同年度投产气井递减率和产量加权，计算出气田递减率在 21.7%~24.6%的区间上下浮动。

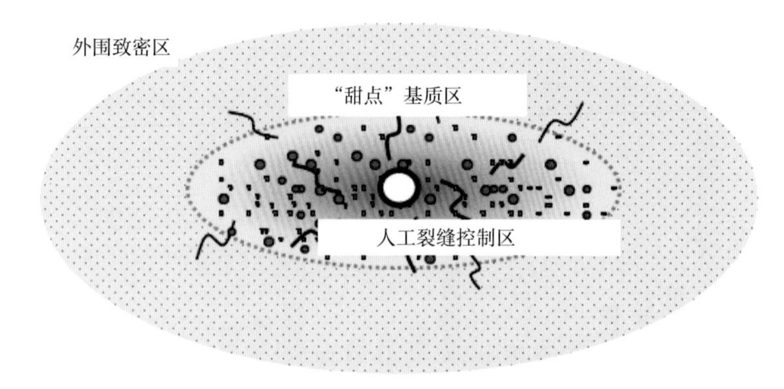

图 1-19　致密气藏储层结构模型

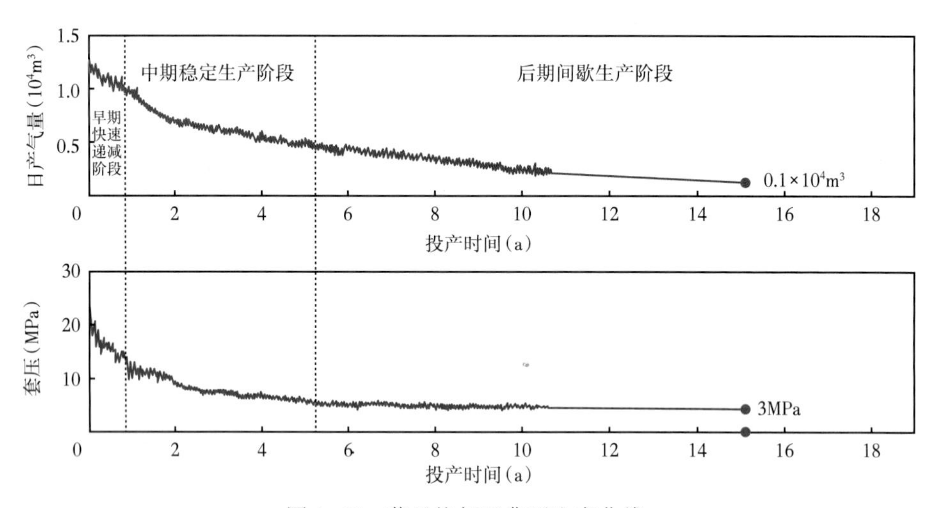

图 1-20　苏里格气田典型生产曲线

表 1-4　苏里格气田不同生产阶段开发特征

生产阶段	供气模式	直井日产气量(10^4m^3)	套压降(MPa)	递减率(%)	单位压降采气量(10^4m^3/MPa)
早期	人工裂缝控制区供气	>1.2	10~15	>20	<30
中期	“甜点”区基质稳定供气	0.5~1.2	2~5	10~20	30~100
后期	外围致密区间歇供气	<0.5	1~3	<10	>100

三、开发以直井为主，以水平井为辅

国内外开发实践表明，直井井网加密是致密气提高采收率的最有效手段。美国、加拿大等国家已经具有较为成熟的致密砂岩天然气开发技术和经验，致密天然气资源开发利用至今已有几十年的历史。美国致密天然气主要产自圣胡安（San Juan）等 14 个盆地，2000 年以来，致密气产量连续 20 年超过 $0.1\times10^{12}m^3$，20 年累计产量达 $3\times10^{12}m^3$，占同期美国天然气总产量的 23%。美国致密气田的开发主要采取“滚动开发”模式，主要依靠区块接替方式维持或提高产量。提高储量动用程度和气田采收率主要依靠井间加密，如美国奥佐纳(Ozona)气田，井网密度从初期的0.78口/km^2经过两次加密后分别调整到1.56口/km^2和3.13口/km^2，三次加密后达到6.25口/km^2；鲁里森(Rulison)气田的井网密度从最初的1.54口/km^2经过6次加密达到12口/km^2，采收率由7%提高到75%。

苏里格致密砂岩气田垂向上发育多套储层，采用水平井开发虽然能增加井筒与主力产层的接触面积，但不可避免地会损失部分非主力层段的储量，剩余储量后期挖潜难度大。水平井初期产量可达到相邻直井的3倍以上，但随着生产时间的延长，最终累计产量仅约为相邻直井的2.4~2.6倍。考虑到水平井的投资和占地面积都约为直井的3倍，从长期来看，水平井并不适合作为多层透镜状致密砂岩气田高效开发的主要井型。目前苏里格气田开发还是以直井和定向井为主，直井和定向井占气田投产井数的88%。研究表明，气田适合布水平井的区域只占气田面积的10%~15%。

气藏多采用能量衰竭式开发，其采收率是泄压波及系数与压降效率的函数。对于致密砂岩气田来说，储层连续性和连通性差，制约了泄压波及系数。而影响压降效率的因素包括：渗透率低，压降传导能力弱；气水两相共渗区小，存在启动压力梯度；气井产量低、携液能力差，井筒积液造成废弃压力较高。目前，致密砂岩气田提高采收率的主要措施包括井网优化、查层补孔、老井侧钻、二次压裂、排水采气、增压开采等。通过井网加密优化提高储量平面动用程度，可提高采收率15%~20%；通过查层补孔、老井侧钻提高储量剖面动用程度，可提高采收率3%~5%；通过二次压裂、排水采气、增压开采等工艺优化，提高储层渗透性和携液能力，降低废弃压力，可提高采收率5%~7%。综合来看，直井井网优化调整是致密砂岩气田提高采收率最可行且最有效的手段。

第二章　储层规模及结构模式

第一节　储 层 特 征

一、岩石学特征

苏里格气田储层受物源控制，碎屑颗粒长石、石英、岩屑“三端元”组分(FQR)中，长石含量较低，平均含量不到1%，石英、岩屑的平均含量分别为85%和14.2%，岩石类型主要为石英砂岩、岩屑石英砂岩及少部分岩屑砂岩(图2-1)。岩屑成分组成主要为变质岩岩屑。变质岩岩屑以石英岩和塑性较强的千枚岩为主，其次为变质砂岩(图2-2)。

填隙物平均含量为14.76%，其中胶结物含量为6.12%，杂基含量为8.64%。胶结物以硅质胶结和碳酸盐胶结为主，后者以铁方解石胶结最为常见；杂基中水云母和高岭石的含量较高，绿泥石含量较低。

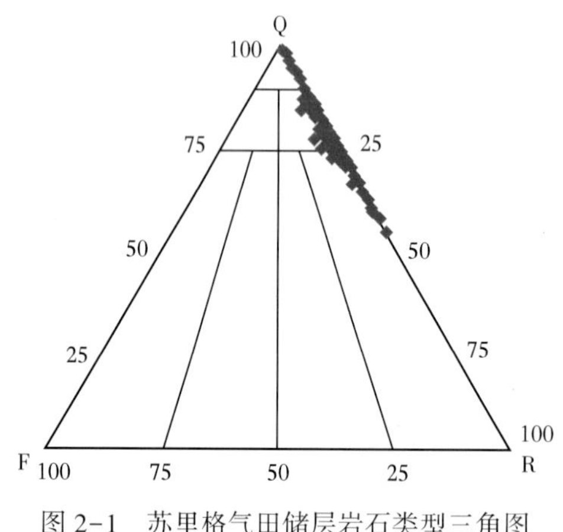

图2-1　苏里格气田储层岩石类型三角图

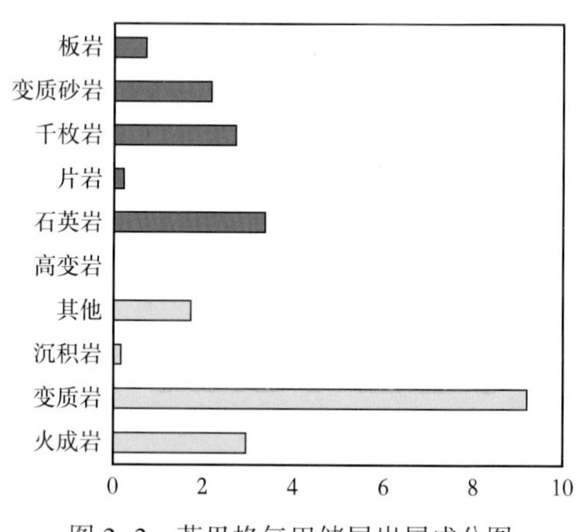

图2-2　苏里格气田储层岩屑成分图

苏里格气田储层为辫状水系沉积产物，近物源、沉积水动力强，砂岩粒度大，储层岩性主要为粗砂岩、中—粗砂岩以及少量含砾粗砂岩和中砂岩、细砂岩，粒径主要分布在0.38~0.80mm之间，磨圆度中等，主要为次棱角状，少量为次棱角状—次圆状及次圆状(图2-3)，分选中等(图2-4)。碎屑颗粒间接触方式以点接触、凹凸式接触为主，少见缝合线接触。石英次生加大普遍发育，胶结类型以孔隙式及加大—孔隙式胶结为主，少量薄膜—孔隙式胶结。

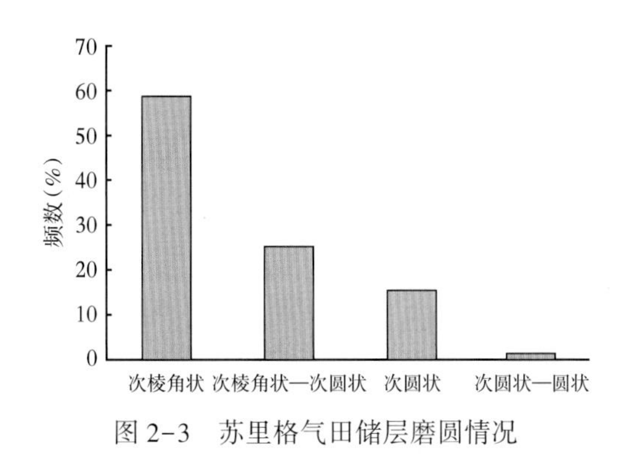

图 2-3 苏里格气田储层磨圆情况

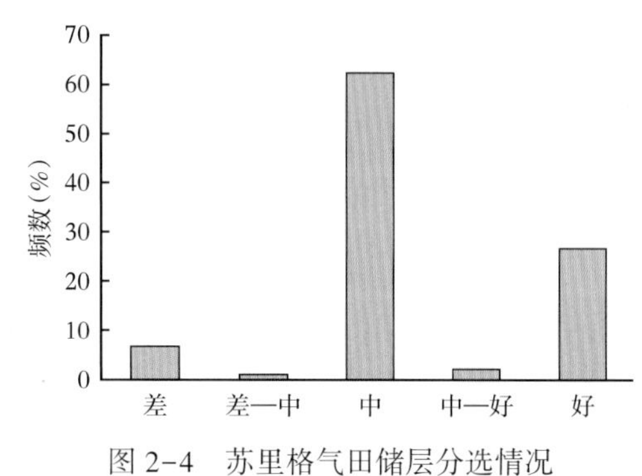

图 2-4 苏里格气田储层分选情况

二、物性特征

苏里格气田储层物性表现为典型的低孔隙度、低渗透率特征，物性较差(表 2-1)。孔隙度主要分布在 2%~12%之间(图 2-5)，渗透率主要分布在 0.01~1mD 之间(图 2-6)，地面渗透率小于 1mD 的样品占样品总数的 94%，属典型的致密气藏。从各层段来看，盒 8 段上亚段(盒 $8_{上}$)物性最好，盒 8 段下亚段(盒 $8_{下}$)其次，山 1 段储层物性最差。

表 2-1 苏里格气田盒 8 段、山 1 段储层物性统计表

层段	样品数	岩心分析	
		平均孔隙度(%)	平均渗透率(mD)
盒 $8_{上}$	1443	7.43	0.656
盒 $8_{下}$	1503	7.06	0.413
山 1 段	733	6.19	0.241

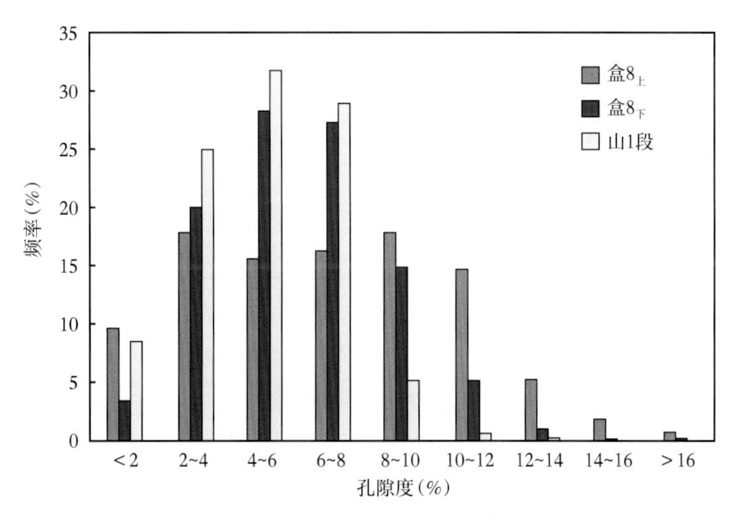

图 2-5 苏里格气田储层孔隙度分布直方图

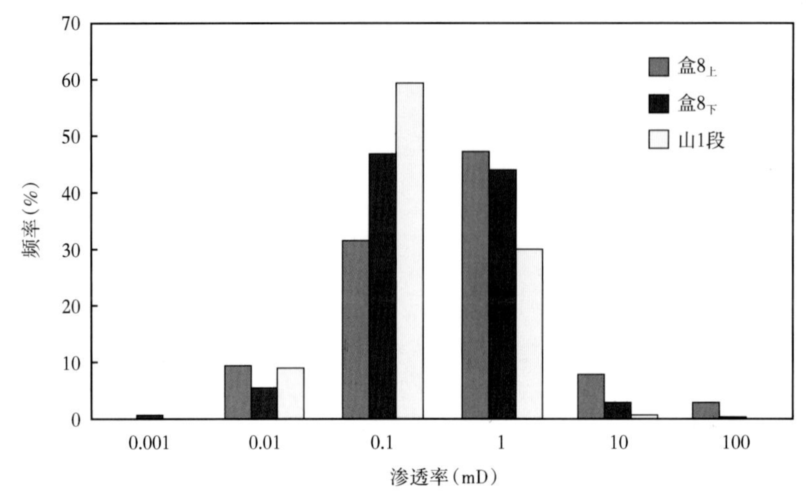

图 2-6 苏里格气田储层渗透率分布直方图

三、孔隙结构特征

储层孔隙结构是指储层岩石的孔隙和喉道的几何形状、大小、分布及其相互连通关系。它表征储层岩石微观物理性质，是影响储层储集性能、生产能力和渗流特征的主要因素之一。本次研究主要通过显微电子显微镜、铸体薄片、扫描电子显微镜和压汞资料来分析苏里格气田的储层孔隙结构。

苏里格气田储层埋深大，经历了剧烈的成岩作用，原生孔隙(原生粒间孔、残余粒间孔)所剩无几，次生孔隙相对发育。研究区以岩屑溶孔(粒内溶蚀)和晶间孔为主(图 2-7、图 2-8)，粒间溶孔较少。

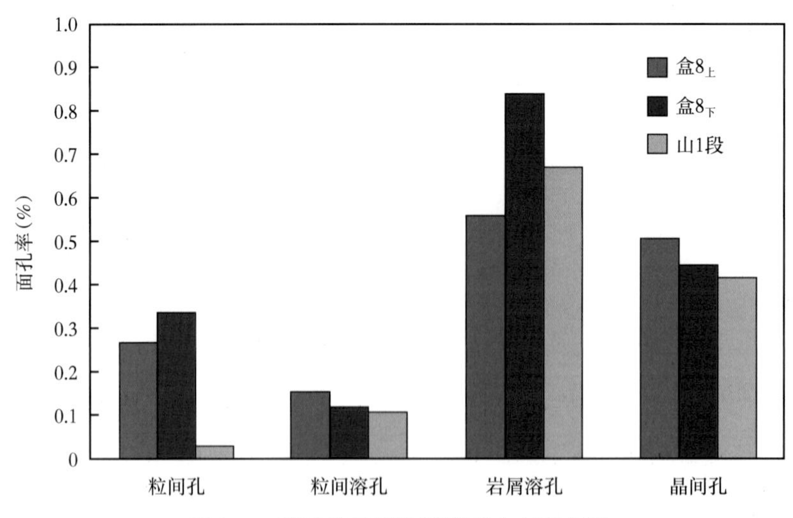

图 2-7 苏里格气田孔隙类型分布直方图

(a)S265井，3578.62m，粒间孔

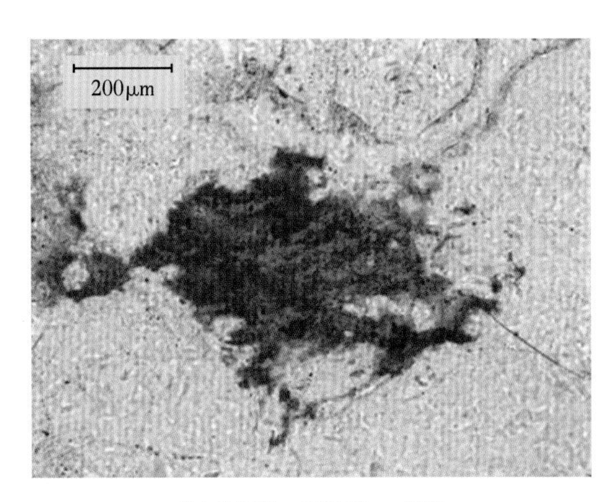

(b)S124井，3606.88m，溶孔

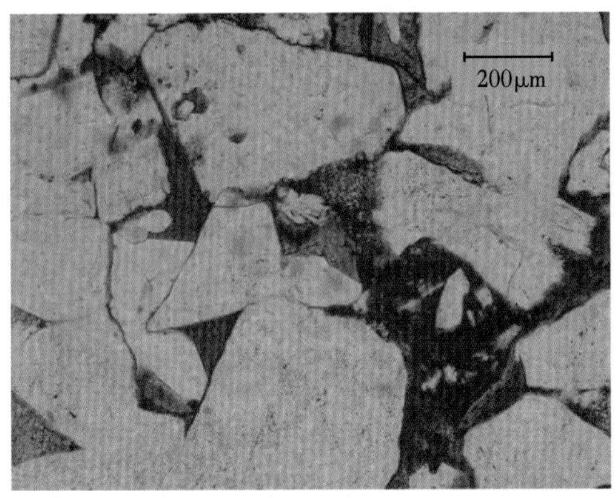

(c)S366井，3585.29m，晶间孔，粒间孔

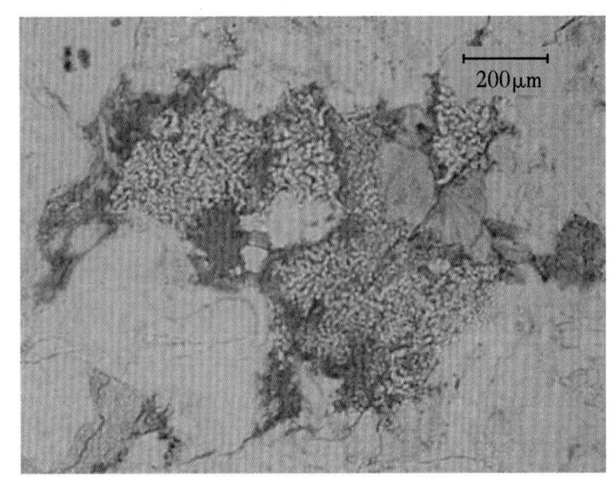

(d)S252井，4298.17m，晶间孔

图 2-8　苏里格气田主要孔隙类型

扫描电子显微镜分析表明，苏里格气田有效储层孔隙半径一般为1~100μm（图2-9），属于微米级孔隙。粒间孔等原生孔隙一般较大，孔隙半径大于50μm，溶孔及晶间孔等次生孔隙相对较小，孔隙半径一般小于20μm。

压汞分析表明苏里格气田储层孔喉具有粒径小、分选差、连通性差的特点：储层以发育小孔喉为主，排驱压力高，排驱压力平均值为1.19MPa，中值压力低，平均值为8.63MPa，中值半径小，平均值为0.22μm；孔喉分选较差，分选系数分布在0.9~2.64之间，平均值为1.52，细歪度，孔隙喉道分布不均匀，储层变异系数分布在0.07~0.26之间，平均值为0.14，偏态平均值为-0.23；储层孔喉连通性较差，最大进汞饱和度分布范围较大，在25.53%~99.99%范围内均有分布，平均值为74.04%，退汞效率一般在14.7%~60.9%之间，平均值为42.99%。

根据孔隙度、渗透率、排驱压力、中值半径、退汞效率等参数的分布，可以将苏里格气田储层孔隙结构特征分为四类（表2-2），其中Ⅰ类、Ⅱ类的储层孔隙结构指示优质储层（图2-10），Ⅲ类为差储层，Ⅳ类为非储层。

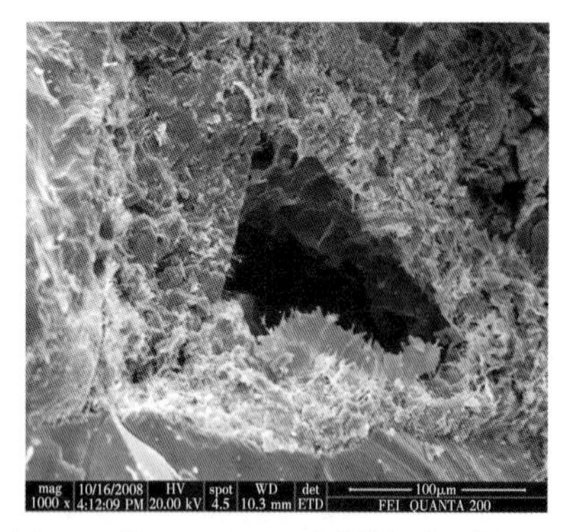

(a) S6-J4井，3333.58m，残余粒间孔，半径51μm

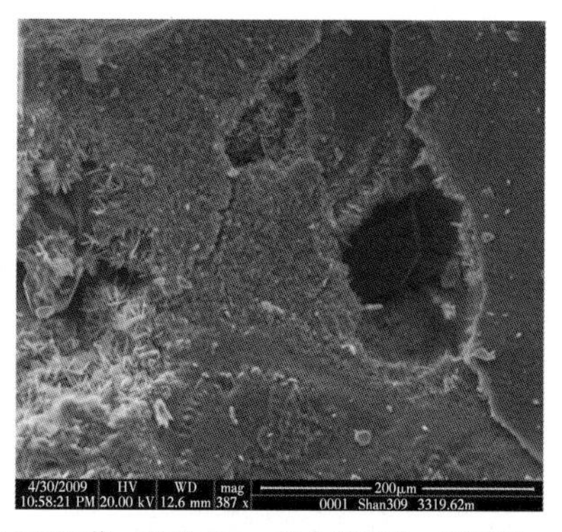

(b) S309井，3319.62m，残余粒间孔，半径80μm

(c) S102井，3368.71m，溶蚀孔，半径小于20μm

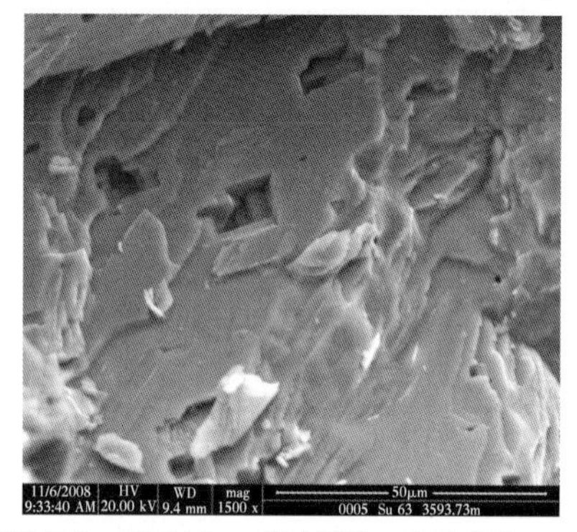

(d) S63井，3593.73m，粒内溶孔，半径小于10μm

(e) S166井，3652.07m，高岭石晶间孔，半径小于15μm

(f) S130井，3462.69m，伊利石晶间孔，半径小于15μm

图 2-9　苏里格气田储层孔隙特征

表 2-2　不同类型储层孔隙结构压汞参数统计特征

类别	孔隙度(%)	渗透率(mD)	排驱压力(MPa)	中值半径(μm)	退汞效率(%)
Ⅰ类	≥8	≥0.6	≤0.4	≥0.5	≥46
Ⅱ类	6~8	0.4~0.6	0.4~0.8	0.5~0.1	46~40
Ⅲ类	5~6	0.3~0.4	0.8~1.2	0.05~0.1	38~40
Ⅳ类	<5	<0.3	>1.2	<0.05	<38

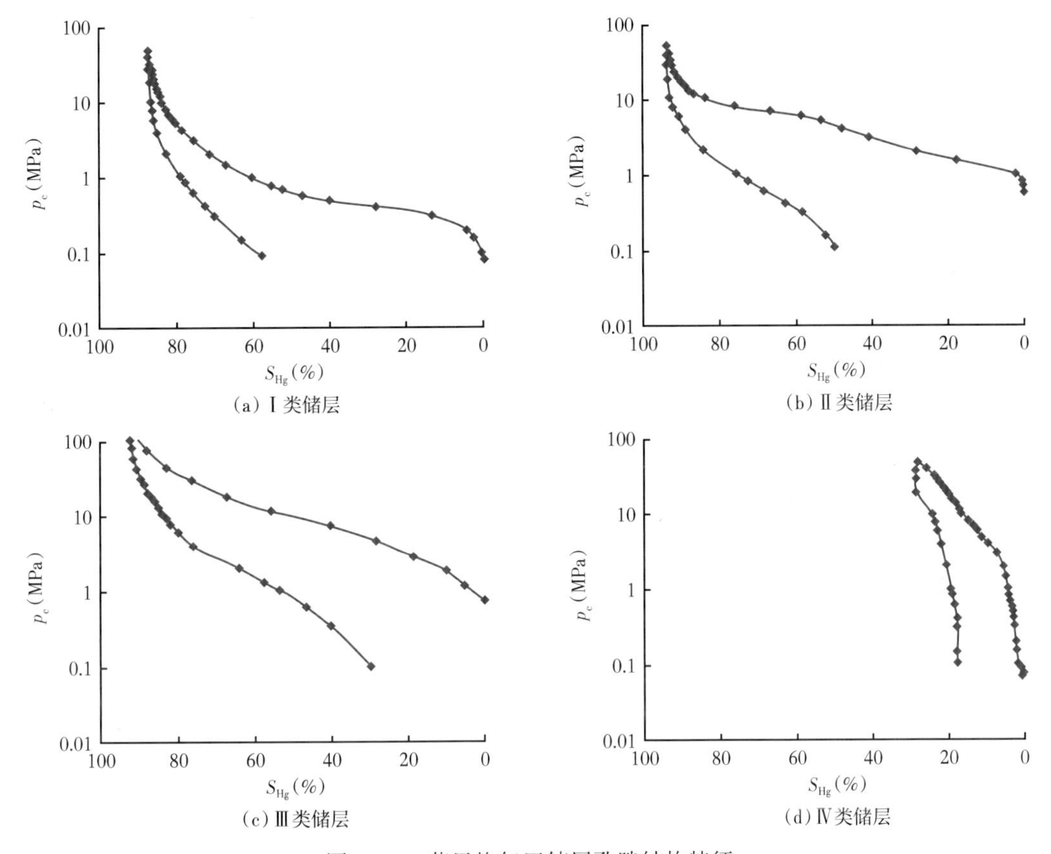

图 2-10　苏里格气田储层孔隙结构特征

Ⅰ类储层压汞曲线为平台型，孔喉连通性好，粗歪度，排驱压力小，退汞效率高，孔隙组合类型为粒间孔—溶孔、晶间孔—粒间孔，储集物性好，是研究区最好的孔隙结构类型。

Ⅱ类储层压汞曲线为具一定斜率的平台型，孔喉分选较好，孔隙组合类型为晶间孔—溶孔、溶孔，物性较好，是研究区主要的孔隙结构类型。

Ⅲ类储层压汞曲线平台斜率大，孔喉连通性较差，排驱压力一般大于 0.8MPa，孔隙组合类型主要为微孔—晶间孔、溶孔—晶间孔，储层孔隙度 5%~6%。

Ⅳ类储层压汞曲线平台斜率大，孔喉连通性较差，排驱压力一般大于 1.2MPa，孔隙组合类型主要为微孔—晶间孔、溶孔—晶间孔，孔隙度小于 5%，渗透率小于 0.3mD；该类型储层较差。

第二节　储层空间分布规律

一、基质砂体与有效砂体呈“砂包砂”二元结构

苏里格气田砂体厚度大，连续性强，平面上呈片状(图 2-11)，而有效砂体(主要为气层和少部分含气层)厚度较薄，分布范围较窄(图 2-12)，在空间呈孤立状，砂体及有效砂体在空间分布呈“砂包砂”二元结构。

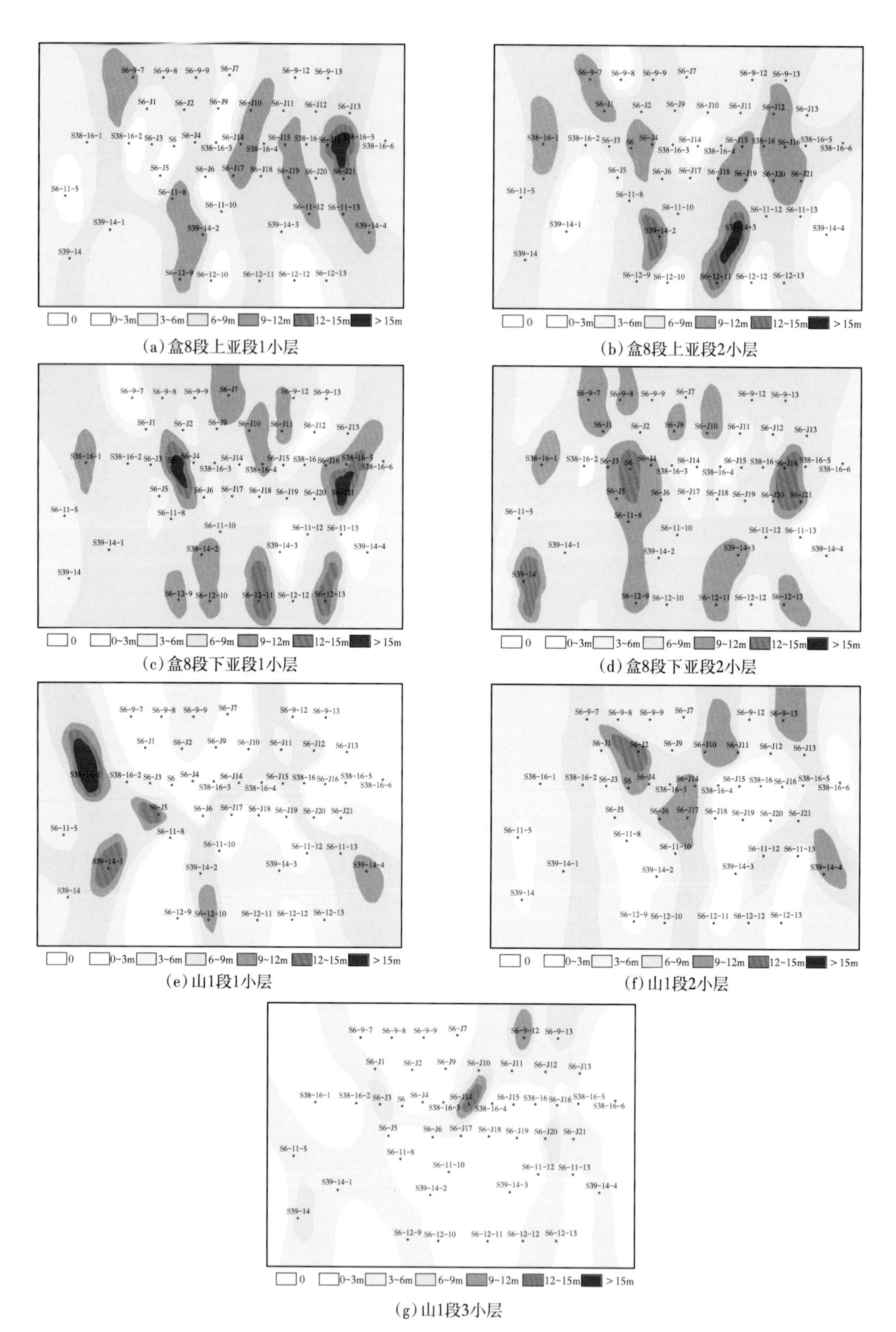

(a) 盒8段上亚段1小层

(b) 盒8段上亚段2小层

(c) 盒8段下亚段1小层

(d) 盒8段下亚段2小层

(e) 山1段1小层

(f) 山1段2小层

(g) 山1段3小层

图 2-11　苏里格气田苏 6 加密区各小层砂体厚度分布平面图

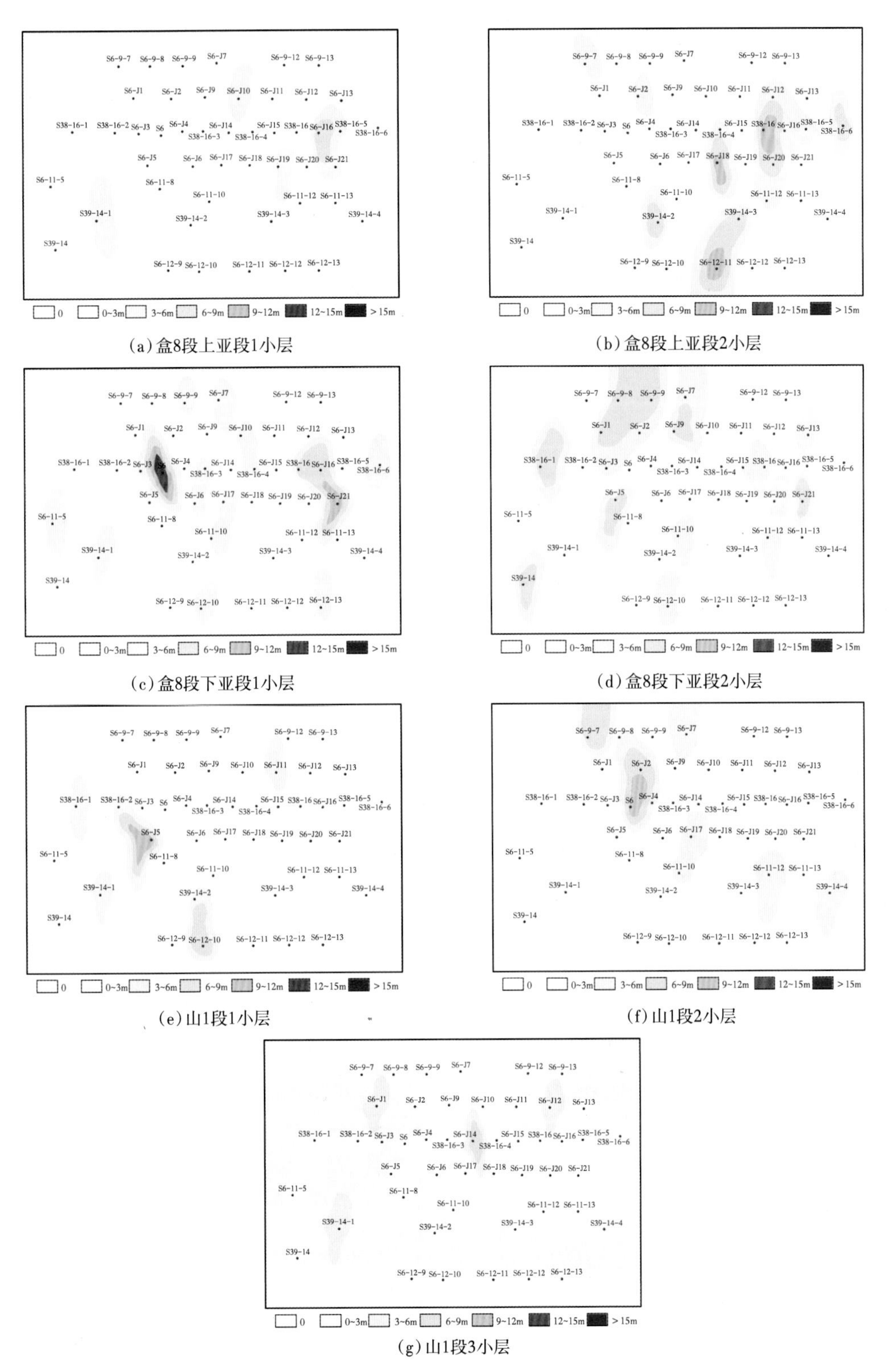

(a) 盒8段上亚段1小层

(b) 盒8段上亚段2小层

(c) 盒8段下亚段1小层

(d) 盒8段下亚段2小层

(e) 山1段1小层

(f) 山1段2小层

(g) 山1段3小层

图 2-12　苏里格气田苏 6 加密区各小层有效砂体厚度分布平面图

苏里格气田各小层砂体钻遇率普遍可达60%以上，盒8段各小层砂体厚度较厚，为6.9~8.0m；山1段各小层砂体厚度较薄，为2.7~4.4m（表2-3）。砂体厚度的变化反映了沉积环境的变化，从山1段到盒8段，水动力逐渐增强。

苏里格气田各个小层有效砂体钻遇率从20%到70%不等，各小层摊平有效砂体厚度总体较低，平均值为0.6~2.8m，仅盒8段上亚段2小层、盒8段下亚段1小层、盒8段下亚段2小层、山1段2小层共4个小层摊平有效厚度大于1m（表2-3）。平面上，有效砂体厚度分布不均，仅在局部地区大于6m。

表2-3　各小层有效砂体厚度及钻遇率统计

段	小层	砂体厚度（m）	有效砂体摊平厚度（m）	砂体钻遇率（%）	有效砂体钻遇率（%）	砂地比	净毛比
盒$8_{上}$	1	6.89	1.00	87.50	29.17	0.38	0.15
	2	7.07	2.53	93.75	56.25	0.46	0.36
盒$8_{下}$	1	7.21	2.60	89.58	64.58	0.46	0.36
	2	7.98	2.76	97.92	70.83	0.51	0.35
山1段	1	3.65	0.98	58.33	22.92	0.23	0.27
	2	4.42	1.53	70.83	50.00	0.30	0.35
	3	2.68	0.62	56.25	18.75	0.17	0.23
平均		5.70	1.72	79.46	44.64	0.36	0.27

剖面上，有效厚度占砂体总厚度比例低，仅为1/4~1/3（图2-13），有效砂体发育层数占砂体发育总层数的2/5~1/2（图2-14）。这两者的差距反映单层的砂体厚度要普遍大于有效单砂体厚度，单层砂体厚度与单层有效砂体厚度的比值为2~3。

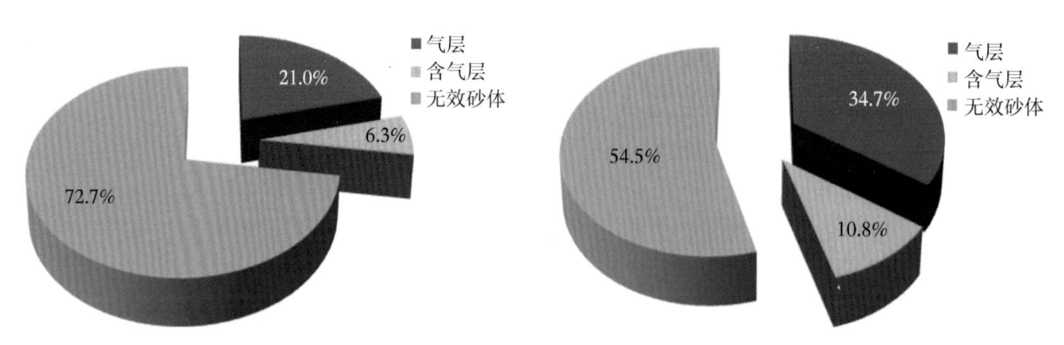

图2-13　砂体发育厚度比例饼状图

图2-14　砂体发育层数比例饼状图

苏里格致密砂岩气田基质砂体并不等同于有效砂体，有效砂体为普遍低渗透率的背景下相对高渗透率的“甜点”，基质砂体及有效砂体在空间呈“砂包砂”二元结构（图2-15）。

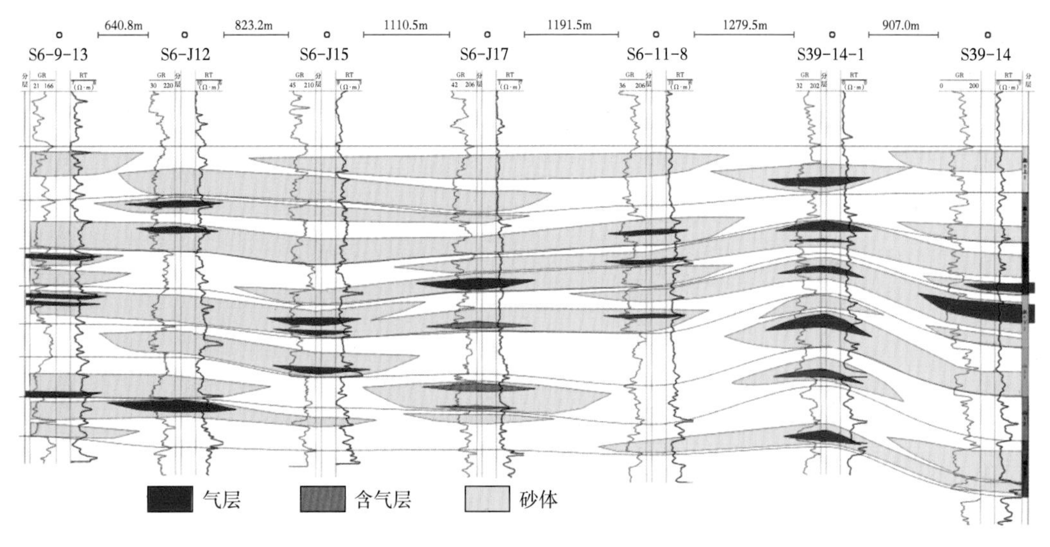

图 2-15　苏里格中区 S6-9-13 井—S39-14 井砂体连通图

二、有效砂体分散，多层叠置含气面积大

盒 $8_{上}$、盒 $8_{下}$、山 1 段单层段有效砂体薄而分散，厚度在 30～45m 的砂层组范围内有效砂体厚度一般仅为 3～6m，局部可达 6m 以上，盒 8 段有效砂体富集程度明显优于山 1 段（图 2-16 至图 2-18）。有效厚度多层叠置后在平面上投影，形成大规模的相对富集区，

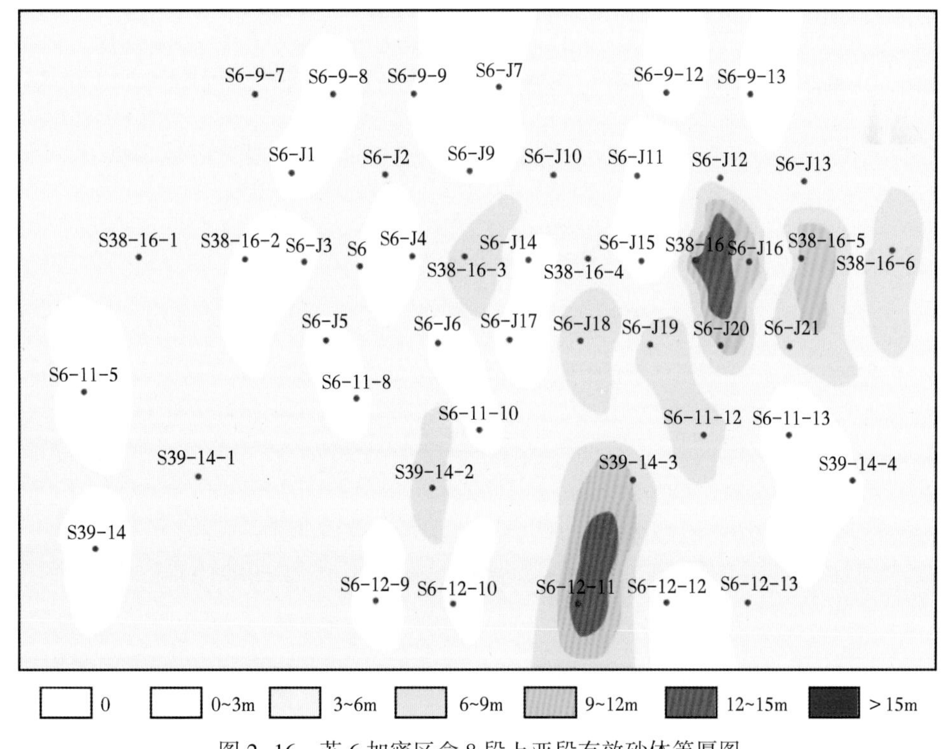

图 2-16　苏 6 加密区盒 8 段上亚段有效砂体等厚图

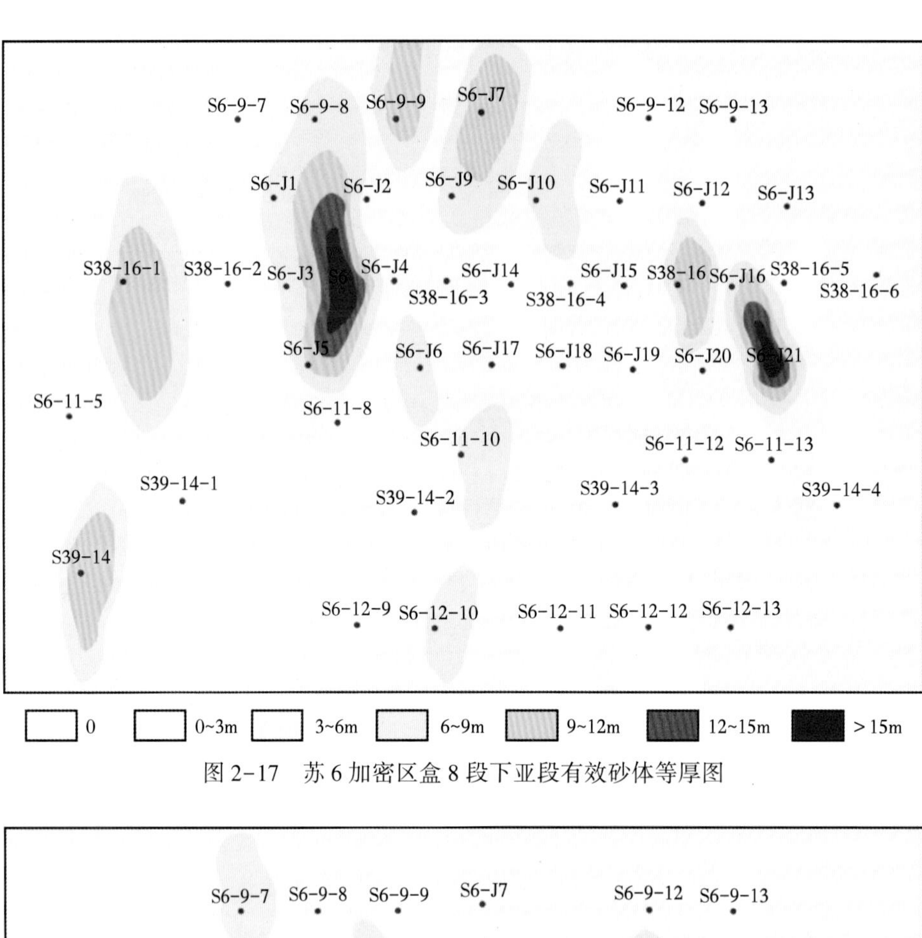

图 2-17　苏 6 加密区盒 8 段下亚段有效砂体等厚图

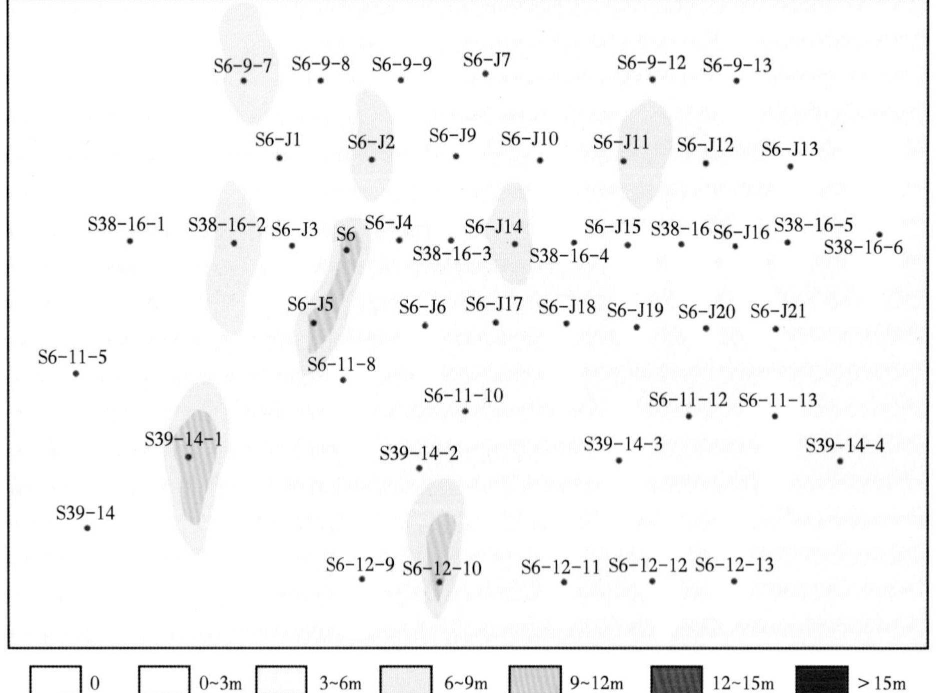

图 2-18　苏 6 加密区山 1 段有效砂体等厚图

单井累计钻遇有效砂体3~5个，单井累计钻遇有效厚度8~15m，平均值为12.97m。合层有效砂体钻遇率达到97.4%，含气面积占区块面积的95%以上(图2-19)。储层地质及开发特征表现出“井井难高产、井井不落空”的特征，认为可以用均质性的眼光看待强非均质性的问题，在优选开发富集区的基础上，整体部署井位。

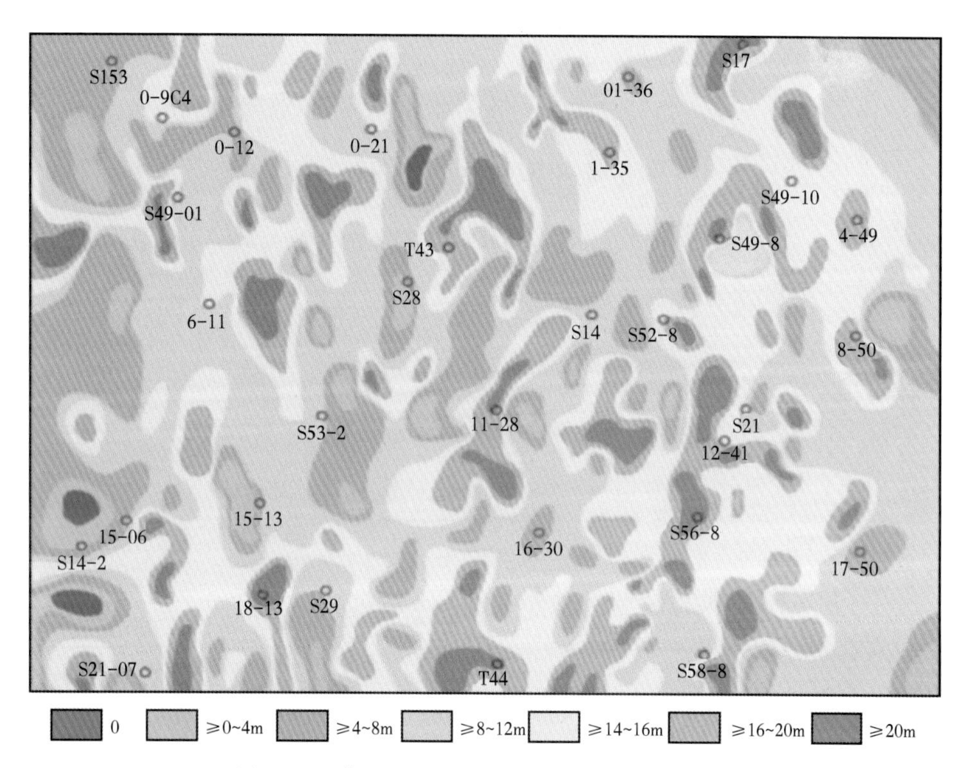

图2-19　苏里格气田某区块叠合有效砂体等厚图

三、粗砂岩相是形成有效储层的主要相带

在苏里格气田，并不是所有的砂岩都能成为有效储层，有效储层受到沉积作用和成岩作用的双重控制，基本分布在心滩中下部、河道充填底部等粗岩相。强水动力条件下的辫状河沉积控制了储层的分布格局，是有效储层形成的基础；而成藏前的压实、胶结、溶蚀等成岩作用深刻改造了储层，塑造了有效砂体的形态。

1. 沉积作用

沉积相展布控制着储层在空间的分布，决定储层的分布格局(图2-20、图2-21)，为成岩作用改造储层提供物质基础。单个小层内河道充填微相发育的外边界，基本对应砂体的分布范围，砂体厚度一般大于6m；心滩处砂体厚度一般较大，在8m以上；泛滥平原微相，砂体零星发育，砂体厚度小，一般小于3m。

有利沉积相带的空间分布控制了有效储层的分布。心滩的中下部、河道充填底部等粗砂岩相物性好，有效砂体相对富集(图2-22)。经统计，苏里格气田苏6加密区有86%的有效储层分布在心滩中部、河道充填下部等粗砂岩相。另外，辫状河水动力强，侧向迁移

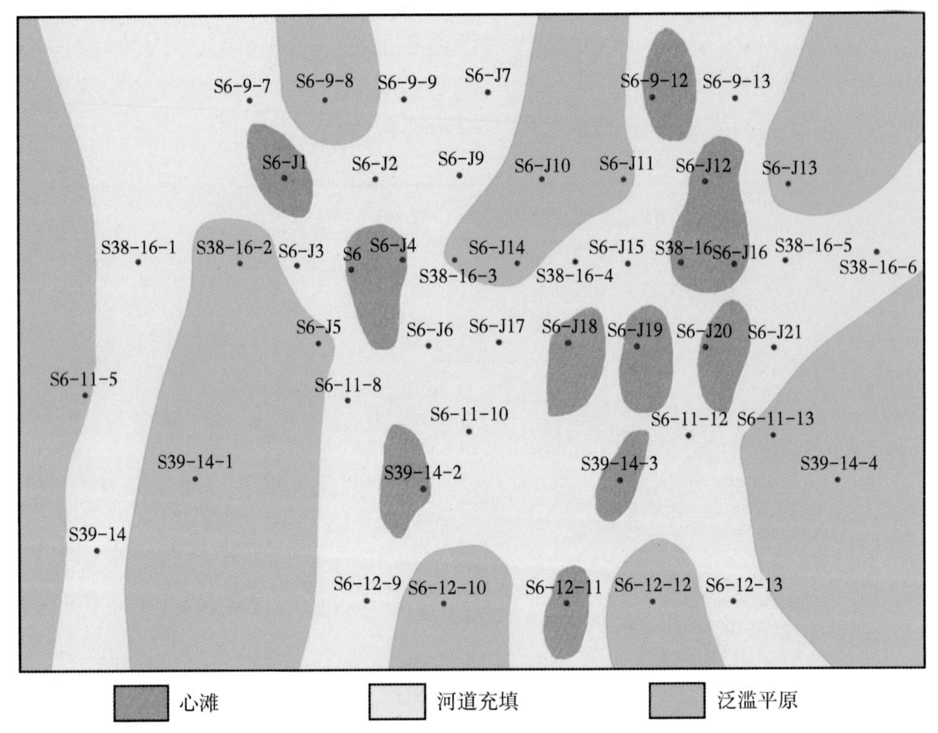

图 2-20 苏里格气田苏 6 加密区盒 8 段上亚段 2 小层沉积微相平面图

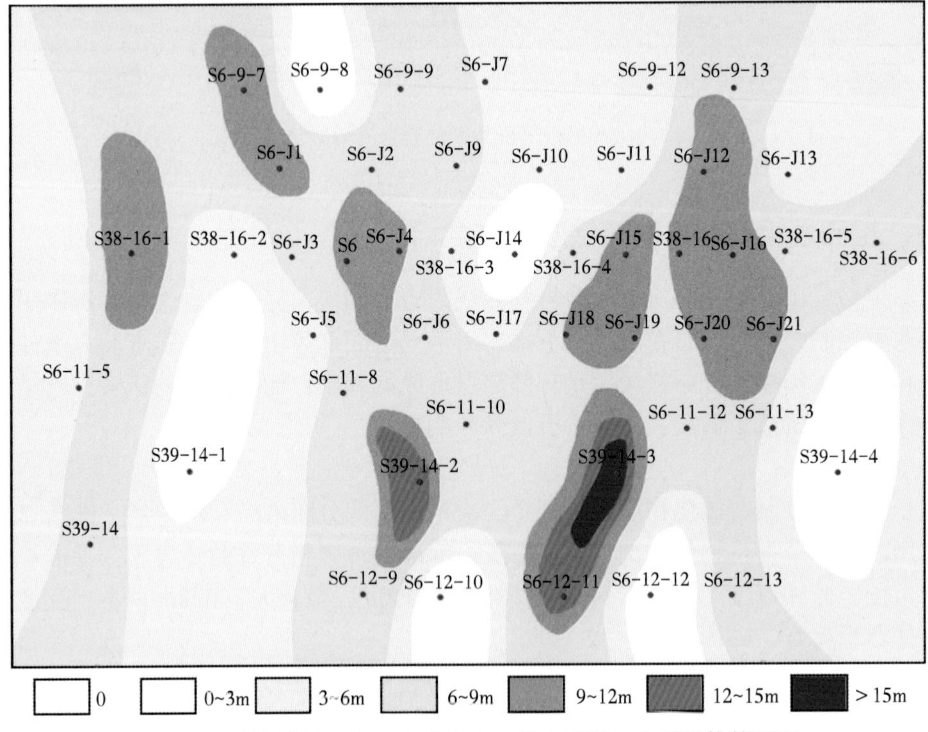

图 2-21 苏里格气田苏 6 加密区盒 8 段上亚段 2 小层砂体等厚图

快，心滩等沉积微相在空间分布尤其是井间的分布难以识别和把握，亟需从更大的地层尺度和更高的地层级别提炼控制沉积微相展布和有效砂体分布的地质因素。

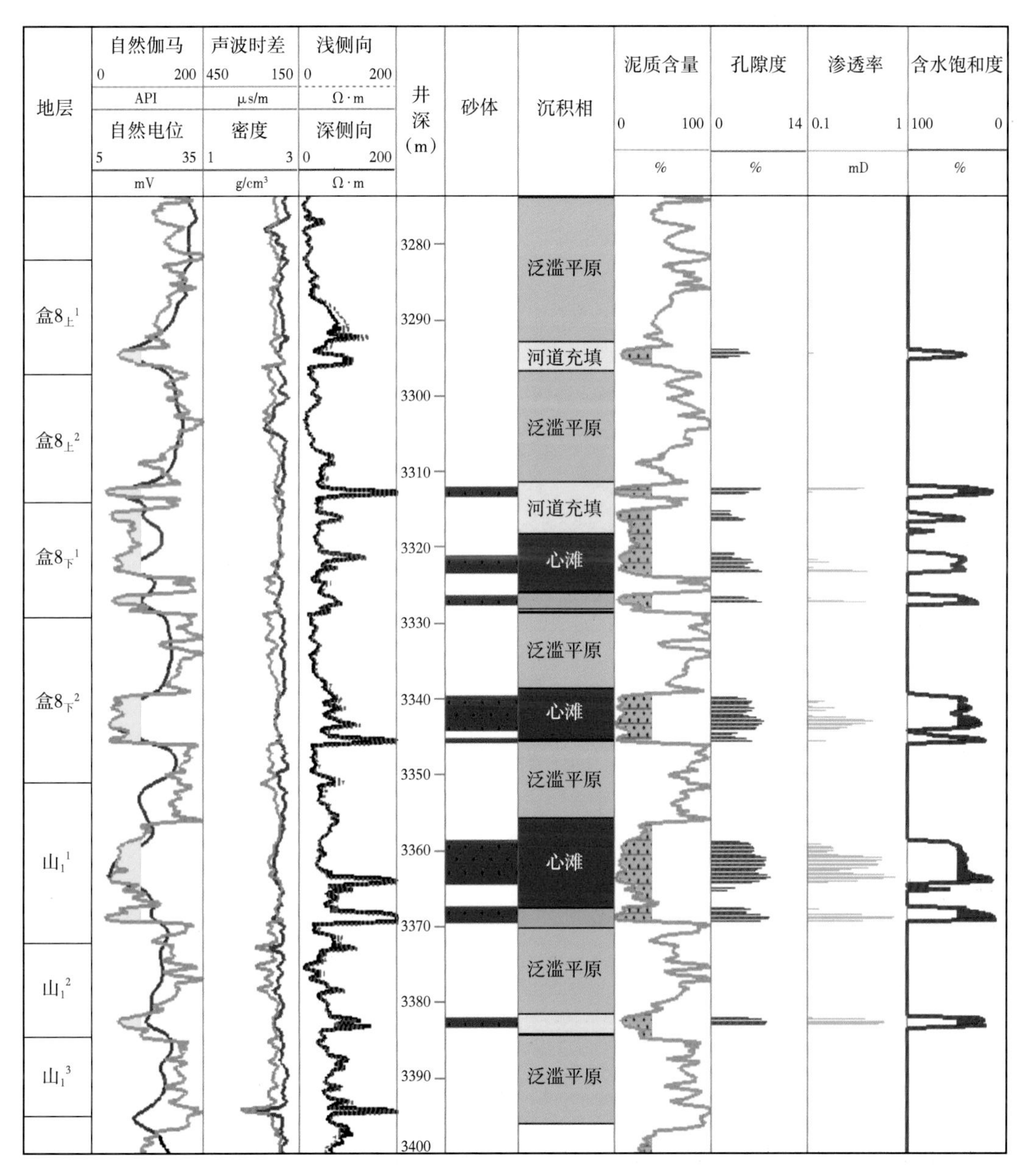

图 2-22 沉积环境和有效砂体的对应关系

2. 成岩作用

各层段有效厚度与砂体厚度成正相关关系，但相关系数不高，仅为 0.6345（图 2-23），表明除了沉积作用对该地区有效储层有控制作用之外，后期成岩改造效应叠加是另外一种主要控制因素。

苏里格气田先致密后成藏，其气源主要来自石炭系的本溪组和二叠系的太原组、山西组，气源岩于三叠纪开始成熟，晚侏罗世—早白垩世达到生烃高峰（图 2-24）。大量排烃时，气田盒 8 段、山 1 段中部埋深 3400～3600m，地温 140～160℃，根据我国石油天然气行业标准《碎屑岩成岩阶段划分》（SY/T 5477—2003），气田彼时处于中成岩阶段 B 期。烃类大规模运移之前，压实作用、胶结作用已使储层变得较致密，储层原生孔隙度基本消失殆尽，储层孔隙以次生孔隙为主，溶蚀作用是形成次生孔隙的主要原因。苏里格气田储层经历的成岩作用可分为建设性成岩作用和破坏性成岩作用，其中破坏性成岩作用包括压实作用、胶结作用等，建设性成岩主要为溶蚀作用。

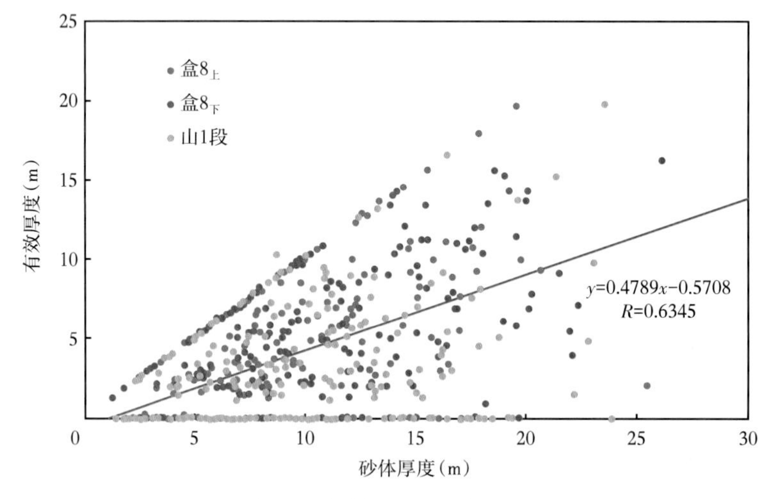

图 2-23　苏里格气田砂体厚度与有效厚度关系

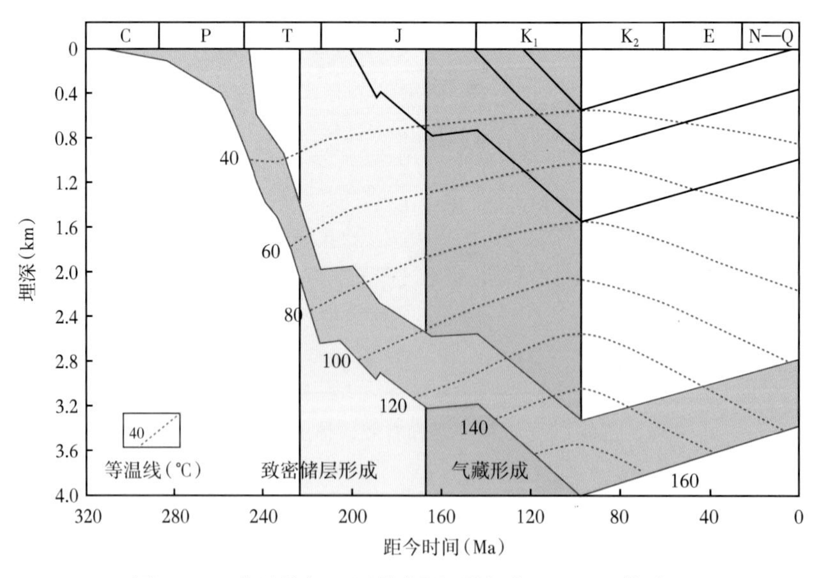

图 2-24　苏里格气田埋藏史图（据杨华，2012，修改）

1）破坏性成岩作用

（1）压实作用。

压实作用是沉积物在其上覆水层或沉积层的重荷作用下，发生水分排出、孔隙度降低、体积缩小的成岩作用。压实作用在沉积物埋藏的早期阶段比较明显，是导致研究区砂岩孔隙丧失的主要原因。

苏里格气田盒8段上亚段、盒8段下亚段、山1段储层压实作用的主要表现为云母、岩屑颗粒的压实弯曲杂基化，长石、石英颗粒的受应力作用破裂[图2-25(a)]，以及石英颗粒边缘的港湾状溶蚀现象，最终使岩石致密化，岩石孔隙度和渗透率也随深度发生变化。压实作用导致塑性碎屑挤压、变形、充填孔隙，严重影响了储层的储集能力和渗流能力。

（2）胶结作用。

胶结作用是指从孔隙溶液中沉淀出矿物质（胶结物），将松散的沉积物固结起来的作用。胶结作用是导致储层致密化的主要原因。区内含气层为煤成气型气藏，煤系酸性水介质条件缺乏早期碳酸盐胶结物，利于晚期 SiO_2 的沉淀，故煤系地层致密砂岩中胶结作用以硅质胶结为主，主要包括石英次生加大[图2-25(b)]和自生石英孔隙充填，以钙质胶结为辅[图2-25(c)]。石英次生加大现象明显的颗粒成缝合线形式接触，孔隙空间几乎被占据，仅发育少量粒内溶孔；碳酸盐胶结物主要以充填粒间空隙、交代矿物、衬状边及

(a)S350井，3746.32m，压实作用

(b)S355井，3551.95m，石英次生加大

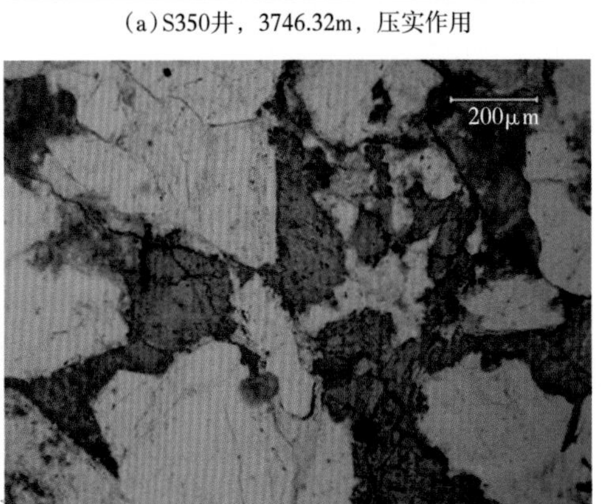

(c)S357井，3545.83m，钙质胶结

(d)S364井，3806.49m，溶蚀作用

图2-25　苏里格气田成岩作用

连晶形式出现。

2)建设性成岩作用

苏里格气田建设性成岩作用主要为溶蚀作用。溶蚀作用与埋藏环境中地层水介质的酸碱度、离子含量及流通性密切相关。地层水介质的酸碱性随着埋藏深度及地层温度的增加表现为波动性。当温度达到100~140℃时，地层水pH值明显降低，一些酸性不稳定矿物将发生溶蚀而形成次生孔隙。

虽然溶蚀作用在局部范围内可以改善砂岩的储集性能，但溶蚀产物发生质量传递和异地胶结作用，增强了储层的非均质性，封闭了局部孔隙喉道，又在一定程度上降低了储层整体的连通性，这也是苏里格气田储层非均质性强和渗透能力差的主要原因之一。

有效储层之所以分布在心滩中下部及河道充填底部等粗岩相，是受沉积作用和成岩作用等多重因素控制的：粗岩相储层在沉积环境的控制下，物性好，有较好的储层连通性和连续性；粗粒石英砂岩抗压能力强，在压实作用中原生孔隙得以最大限度保存；粗砂岩中的粗粒刚性颗粒为后期溶蚀作用提供了有利的流体通道，在溶蚀作用下，储层条件得以改善，形成局部高渗透率砂体。

第三节　有效砂体规模

通过野外露头观察、密井网精细地质解剖、干扰试井分析、沉积物理模拟等，研究了苏里格低渗透—致密砂岩气田储层规模，获得了储层厚度、长度、宽度、长宽比、宽厚比等参数，为三维储层建模提供了可靠的地质依据(图2-26，表2-4)。

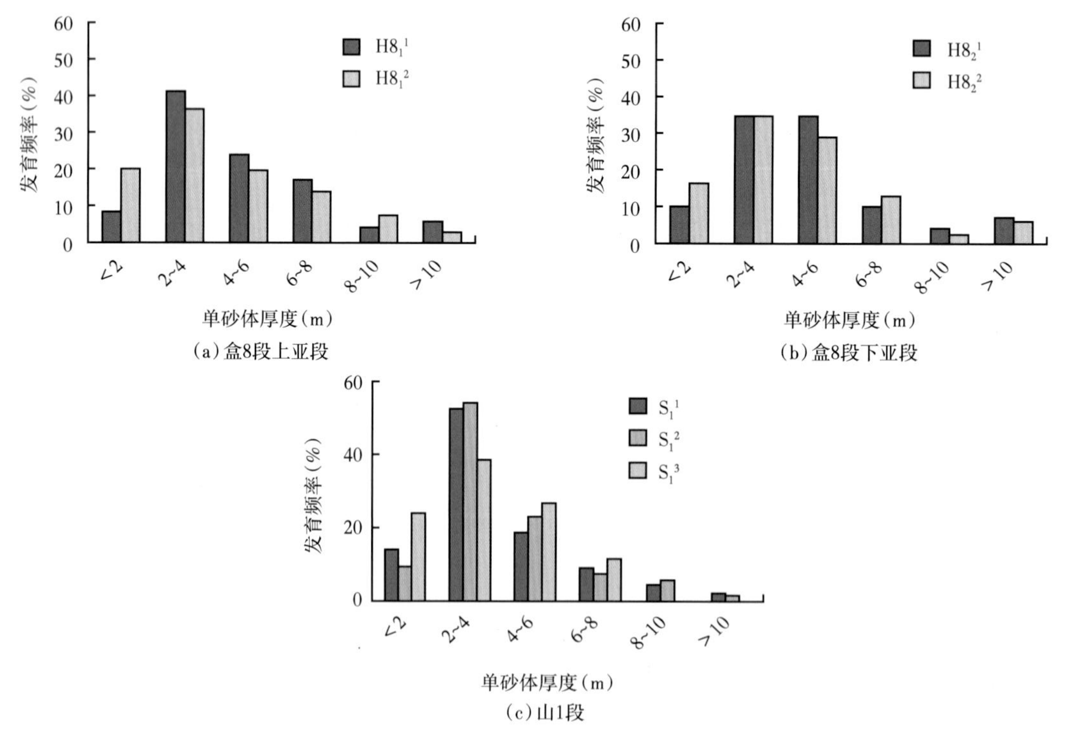

图2-26　苏里格气田单砂体厚度分布直方图

表 2-4　苏里格加密区各小层单砂体平均厚度、发育层数统计表

层位	小层	砂体厚度（m）	砂体钻遇率（%）	单砂体厚度（m）	单砂体个数（个）
盒 $8_上$	$H8_1{}^1$	6.89	91.67	4.66	1.61
	$H8_1{}^2$	7.07	93.75	4.42	1.78
盒 $8_下$	$H8_2{}^1$	7.21	89.58	4.99	1.65
	$H8_2{}^2$	7.98	97.92	4.53	1.89
山 1 段	$S_1{}^1$	3.65	58.33	3.72	1.57
	$S_1{}^2$	4.42	70.83	4.21	1.55
	$S_1{}^3$	2.68	56.25	3.63	1.25

一、单砂体厚度

苏里格气田有效单砂体厚度分布在 1~5m 之间，其中在 1.5~2.5m 区间分布频率最高（图 2-27、图 2-28），各小层有效单砂体厚度差别不大，平均值为 2.2~3.4m（表 2-5）。美国绿河盆地致密砂岩气藏有效单砂体厚 2~5m，两者具有对比性。

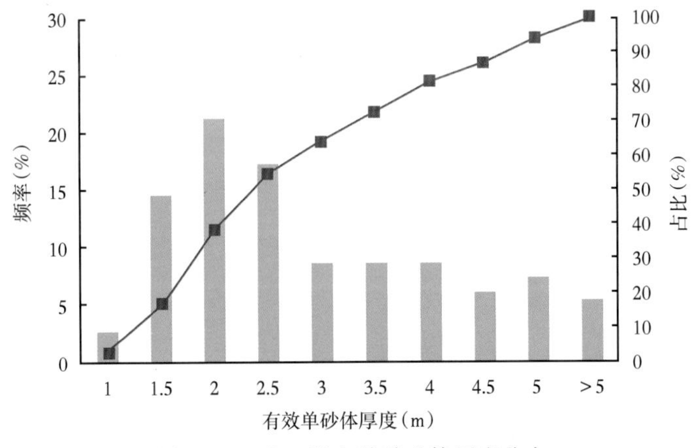

图 2-27　盒 8 段有效单砂体厚度分布

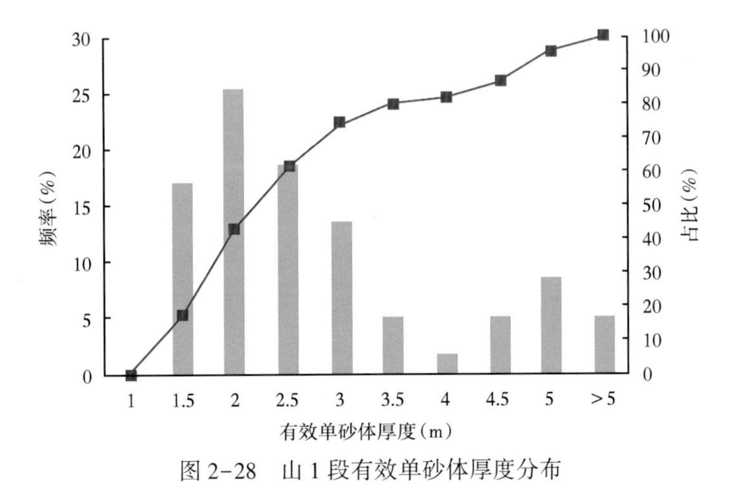

图 2-28　山 1 段有效单砂体厚度分布

表 2-5　苏里格加密区各小层有效单砂体平均厚度、发育层数统计表

段	小层	有效砂体厚度（m）	有效砂体钻遇率（%）	有效单砂体厚度（m）	有效单砂体个数（个）
盒 $8_上$	$H8_1{}^1$	1.00	29.17	2.68	1.21
	$H8_1{}^2$	2.53	56.25	2.92	1.48
盒 $8_下$	$H8_2{}^1$	2.60	64.58	2.83	1.42
	$H8_2{}^2$	2.76	70.83	2.60	1.43
山 1 段	$S_1{}^1$	0.98	22.92	3.37	1.27
	$S_1{}^2$	1.53	50.00	2.18	1.46
	$S_1{}^3$	0.62	18.75	2.93	1.11

二、砂体发育层数

就砂体发育程度而言，盒 8 段下亚段好于盒 8 段上亚段，盒 8 段上亚段好于山 1 段。盒 8 段下亚段各小层发育 2 个砂体的比例较高，而盒 8 段上亚段、山 1 段各小层一般发育 1~2 个单砂体，其中以发育 1 个单砂体为主（图 2-29）。

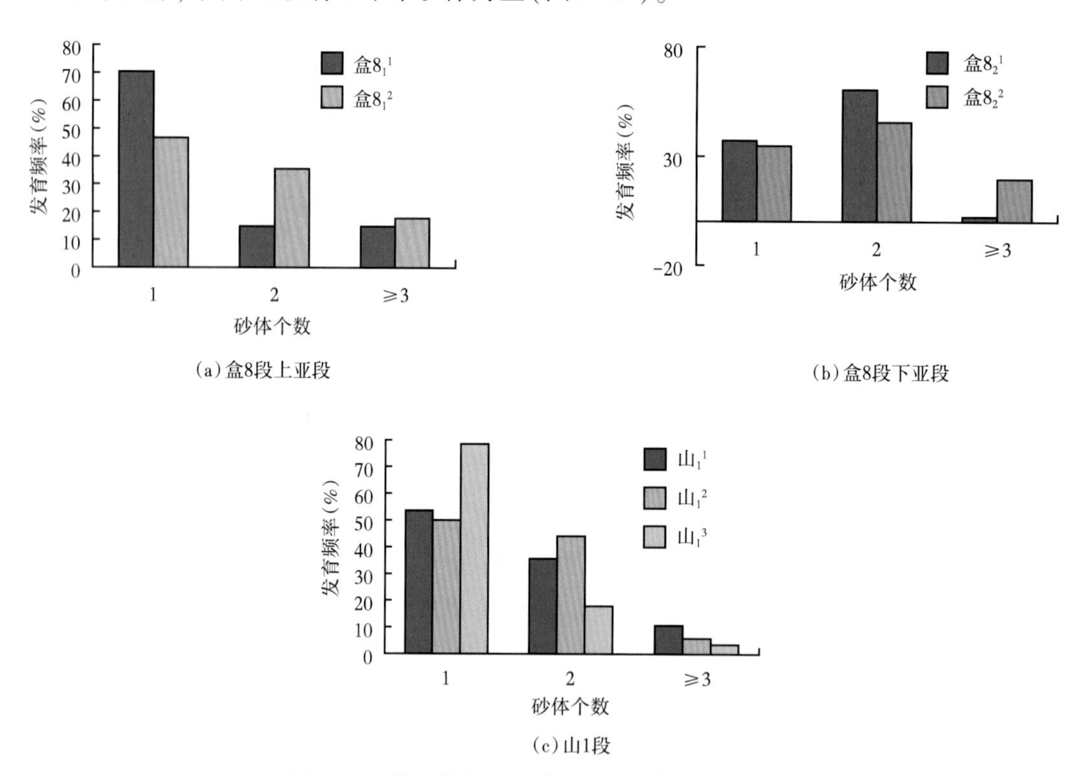

（a）盒8段上亚段

（b）盒8段下亚段

（c）山1段

图 2-29　苏里格气田单砂体发育层数分布直方图

就有效砂体发育程度而言，盒 8 段下亚段各小层发育 1~2 个有效砂体，而盒 8 段上亚段、山 1 段各小层一般仅发育 1 个有效砂体（图 2-30）。小层平均有效砂体厚度与小层内

有效单砂体厚度、有效单砂体发育个数、有效砂体钻遇率成正相关关系，某小层内有效单砂体厚度越大、发育层数越多、有效砂体钻遇率越高，则小层平均有效砂体厚度越大。

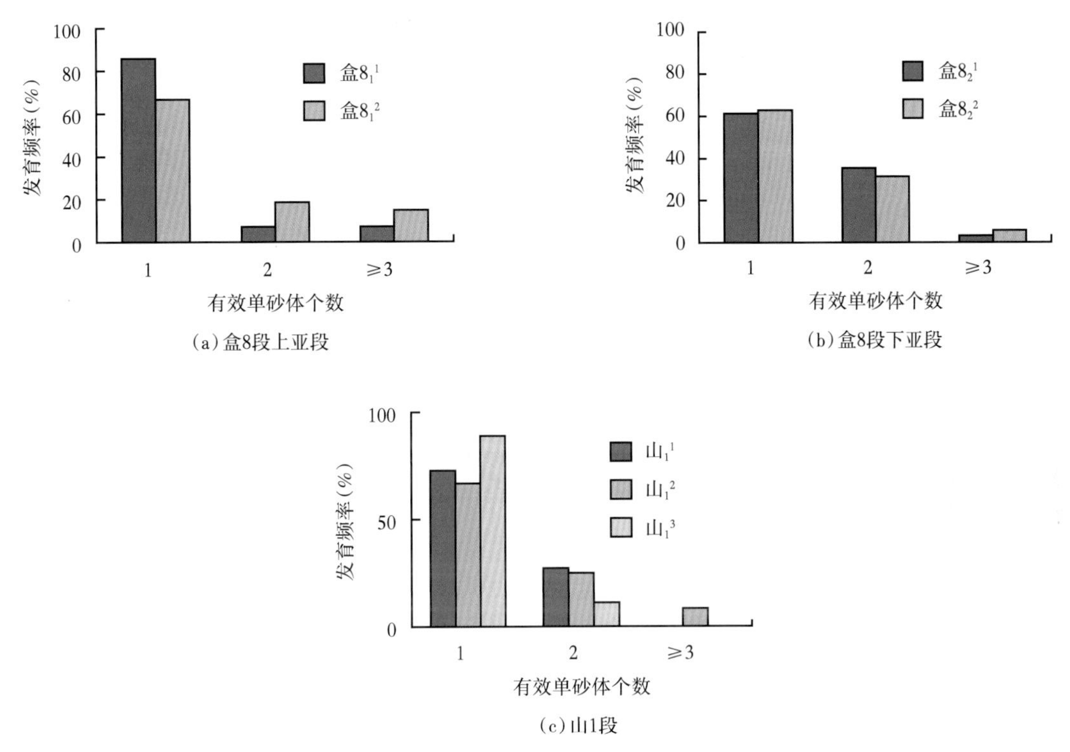

图 2-30 苏里格气田加密区有效单砂体发育层数分布图

三、储层长宽比及宽厚比

根据野外露头观察，沉积物理模拟，参考前人研究成果，认为心滩砂体宽厚比为 20~110，长宽比为 2~6；河道充填宽厚比为 50~120，长宽比为 2~5。

1. 野外露头解剖

对辫状河心滩、河道充填露头进行解剖(图 2-31、图 2-32、图 2-33)，心滩砂体剖面上大多呈顶凸底平状，宽厚比最小为 20，最大为 110，将其范围定为 20~110 之间(表 2-6)。

表 2-6 大同辫状河露头心滩规模统计表

成因单元	最大厚度(m)	平均厚度(m)	测量宽度(m)	目估宽度(m)	宽厚比	断面	成因单元
1	1.85	1.5	110	160	110	顶凸底平透镜状	纵向沙坝
2	3.40	3.2	68	68	21		
3	2.26	1.6	55	55	34		
4	4.20	3.1	105	105	25	楔状	斜向沙坝

图 2-31　心滩野外露头解剖(延安宝塔山辫状河)

图 2-32　野外露头观测及测量

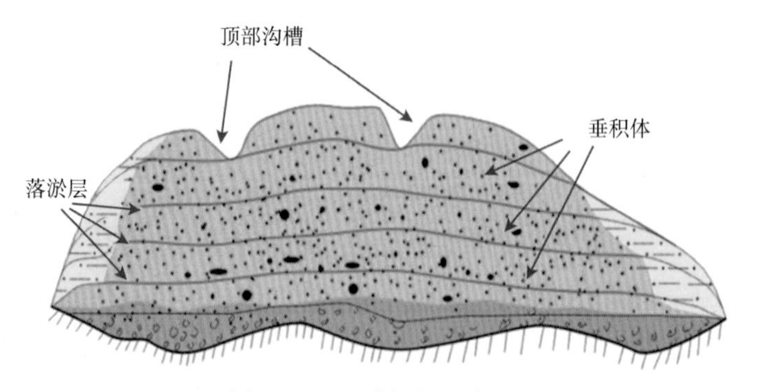

图 2-33　心滩沉积示意图

辫状河道露头观察表明河道呈条带状(图 2-34)，剖面上顶平底凸，宽度可达 800~1000m，厚度 10~20m，宽厚比为 40~100(表 2-7)。前人对河道充填宽厚比进行了一定的研究，其中 Leeder 模型中宽厚比为 50~110，Campbell 模型中宽厚比为 46，Cowan 模型中宽厚比为 70，李思田模型中宽厚比为 50，裘怿楠模型中宽厚比为 40~70，孤岛油田河道宽厚比为 60~120。综合野外露头解剖和前人研究成果，对苏里格气田河道充填宽厚比取值为 50~120。该宽厚比范围比前人的研究成果略宽，反映了苏里格气田较强的河道迁移性。

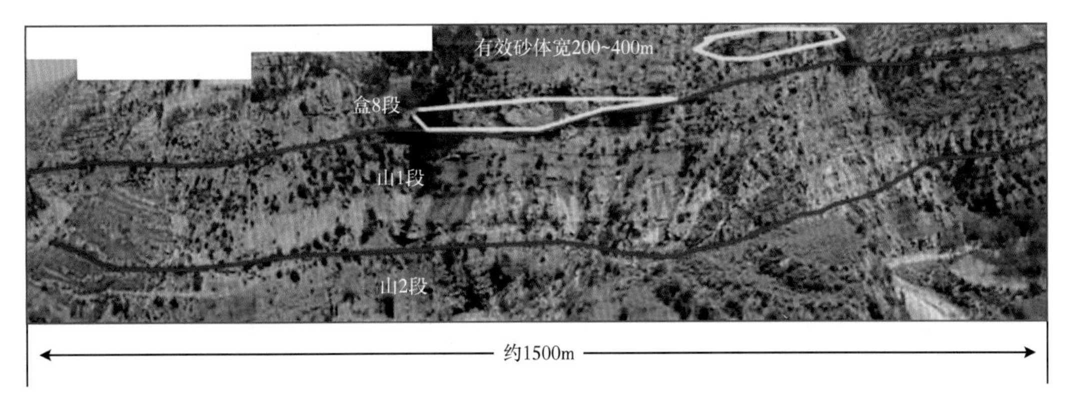

图 2-34　辫状河河道充填野外露头解剖

表 2-7　大同辫状河露头河道规模统计表

成因单元	最大厚度(m)	平均厚度(m)	测量宽度(m)	目估宽度(m)	宽厚比	断面	成因单元
1	3.80	3.1	130	180	58	顶平底凸透镜状	河道充填砂体
2	3.40	3	235	235	78		
3	5.07	4.2	65	190	43		
4	1.30	1.15	68	68	59		
5	1.90	1.45	85	147	101		
6	4.80	4.2	235	260	56		

2. 沉积物理模拟

沉积物理模拟是沉积学理论研究中的一种重要的实验手段和技术方法，通过模拟当时的沉积条件，在实验室还原自然界沉积物的沉积过程。

长江大学沉积模拟重点实验室对苏里格气田盒 8 段的沉积特征进行过模拟。实验在水槽中进行，该水槽长 16m、宽 6m、深 0.8m，另有 4 块面积约为 2.5m×2.5m 的活动底板，用来模拟原始地形对沉积体系的控制(图 2-35)。实验以山西组沉积后的古地形为依据，固定河道(0~3m)坡降约为 0.6°，非固定河道(3~6m)坡降约为 1.2°，活动底板区(6~15m)坡降约为 0.3°。

分平水期、洪水期、枯水期进行沉积物理模拟，研究辫状河沉积体规模。沉积物理模拟实验结果表明(图 2-36)，强水动力条件下水流分布范围广，携砂能力强，形成砂体规模大，延伸距离远；中等水动力条件下水流沿主河道分布；弱水动力条件下，水流沿原有

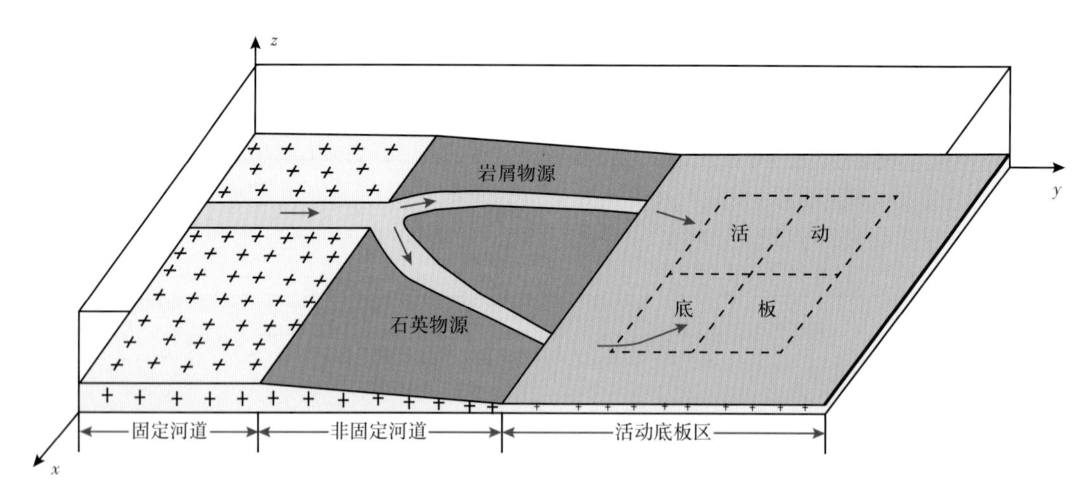

图 2-35　沉积物理模拟底形设计示意图

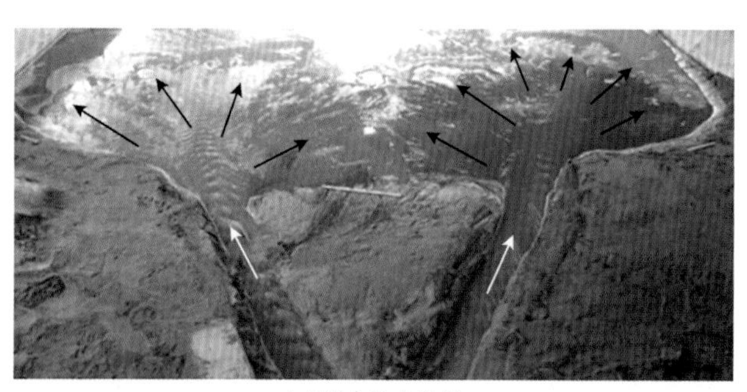

(a)强水动力条件

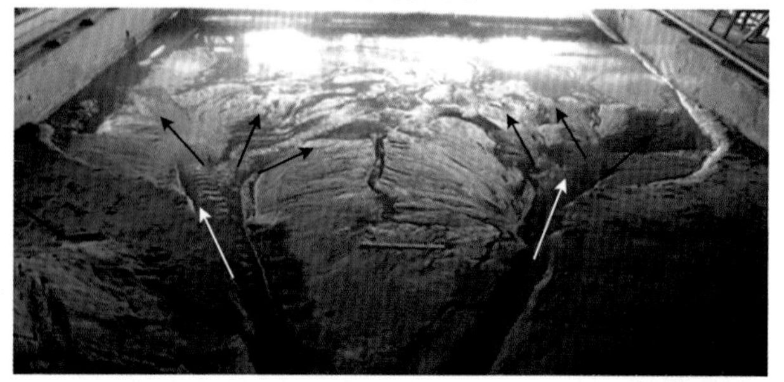

(b)中等水动力条件

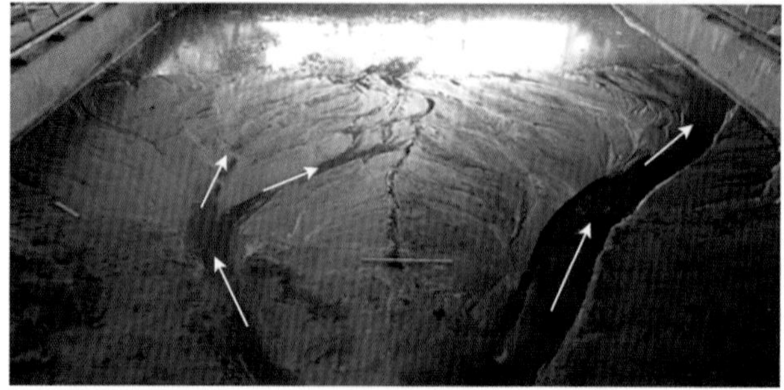

(c)弱水动力条件

图 2-36　沉积物理模拟实验

河道发育细粒沉积，砂体分布范围局限。苏里格气田河道沉积环境主要对应洪水期和平水期，结合模拟结果认为心滩砂体长宽比为2~6（表2-8），河道充填长宽比为2~5。

表2-8　辫状河沉积模拟砂体几何形状特征

微相	平均长宽比		
	洪水期	平水期	枯水期
心滩	2.62~5.65	2.60~4.78	2.16~5.21
河道充填	2.40~4.60	2.10~3.67	2.57~5.99
水道间	1.90~3.60	1.80~4.10	1.30~2.60

四、有效砂体长、宽

综合干扰试井分析和砂体精细解剖，认为苏里格气田有效砂体长400~700m、宽200~500m。约80%的有效砂体呈单层孤立状分布，20%的有效砂体以多期叠置或侧向搭接形成较大规模。

1. 干扰试验

井间干扰试验是分析两口井间的压力干扰来求取井间的地层参数、研究井间储层连通性的方法。在被选定的井组中，一口定为激动井，在试验中改变它的工作制度（如关井、开井等），造成井底附近地层压力的变化，而在邻近的“观察井”中，下入微差压力计，连续记录传播过来的干扰压力。

苏里格气田为研究井间储层连通关系，共开展了79个井组干扰试验，其中排距试验37个井组（顺物源方向，南北向），井距试验（垂直物源方向，东西向）32个井组（图2-37至图2-41）。其中，井距方向大于500m，开展试验井组16组，见干扰4组，干扰率

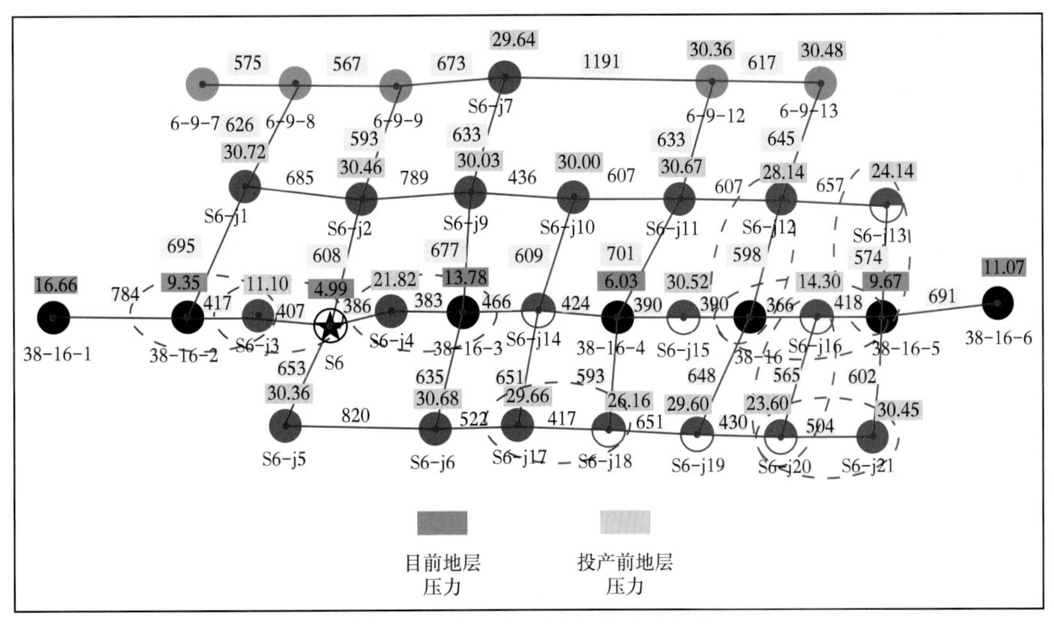

图2-37　苏6加密区干扰试验井组

25%；排距方向大于700m，开展试验井组14组，见干扰3组，干扰率21.4%。试验表明，有效砂体规模小于500m×700m。

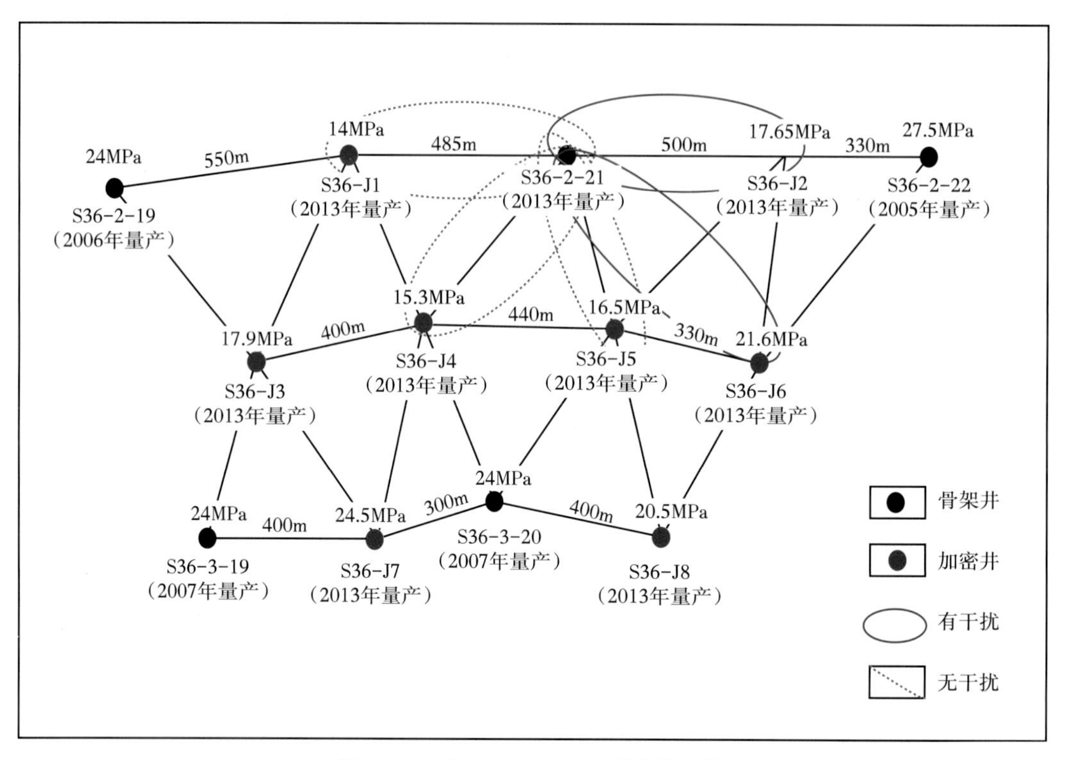

图2-38　苏36-11加密区干扰试井组

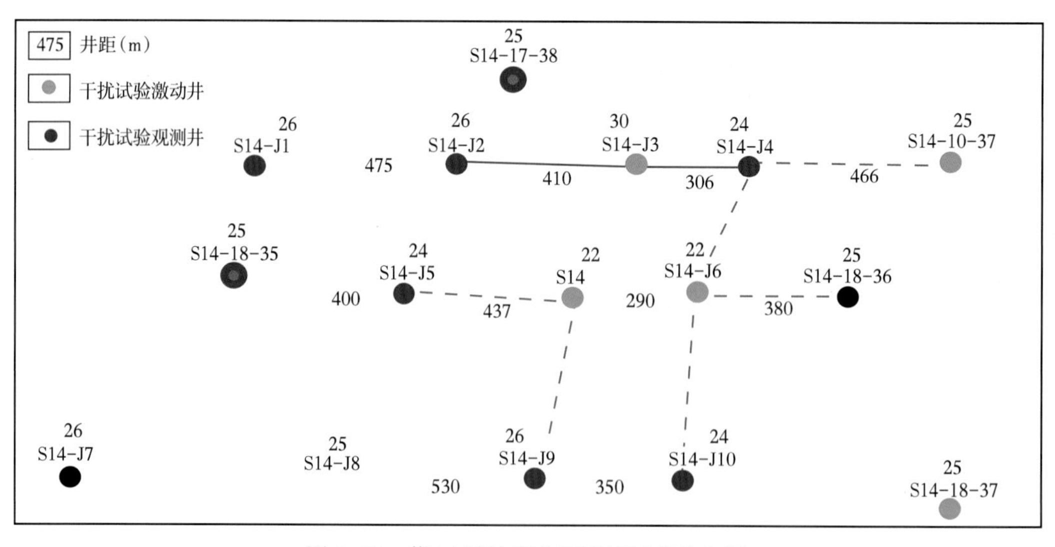

图2-39　苏14区块密井网干扰试井分布图

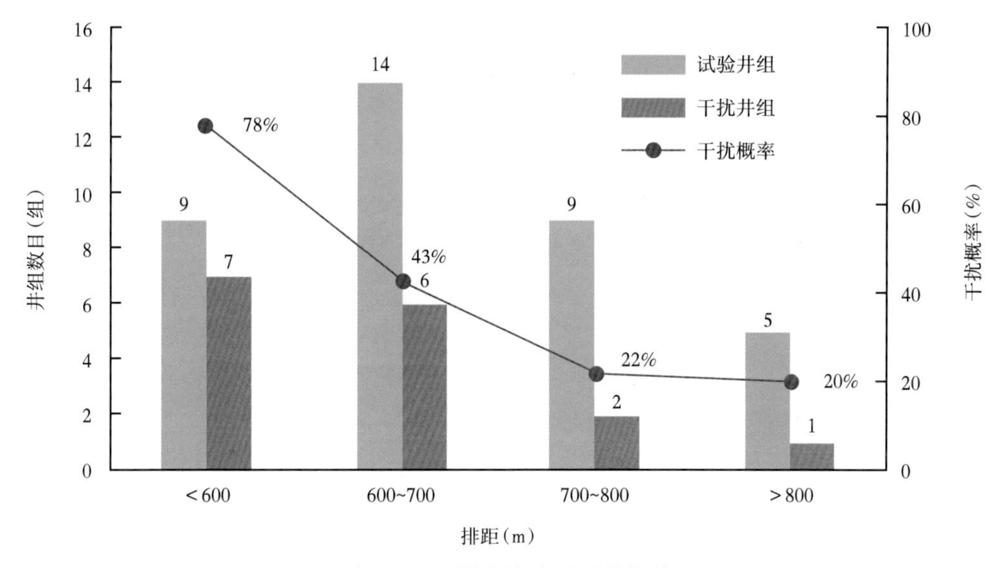

图 2-40　顺物源方向见干扰统计

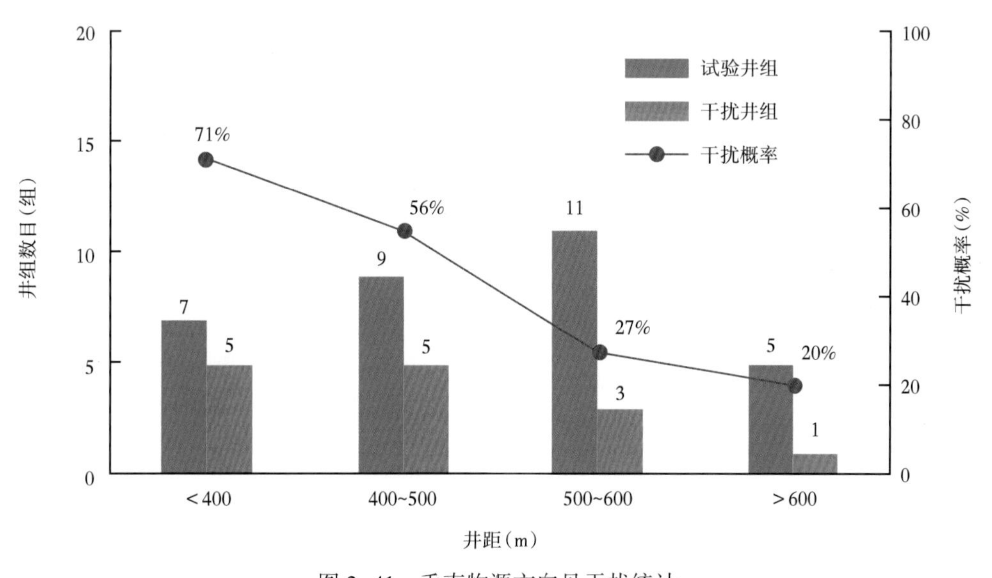

图 2-41　垂直物源方向见干扰统计

S6-J12 井、S38-16 井为一个排距试验井组(图 2-42)，S6-J12 井为激动井，S38-16 井为观测井，两井相距约 600m。S6-J12 井投产前地层压力为 28.14MPa，投产后，S38-16 井处观测地层压力为 12.35MPa。较大的压力差表明两井间存在干扰，考虑两井共同的射孔层位在盒 8 段上亚段 2 小层，反映出两井间盒 8 段上亚段 2 小层有效砂体是连通的。

S6-J4 井、S38-16-3 井为苏 6 加密区一个垂直物源方向上的试验井组(图 2-43)，两井井口距离相距 382.2m，S6-J4 井为激动井，S38-16-3 井为观测井。S6-J4 井投产前地层压力为 24.82MPa，投产后，S38-16-3 井处地层压力降到 13.78MPa。试验结果表明两

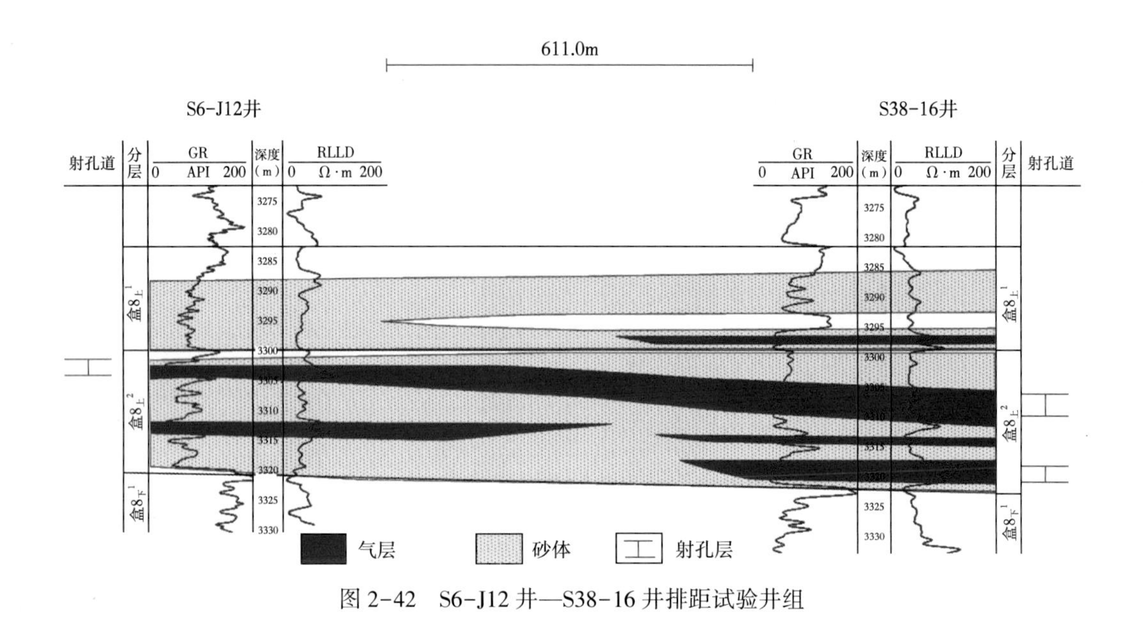

图 2-42 S6-J12 井—S38-16 井排距试验井组

井间存在干扰，两井共同射孔层段在盒 8 段下亚段 1 小层，反映出其盒 8 段下亚段 1 小层有效砂体是连通的。

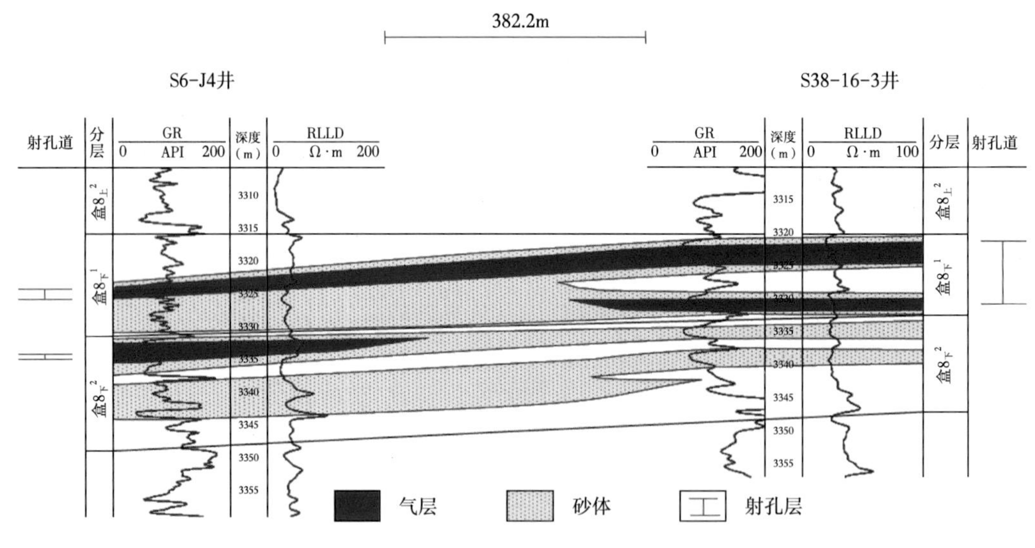

图 2-43 S6-J4 井—S38-16-3 井井距试验井组

2. 密井网解剖

随着井网的不断加密，对井间连通性的认识不断深化，S6 井、S38-16-4 井在 1600m 的大井距下，有效砂体看似连通，在 800m、400m 的小井距下，对比实为不连通的，有效储层宽度仅为 200~500m（图 2-44）。

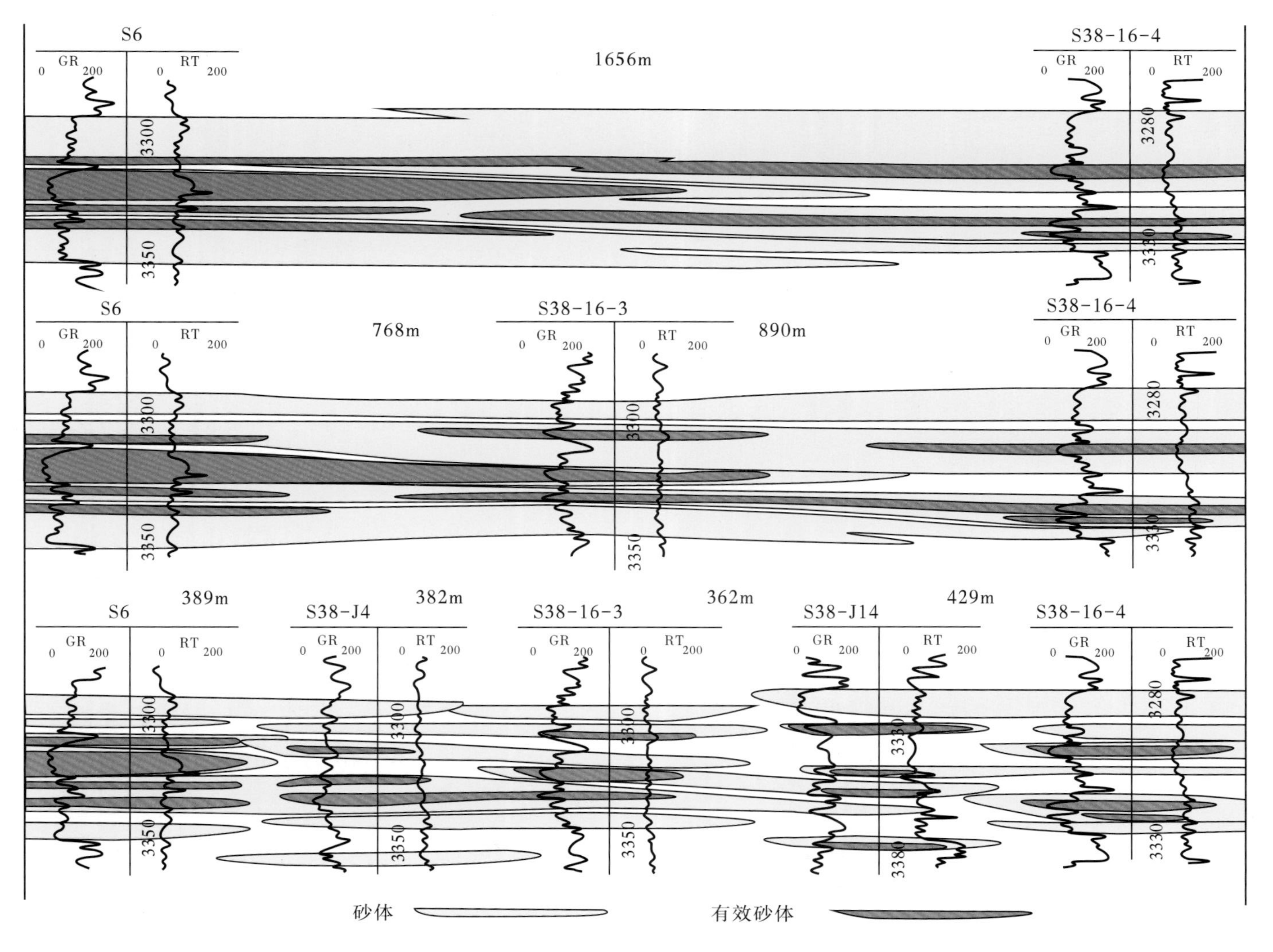

图2-44　不同井距下的储层砂体连通图

在干扰试验分析的基础上，针对多个密井网区进行了有效砂体精细解剖，并与邻区进行对比(图 2-45、图 2-46)。分析结果表明，苏里格气田有效单砂体长度主要分布在 400~700m 之间[图 2-47(a)]，有效单砂体宽度主要分布在 200~500m 之间[图 2-47(b)]。

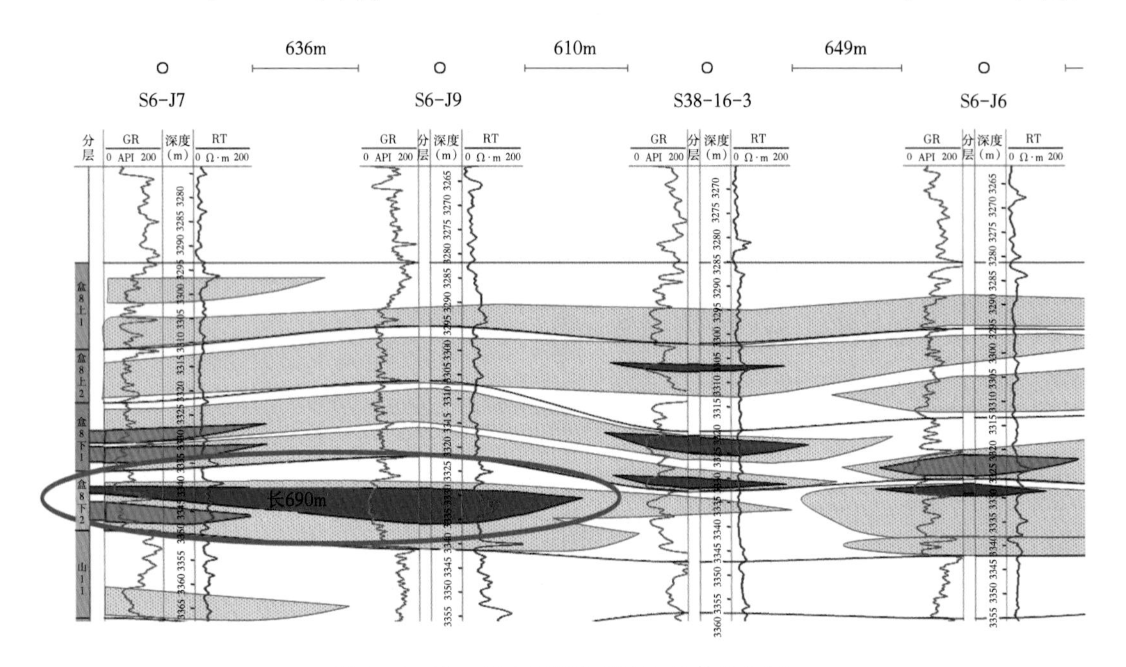

图 2-45　苏 6 加密区顺物源方向砂体解剖图

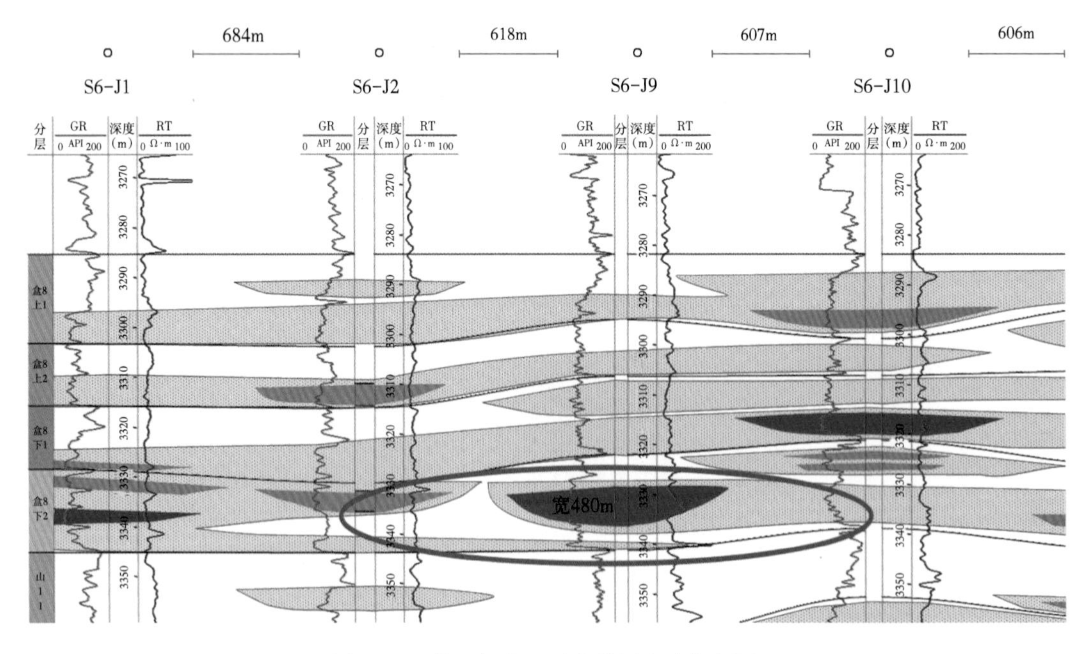

图 2-46　苏 6 加密区垂直物源方向解剖图

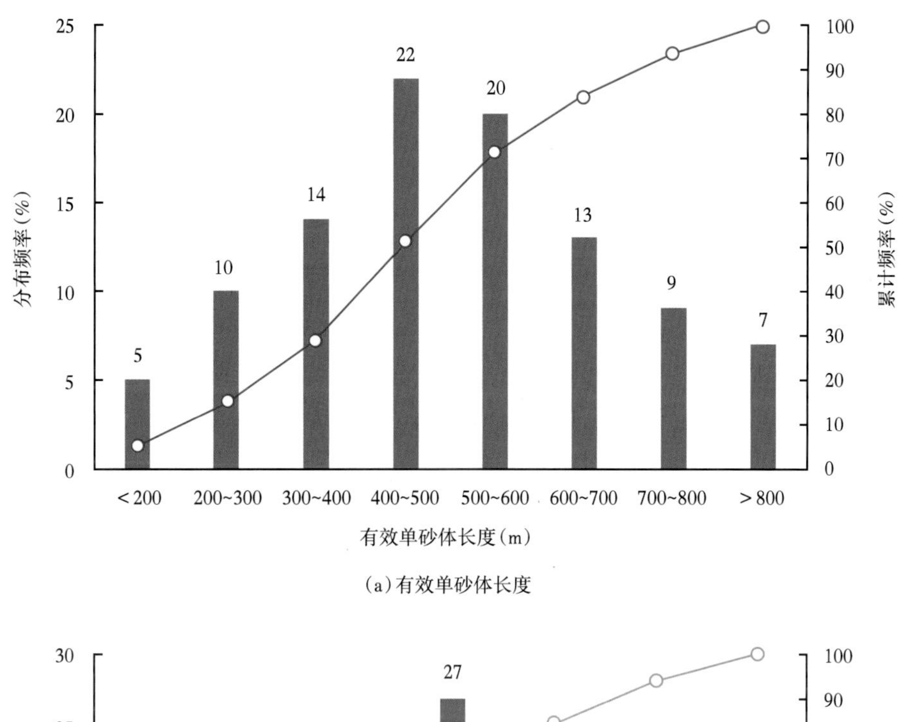

(a)有效单砂体长度

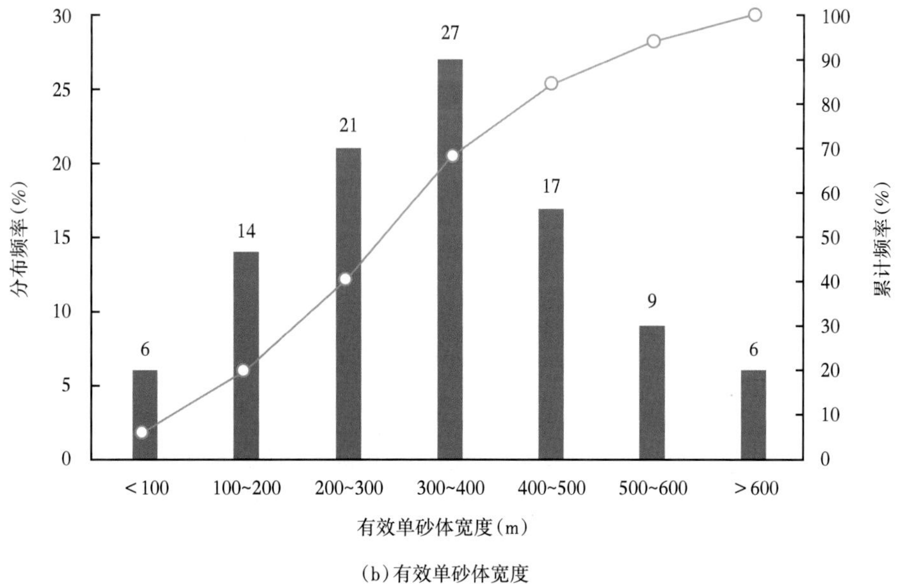

(b)有效单砂体宽度

图 2-47　苏里格气田有效单砂体长度与有效单砂体宽度分布直方图

第四节　砂层组组合模式研究

一、砂层组组合模式分类及其地质特征

基于密井网区地质解剖，根据有效储层垂向剖面的集中程度，建立了三种砂层组组合模式，按形成时水动力条件由强到弱分别为单期厚层块状型、多期垂向叠置泛连通型、多

期分散局部连通型(图 2-48)。根据水平井实钻剖面，块状厚层型、多期叠置型及孤立分散型的分布比例分别为 5%、16%、79%。

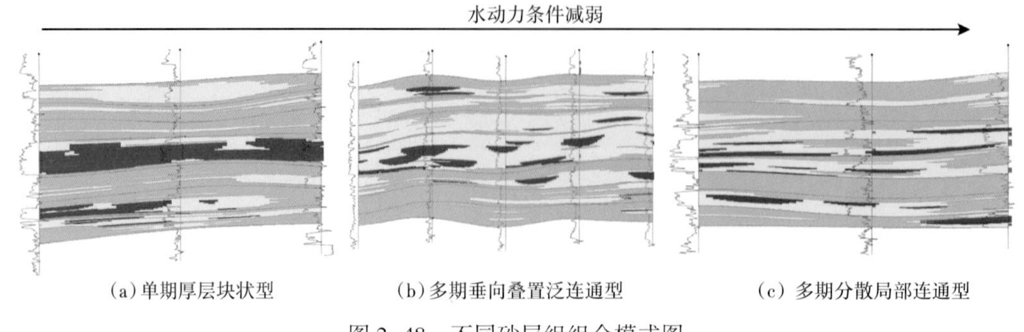

图 2-48　不同砂层组组合模式图

1. 单期厚层块状型

单期厚层块状型储量剖面集中度大于 75%，主力层系有效砂岩主要集中在某一个砂层组内(图 2-49)，有效砂岩纵向切割叠置，累计厚度一般超过 8m，中间无或少有物性和泥质夹层，有效砂岩横向可对比性较好。有效砂岩纵向主要集中在盒 8 段下亚段砂层组 2 小层内，盒 8 段上亚段砂层组不含气，仅在山 1 段 2 小层内可见较薄气层存在，为典型的单期厚层孤立型。推测形成原因为持续强水动力条件仅在盒 8 段下亚段 2 小层砂体沉积时出现，其他时期水动力条件都相对较弱不足以形成粗粒岩相。

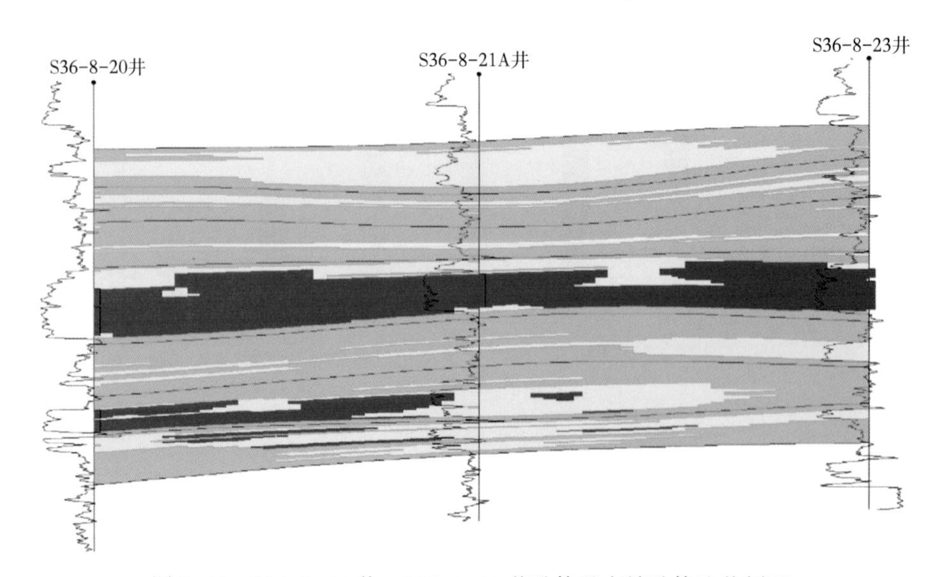

图 2-49　S36-8-20 井—S36-8-23 井砂体及有效砂体连井剖面

2. 多期垂向叠置泛连通型

多期垂向叠置泛连通型储量剖面集中度集中在 60%～75%，主力层系有效砂岩集中在两个或多个砂层组内(图 2-50)，主力层系砂层组间砂岩纵横向相互切割叠置形成叠置泛连通体砂岩。有效砂岩在泛连通体内呈多层分布，叠置方式多呈堆积叠置和切割叠置出现，单层或累计厚度一般在 5~8m 之间，中间多存在物性夹层，有效砂岩横向可对比性表差。有效砂岩主要发育在盒 8 段下亚段砂层组内，其中 2 小层更为发育，有效砂岩累计厚度平均可达 8m，但在盒 8 段上亚段砂层组 1 小层和山 1 段砂层组 1 小层内也发育有效砂体，二者累计厚度可达 6m。推测除在盒 8 段下亚段沉积时期该部位持续处在强水动力条件环境下外，在盒 8 段上亚段沉积晚期和山 1 段沉积晚期也出现过短暂的强水动力条件。

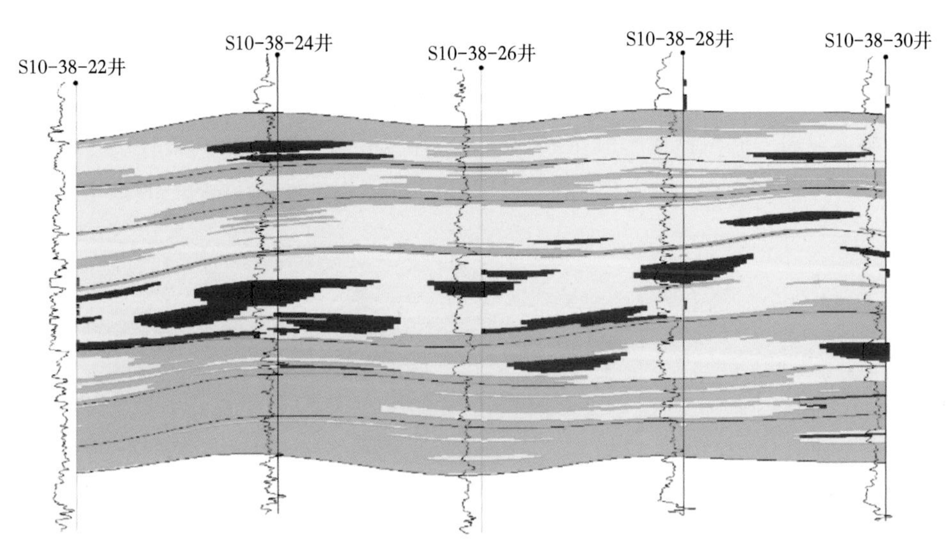

图 2-50　S10-38-22 井—S10-38-30 井砂体及有效砂体连井剖面

3. 多期分散局部连通型

多期分散局部连通型储量剖面集中度小于 60%，即纵向不发育主力层系，砂岩及有效砂岩纵向多层分布，砂岩横向局部连通，有效砂岩多为孤立状，单层厚度一般在 3~5m 之间（图 2-51），中间多存在泥质夹层，夹层厚度多大于 3m。有效砂岩在盒 8 段下亚段砂层

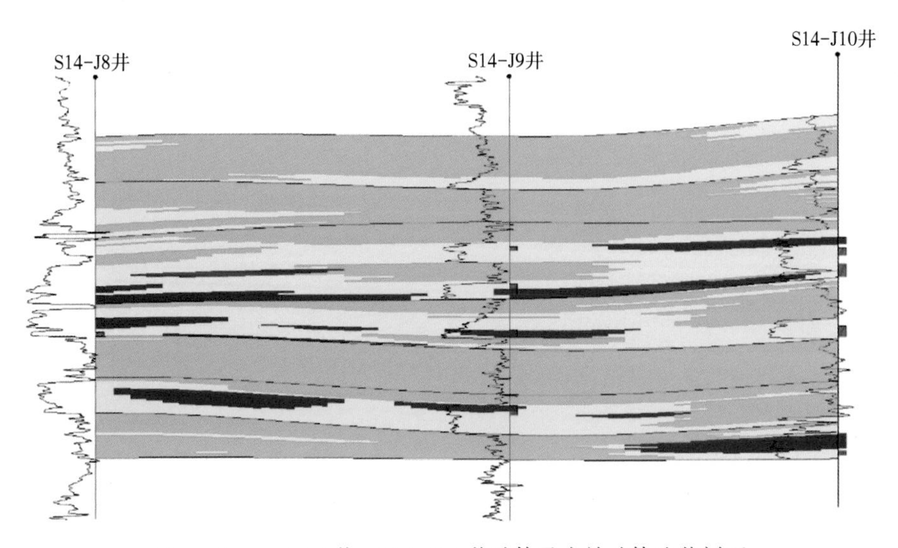

图 2-51　S14-J8 井—S14-J10 井砂体及有效砂体连井剖面

组内1小层、2小层和山1段砂层组2小层、3小层都有发育，且厚度较为平均，无主力层。推测该部位水动力条件变化频繁，时强时弱，无持续强水动力条件出现。该型砂层组合建议采用直井、丛式井或大斜度井进行开发。因为在利用水平井开发提高某一小层层内储量动用程度的同时，损失了相当多的纵向储量。

二、不同砂组组合模式的地质储量分布特点

1. 单期厚层块状型

单期厚层块状型有效砂体单层厚度大，地质储量分布较集中，主力层绝对突出，主要分布在盒8段下亚段，储量占比一般在75%以上。以S36-8-21井组为例(图2-52、图2-53，表2-9)，该井组地质储量分布高度集中，主要分布在$H8_2^2$小层，储量占比80.09%。

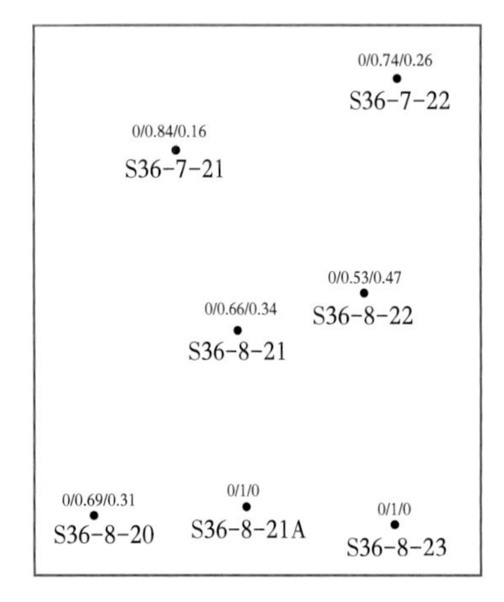

图2-52　S36-8-21井组井位图

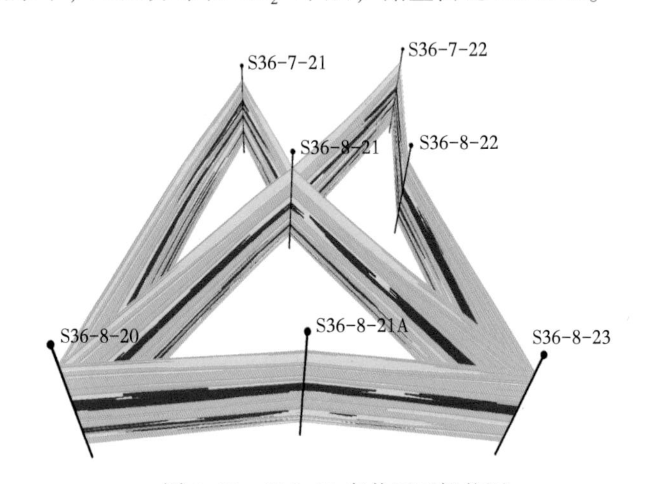

图2-53　S36-11密井网区栅状图

表2-9　S36-8-21井组剖面储量占比表

小层号	储量占比(%)
$H8_1^1$	0.08
$H8_1^2$	
$H8_2^1$	
$H8_2^2$	80.09
S_1^1	3.04
S_1^2	13.22
S_1^3	3.65
合计	100

2. 多期垂向叠置泛连通型

多期垂向叠置泛连通型地质储量分布集中，主要分布在盒8段下亚段，剖面储量集中度一般在60~75%。以S10-38-24井组(图2-54、图2-55，表2-10)，该井组地质储量主要分布在盒8段下亚段2个小层，储量占比61.63%，两个砂层组切割叠置，砂层组内

有效砂体呈多层分布特征。

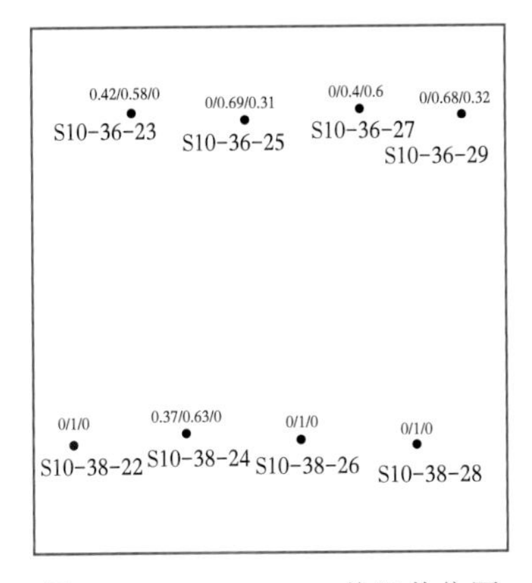

图 2-54 S10-38-24 井组井位图

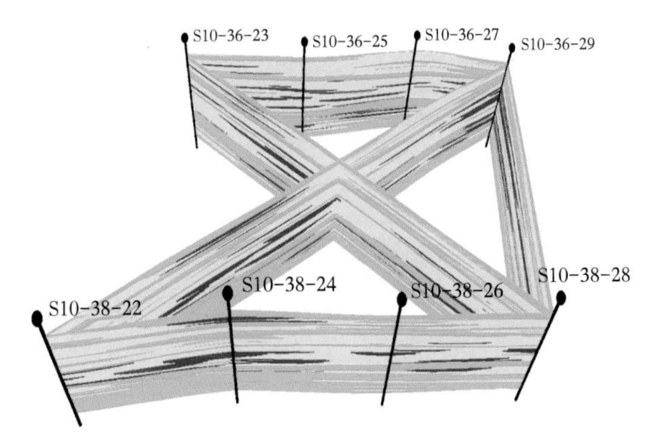

图 2-55 S10-38-24 井组栅状图

表 2-10 S10-38-24 井组剖面储量占比表

小层号	储量占比(%)
$H8_1^1$	5.98
$H8_1^2$	0.02
$H8_2^1$	14.21
$H8_2^2$	61.63
S_1^1	13.67
S_1^2	3.12
S_1^3	1.38
合计	100

3. 多期分散局部连通型

多期分散局部连通型地质储量分布比较分散，单个砂组连通体内剖面储量集中度一般小于 50%。以 S14 井组为例(图 2-56、图 2-57，表 2-11)，该井组剖面上分布三套砂层组，地质储量分布比较分散，最大砂层组连通体剖面储量集中度为 37.77%。

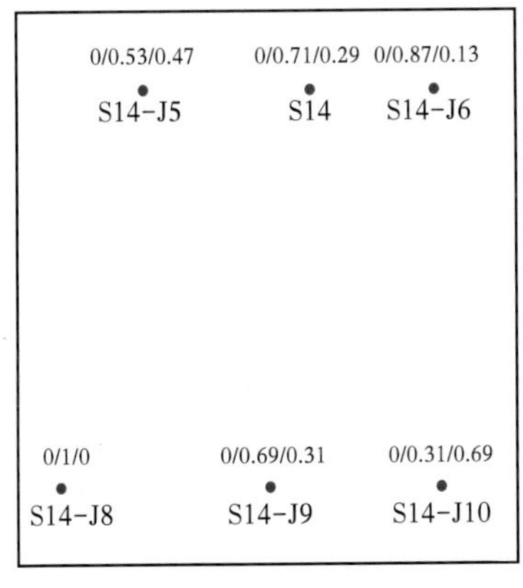

图 2-56 S14 井组井位图

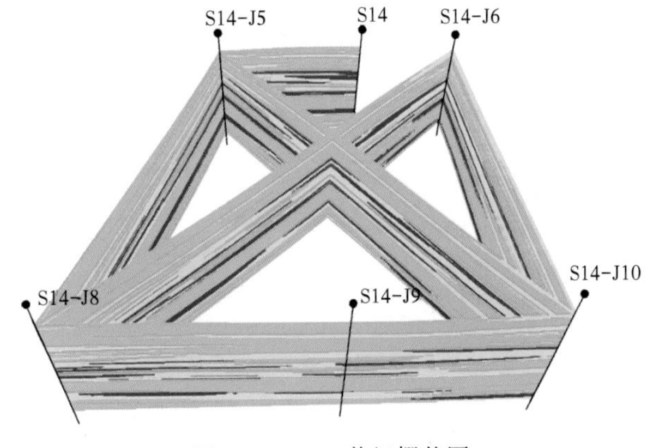

图 2-57 S14 井组栅状图

表 2-11　S14 井组剖面储量占比表

小层号	储量占比（%）
$H8_1^1$	0. 01
$H8_1^2$	2. 79
$H8_2^1$	37. 77
$H8_2^2$	25. 18
S_1^1	1. 04
S_1^2	23. 75
S_1^3	9. 46
合计	100

S6-J16 井组：该井组地质储量主要分布在 $H8_1^2$、$H8_2^1$、$H8_2^2$ 三个小层，分布分散，剖面储量集中度最大值为 36. 71%，砂组内有效砂体呈多层分布特征（图 2-58、图 2-59，表 2-12）。

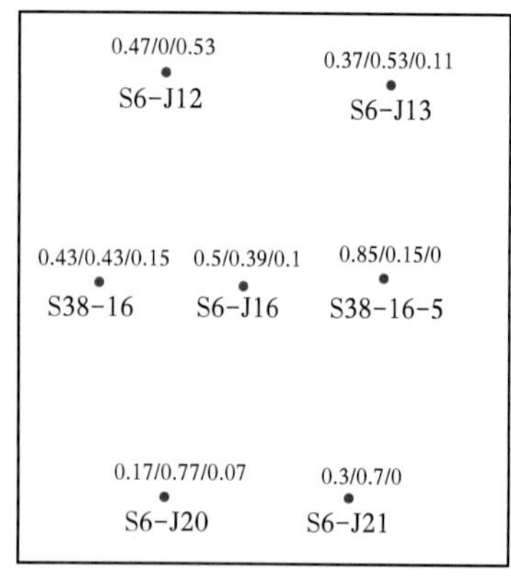

图 2-58　S6-J16 井组井位图

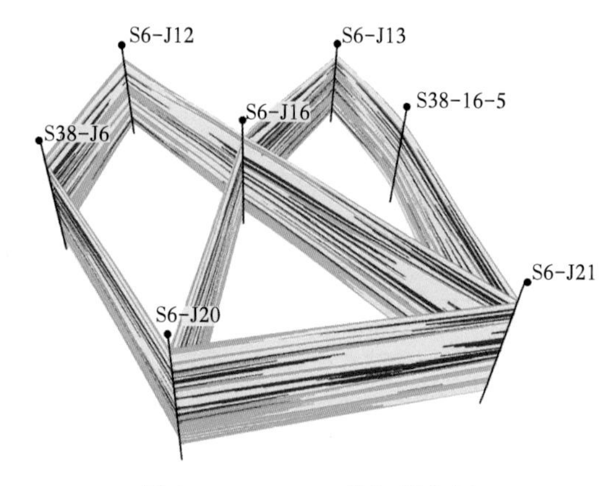

图 2-59　S6-J16 井组栅状图

表 2-12　S6-J16 井组剖面储量占比表

小层号	储量占比（%）
$H8_1^1$	3. 24
$H8_1^2$	36. 71
$H8_2^1$	30. 46
$H8_2^2$	16. 63
S_1^1	7. 57
S_1^2	2. 52
S_1^3	2. 86
合计	100

三、砂层组内阻流带研究

已完钻的水平井井轨迹剖面显示，复合有效砂体内部不仅是非均质的，而且是不连通的，存在泥质隔(夹)层——“阻流带”（图2-60)，它是由于水动力条件的减弱，沉积在河道或心滩砂体边缘的泥质等细粒沉积物，岩性以泥质砂岩、泥岩等泥质沉积为主，厚度为几米至几十米级，测井曲线表现为高自然伽马值和高声波时差。“阻流带”是造成直井储量动用不完善的主要原因之一，水平井通过多段压裂可克服阻流带的影响。

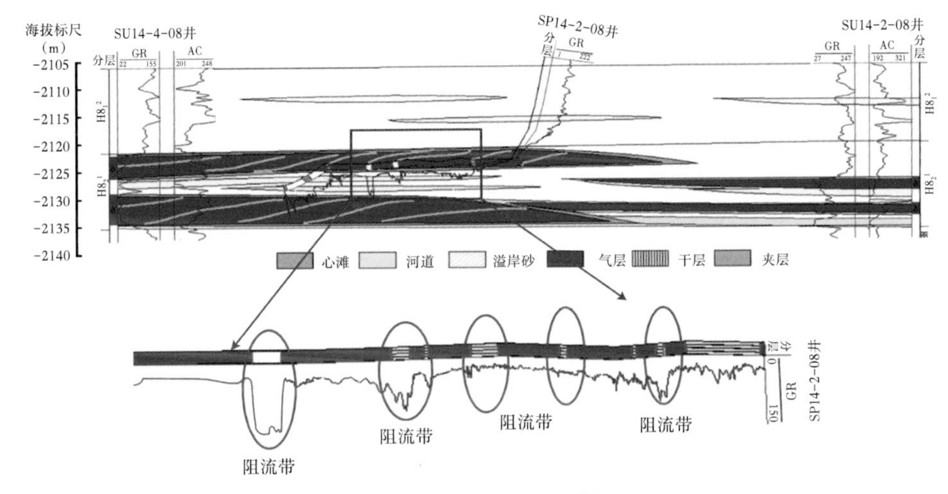

图2-60 水平井井轨迹剖面

阻流带主要有两种，一种是心滩增生过程中形成的阻流带，在心滩增生过程中，弱水动力条件下周围形成残留的落淤层，通常称为泥质夹层，规模比较小(图2-61)；一种是

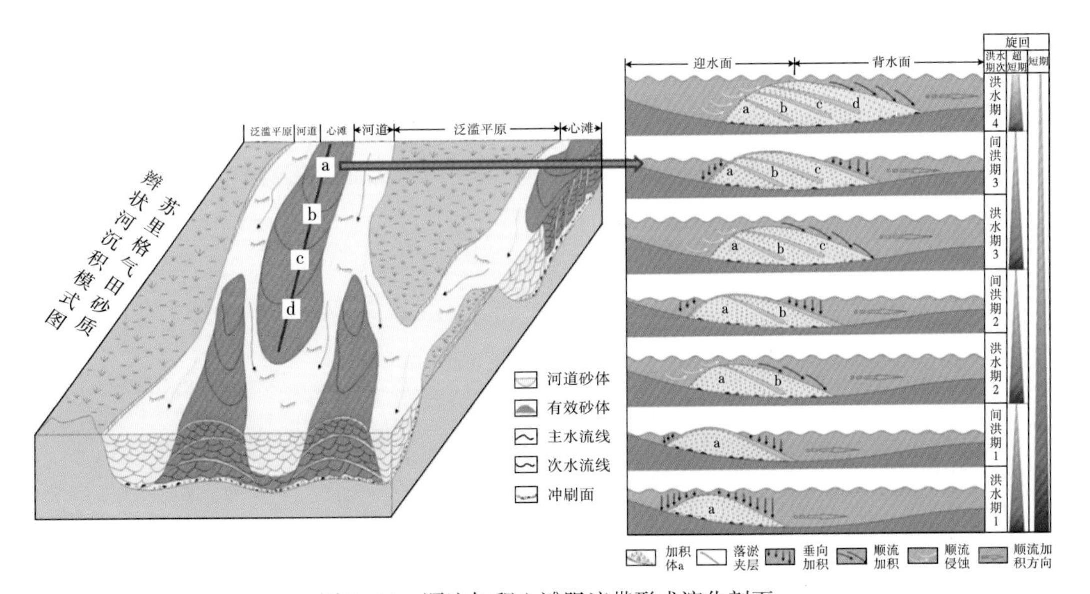

图2-61 顺流加积心滩阻流带形成演化剖面

次级河道迁移过程中填平补齐作用形成的阻流带，在河道迁移摆动过程中，多期高能河道心滩切割叠置形成的较大复合心滩内部残留低能河道砂体，表现为规模较大的细粒致密隔层(图 2-62)。

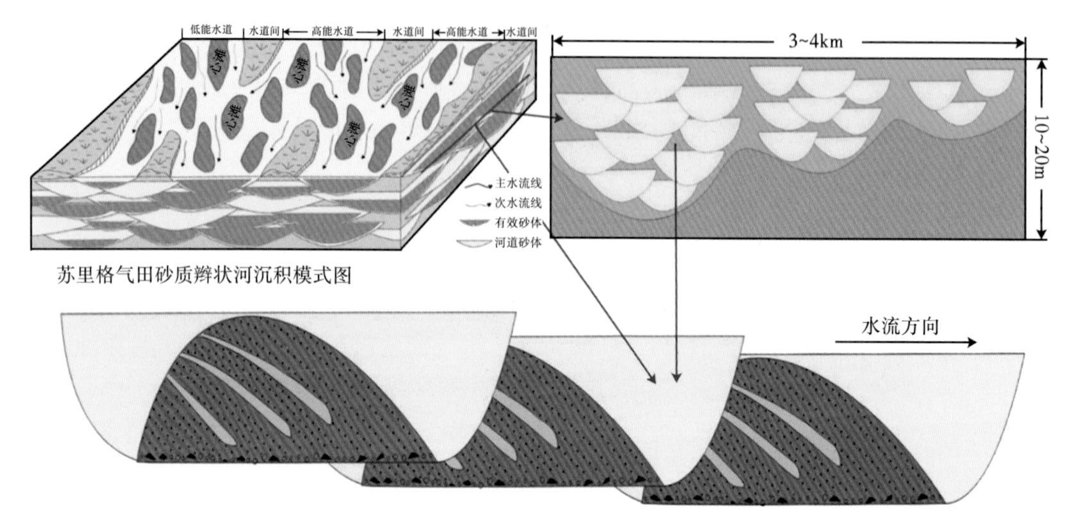

图 2-62　顺流加积心滩阻流带形成演化剖面

对阻流带规模进行地质解剖，主要包括宽度和横向间距等地质参数。阻流带宽度和横向间距分别是指阻流带在水平段上的长度和两期阻流带之间加积体的水平段长度(图 2-63)。

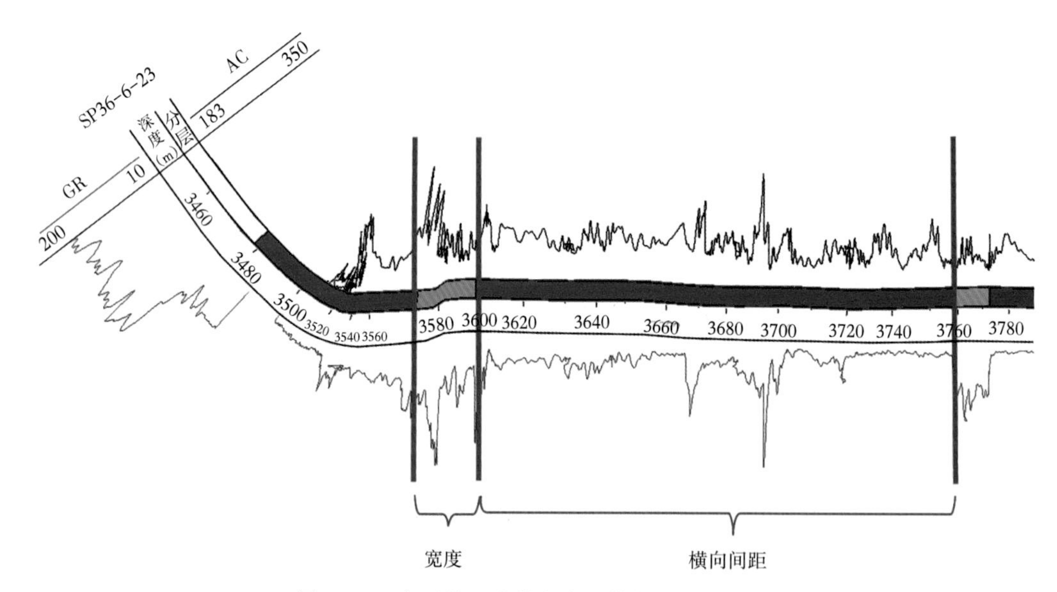

图 2-63　水平井阻流带宽度、横向间距示意图

分析结果表明，1000m 左右水平段内的复合有效砂体一般发育 3~6 个阻流带(表 2-13)，其宽度分布在 10~50m 之间，集中在 20~30m 之间(图 2-64)，横向间距为 25~350m，主

要分布在100~150m之间(图2-65)。

表2-13　典型水平井阻流带精细解剖地质参数统计表

典型井号	水平井段长度(m)	阻流带个数(个)	水平宽度(m)			横向间距(m)		
			最小值	最大值	平均值	最小值	最大值	平均值
SP14-2-08	692	5	11	27	20	25	147	74
SP14-7-41H2	1268	5	22	72	47	48	171	98
SP14-2-10	963.5	6	13	43	26	38	145	95
SP36-6-23	877	4	10	28	16	91	304	168
S36-18-10H	1050	3	46	50	48	220	352	284

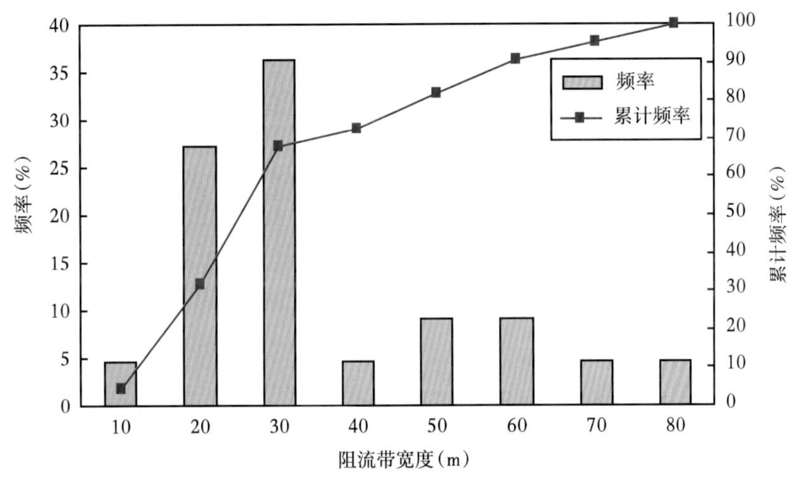

图2-64　水平井阻流带宽度统计直方图

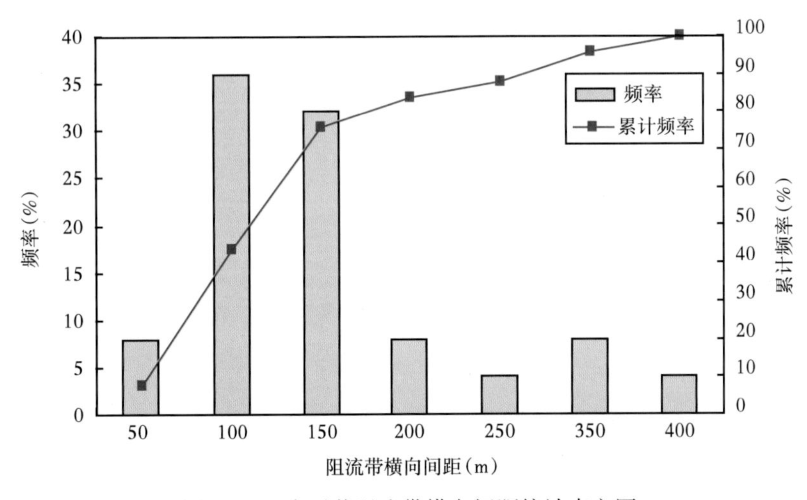

图2-65　水平井阻流带横向间距统计直方图

第五节　辫状河体系带研究

从苏里格全区看，有效砂体分布相对分散。若从单砂体入手，沉积微相及有效砂体的分布规律难以认识和把握，成为制约苏里格气田高效开发的主要问题之一。通过详尽系统的分析，深化并发展了辫状河体系带的概念，提出了辫状河体系带的多参数定量划分标准，指出辫状河体系带是控制苏里格气田沉积微相和有效砂体分布的关键地质因素，建议加强重视和研究，本研究也将对辫状河体系带的探讨贯穿于后续的储层地质建模和水平井设计中。

辫状河作为经典的沉积学概念，于 1978 年由 Rust 提出，一般是指弯度指数不大于 1.5，河床不稳定，宽深比大(大于 40)的河流的沉积。苏里格气田为沼泽背景下发育的缓坡型辫状河沉积体系，砂体大面积广泛分布，总的来说，砂体钻遇率高，连续性好。由于河道频繁改道迁移，导致多期河道砂体、河道与心滩砂体互相切割、叠置，形成了垂向上厚度大，平面上复合连片的大型复合河道砂体，呈南北向展布(图 2-66)。

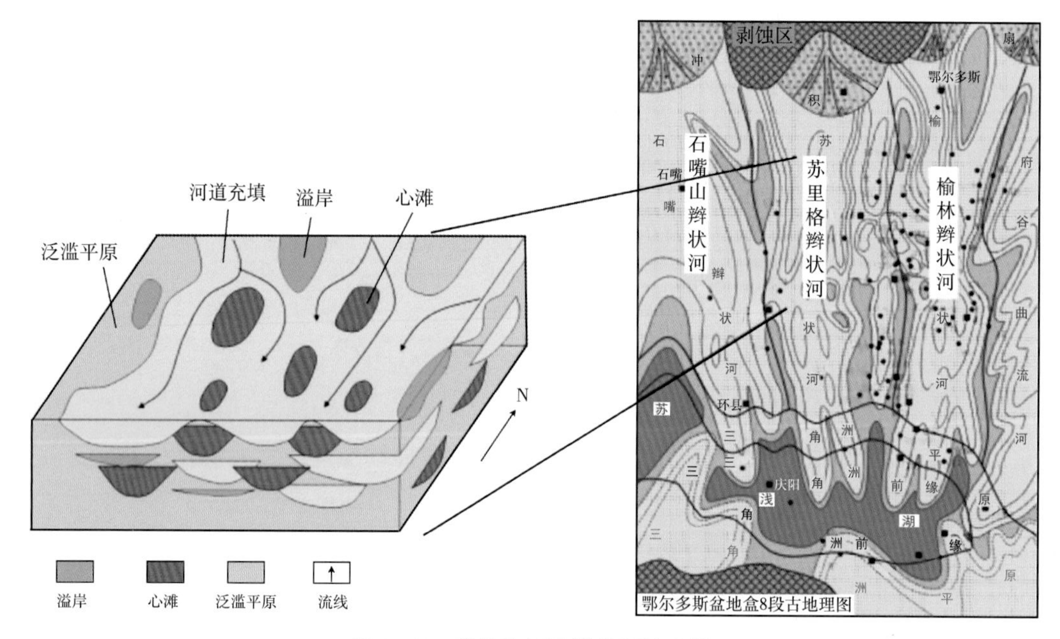

图 2-66　苏里格气田辫状河体系带

苏里格砂质辫状河体系由大量的小透镜状砂体多期切割叠置而成，按照不同描述尺度可划分四级构型：一级构型—辫状河体系、二级构型—辫状河叠置带、三级构型—单河道、四级构型—河道沙坝(图 2-67)。

一、不同辫状河体系带特征

苏里格辫状河沉积体系的形成是地质历史时期物源、水动力、古地形、可容纳空间、沉积物供给等多地质因素共同作用的结果，是一定地层规模的沉积环境和沉积物的总和。

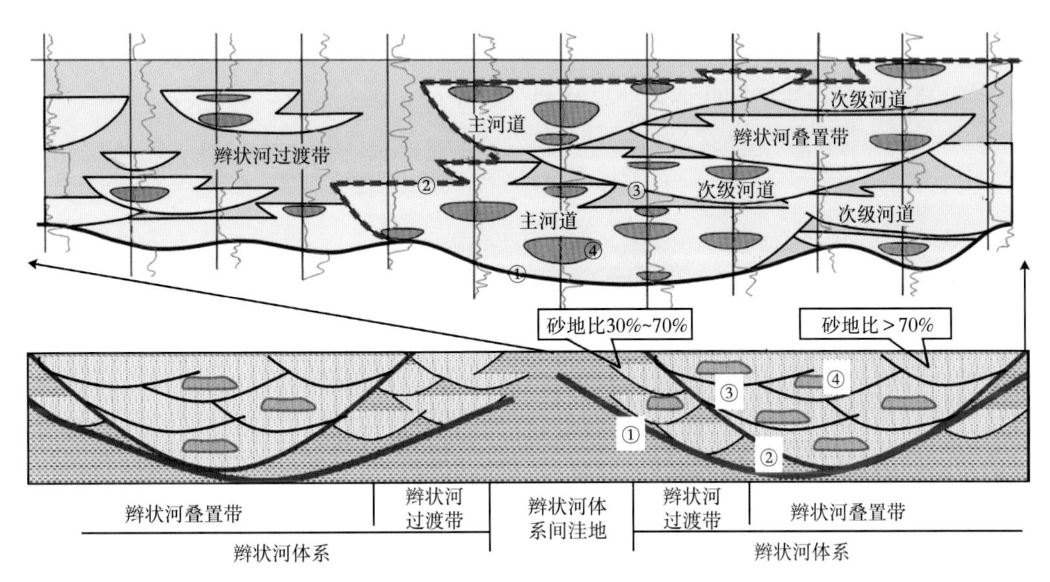

图 2-67　苏里格气田辫状河沉积体系分级构型

按照其空间演化所表现出的区域性的差异，可分为辫状河体系叠置带、辫状河体系过渡带和辫状河体系间三个相带（图 2-68）。不同沉积相带具有不同的储层发育特征，其中叠置带砂地比大多大于 70%，过渡带砂地比范围 30%～70%，体系间砂地比大多小于 30%（图 2-69）。

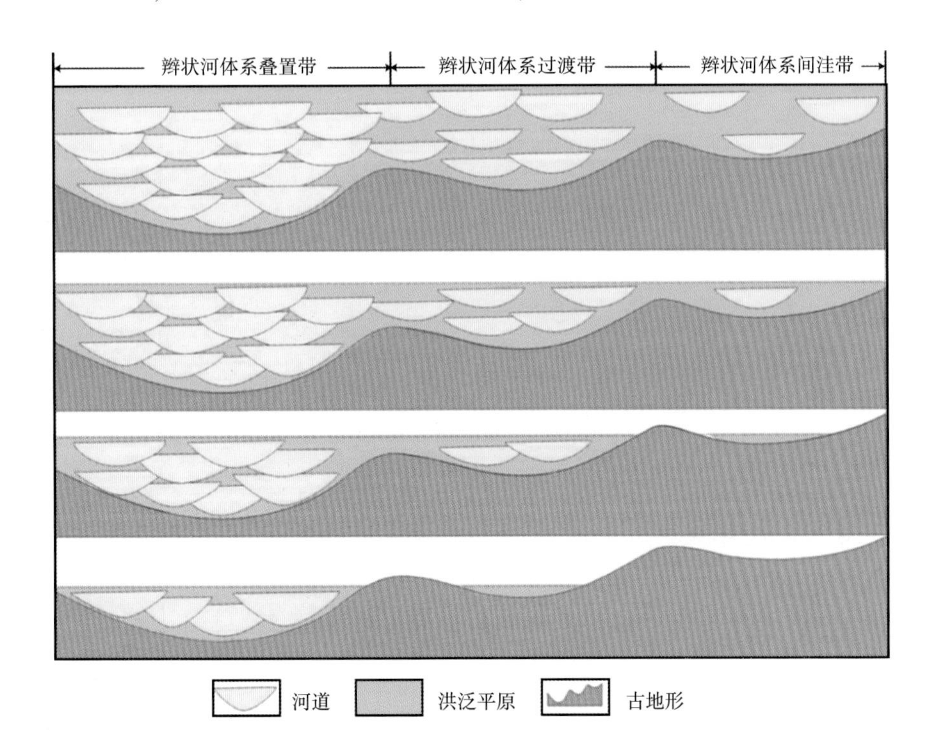

图 2-68　苏里格气田辫状河体系带形成过程

不同辫状河体系带成因和储层特征差异很大，从辫状河体系叠置带、过渡带再到辫状河体系间，沉积水动力由强到弱，可容纳空间由大到小，沉积物岩性由粗到细，砂体叠置期次由多到少，砂体连通性和连续性由好到差。

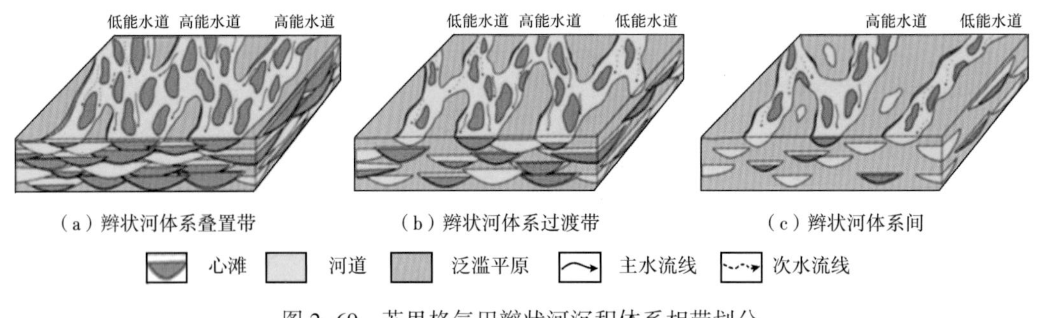

图 2-69　苏里格气田辫状河沉积体系相带划分

1. 辫状河体系叠置带

叠置带处于剖面上古地形最低洼处，坡降相对最大，水动力较强，古河道持续发育，可容空间/沉积物供给比值（A/S 值）低，纵向上多期河道反复切割叠置形成厚层砂岩、泥岩沉积（图 2-70），砂地比值较高，泥岩夹层不发育，横向上砂岩连续性和连通性较好。叠置带以心滩沉积的厚层粗砂岩和河道充填沉积的薄层中砂岩、粗砂岩呈互层状出现，岩相总体较粗，以含砾粗砂岩、粗砂岩为主，常发育槽状交错层理、板状交错层理等指示强水动力条件的沉积构造，测井曲线表现为光滑或微齿状箱形。有效储层多呈薄厚不等的多层特征，分布集中，累计厚度大，夹层多为细粒致密层（图 2-71 至图 2-73）。

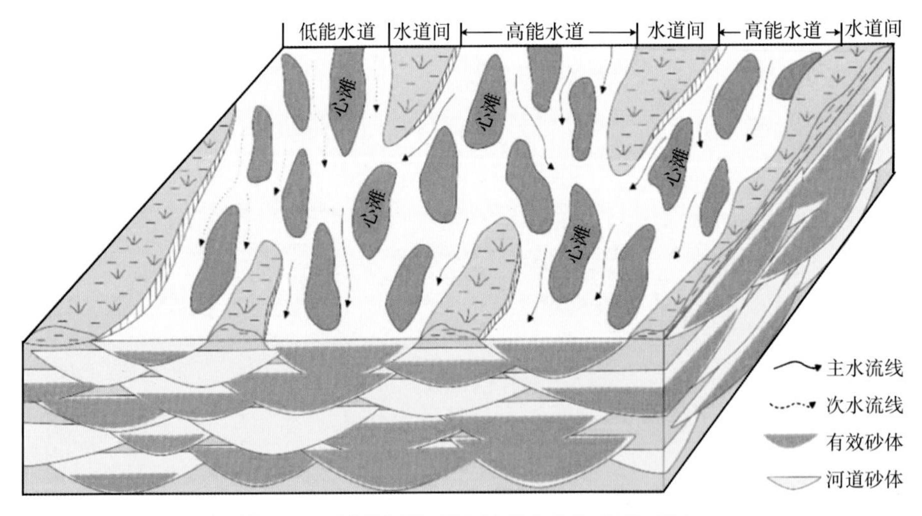

图 2-70　辫状河体系叠置带储层沉积模式图

2. 辫状河体系过渡带

过渡带处于剖面上古地貌中等低洼处，类似于河流地貌一级阶地，只有洪水到达中等或中等以上水位时候才会发育河道砂岩沉积，低水位期暴露不沉积，剖面岩性呈现砂泥岩

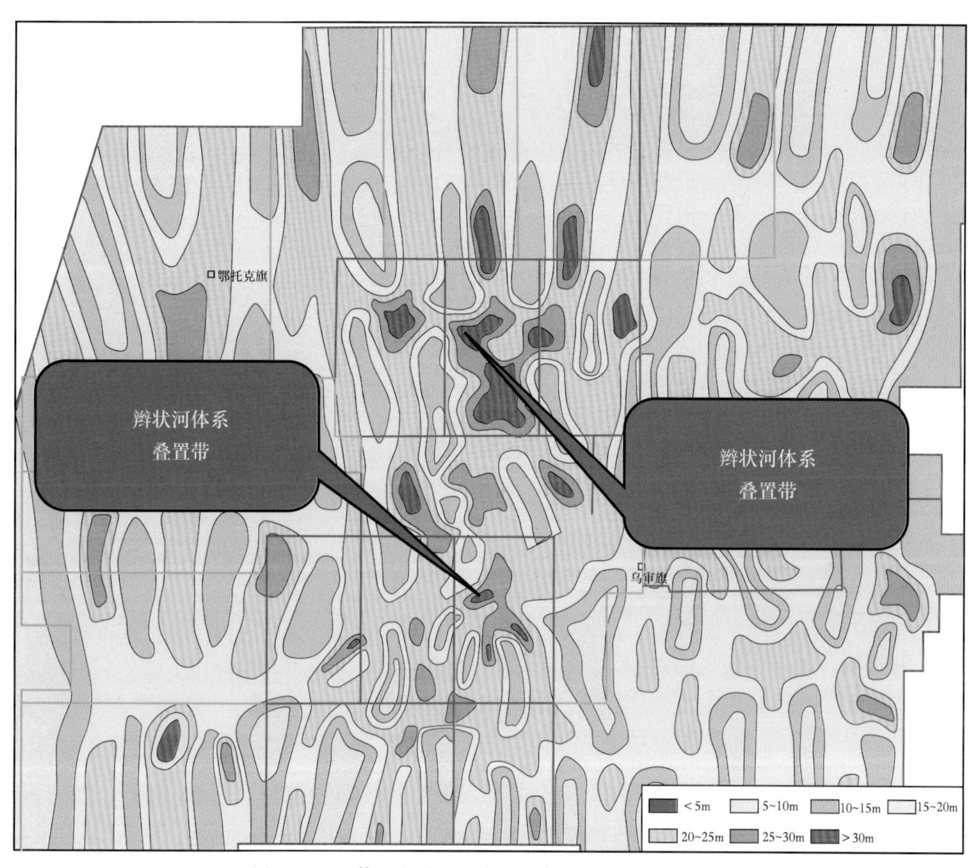

图 2-71　苏里格气田辫状河体系叠置带指示图

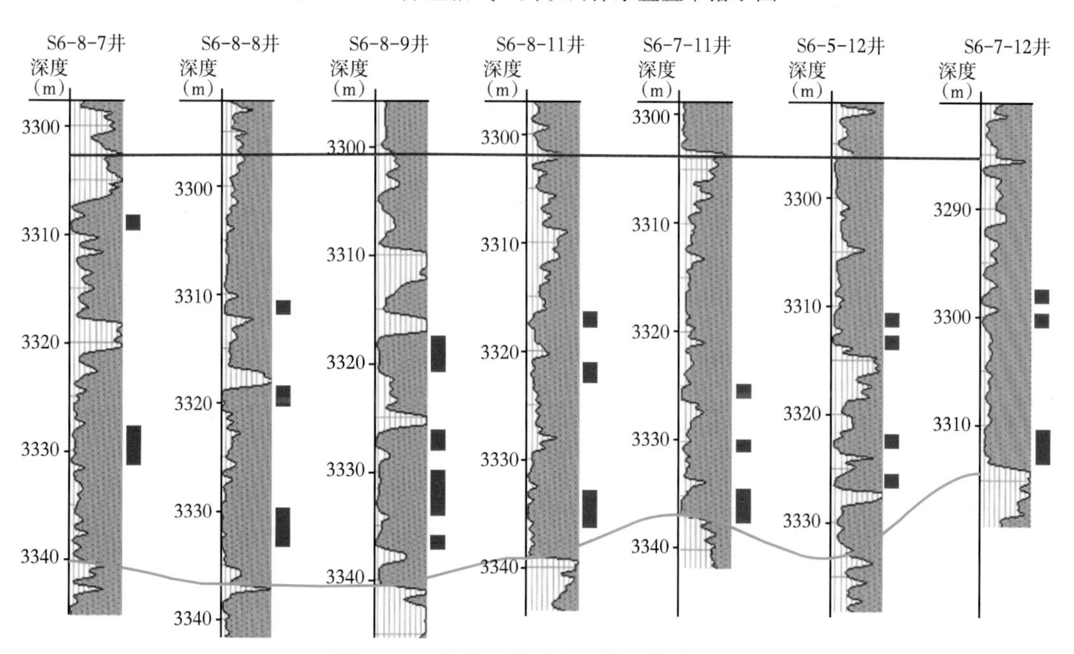

图 2-72　辫状河体系叠置带砂体分布图

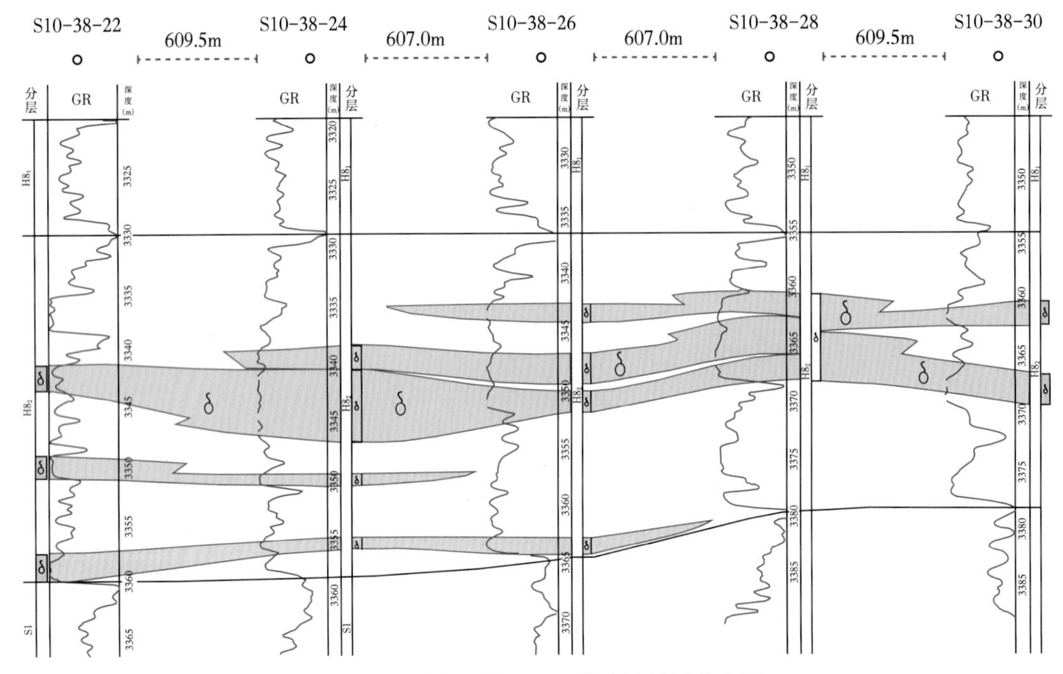

图 2-73　辫状河体系叠置带有效储层分布图

互层沉积(图 2-74)。相比于叠置带，过渡带发育的砂体规模小，连续性差，侧向迁移快，岩性粒度粗—中等，可形成频繁单层出现的粗砂岩，测井曲线表现为齿化箱形或中高幅钟形。有效砂体单体发育，沉积厚度较大(图 2-75 至图 2-77)。

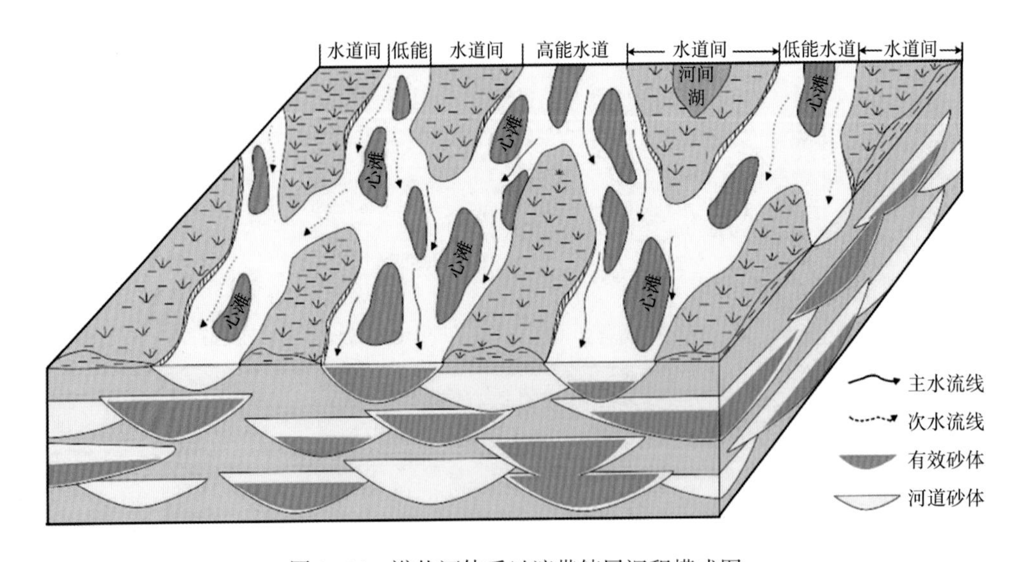

图 2-74　辫状河体系过渡带储层沉积模式图

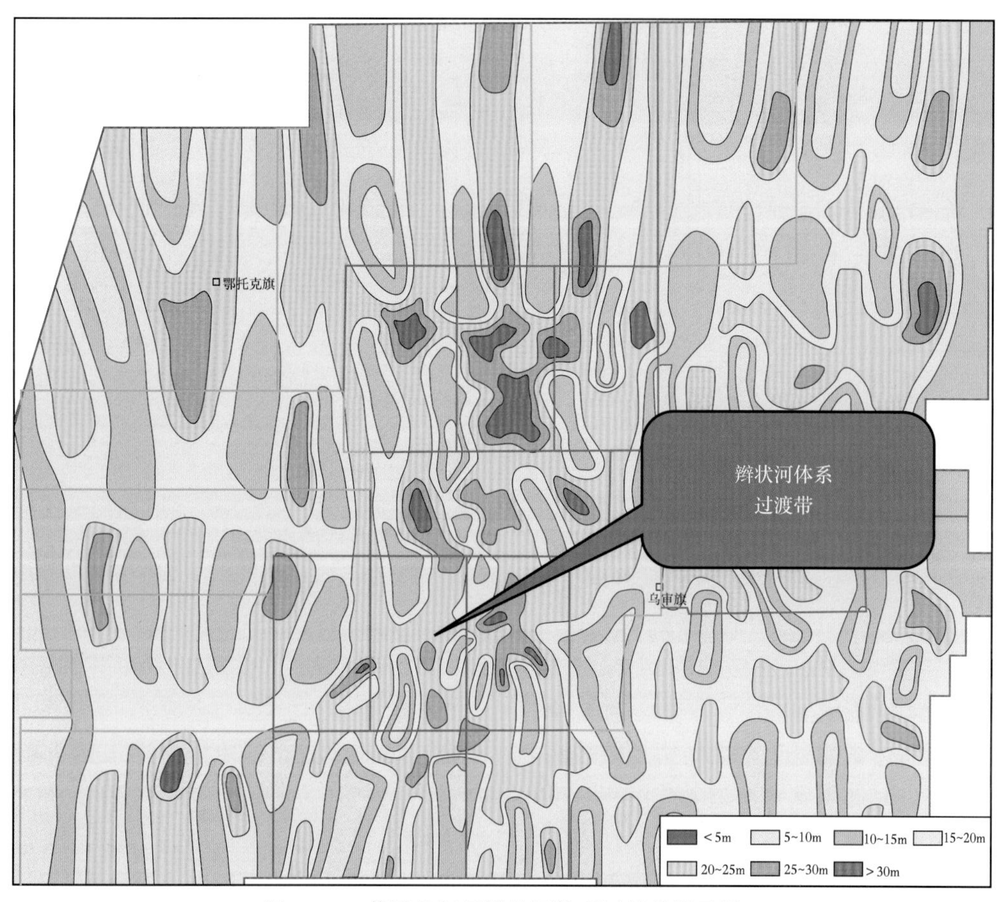

图 2-75　苏里格气田辫状河体系过渡带指示图

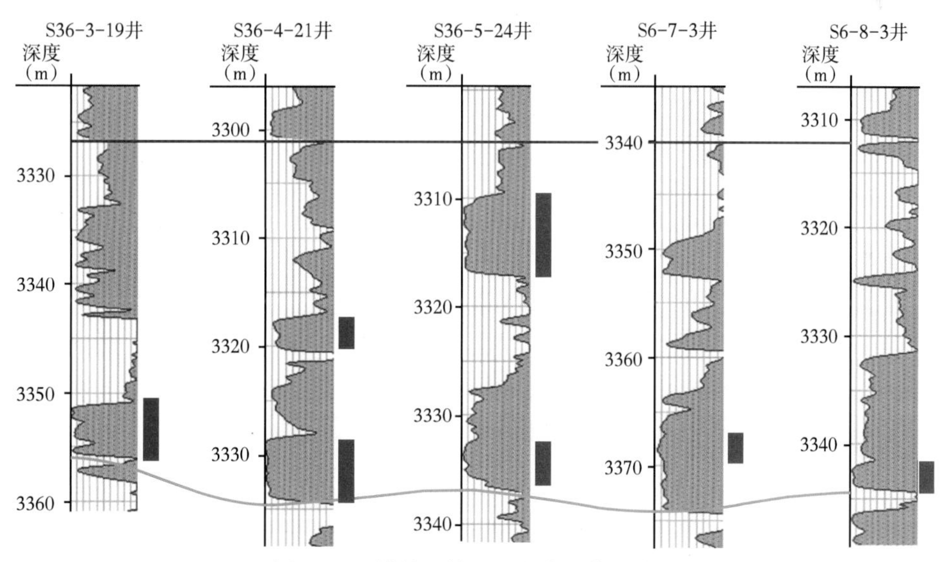

图 2-76　辫状河体系过渡带砂体分布图

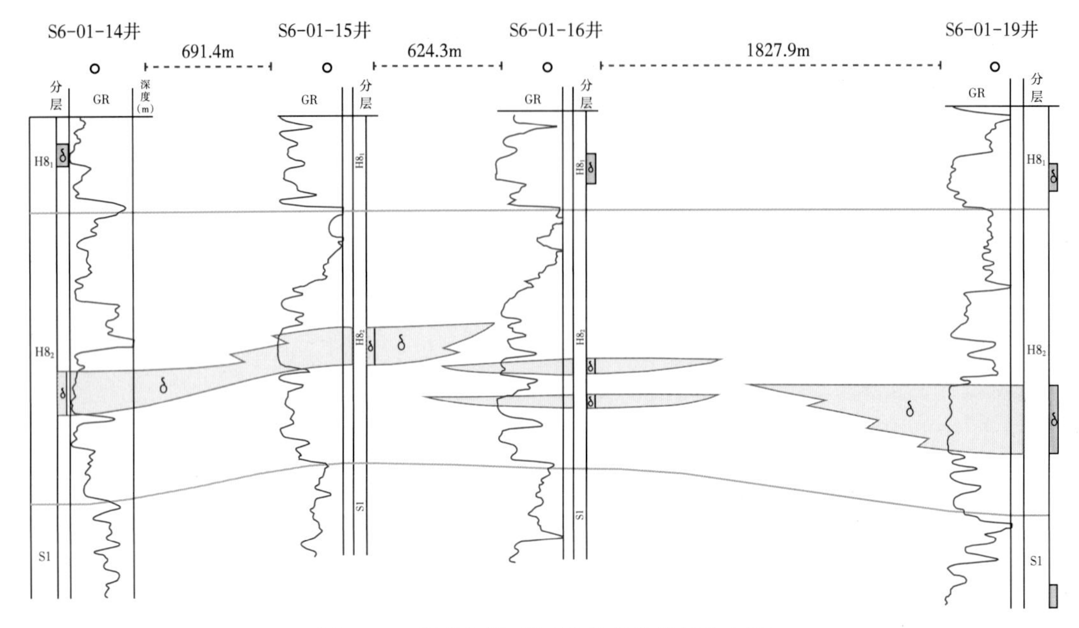

图 2-77　辫状河体系过渡带有效储层分布图

3. 辫状河体系间

辫状河体系间处于剖面上古地貌最高处，类似于河流地貌二级阶地，洪水到达高水位或特高水位时偶尔发育河道砂岩沉积，A/S 值持续较高，以发育泥岩为主(图 2-78)，砂体零星分布。辫状河体系间发育岩性以泥岩、粉砂质泥岩为主，岩性细，所含沉积微相类型主要为泛滥平原，夹有薄层溢岸沉积，偶尔可见小型河道粗砂岩相的发育，测井曲线表现为低幅钟形，储层不甚发育，有效储层多为孤立小薄层(图 2-79 至图 2-81)。

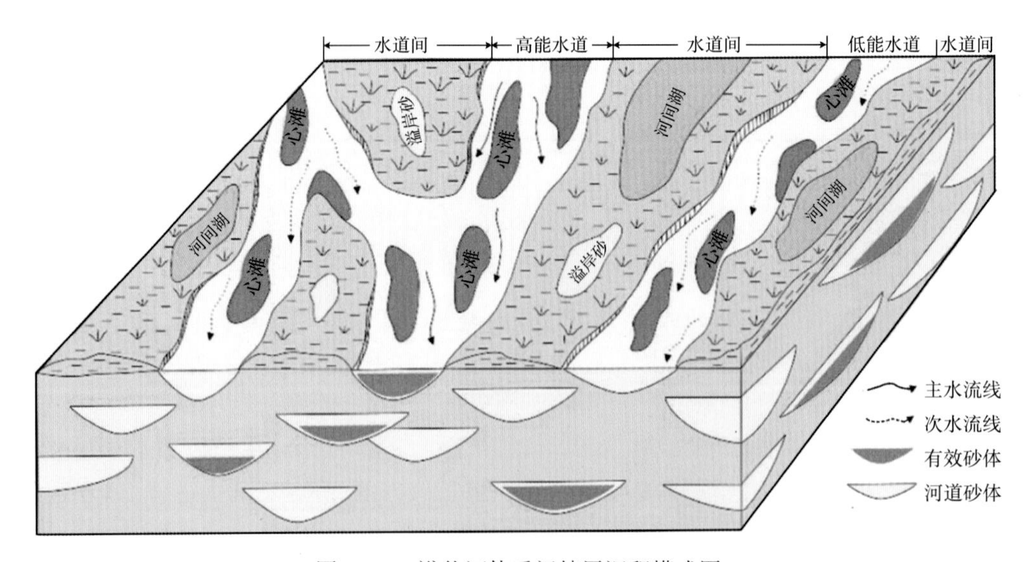

图 2-78　辫状河体系间储层沉积模式图

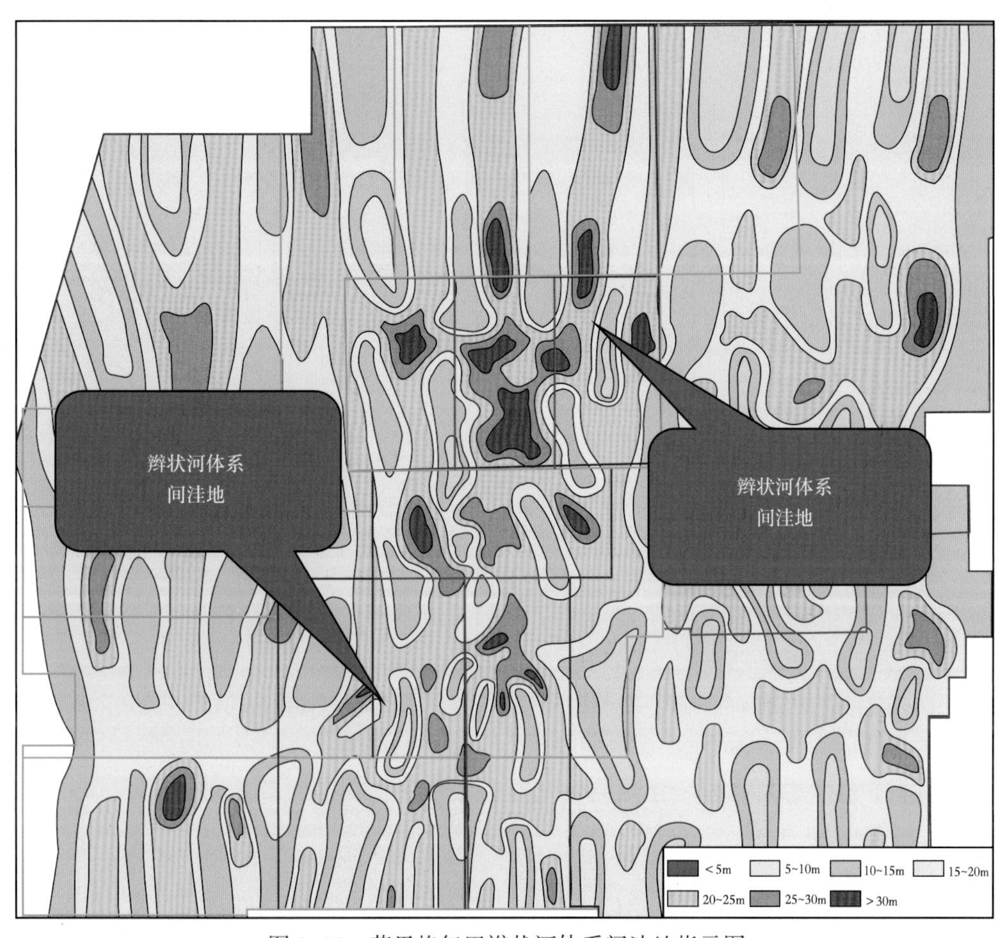

图 2-79　苏里格气田辫状河体系间洼地指示图

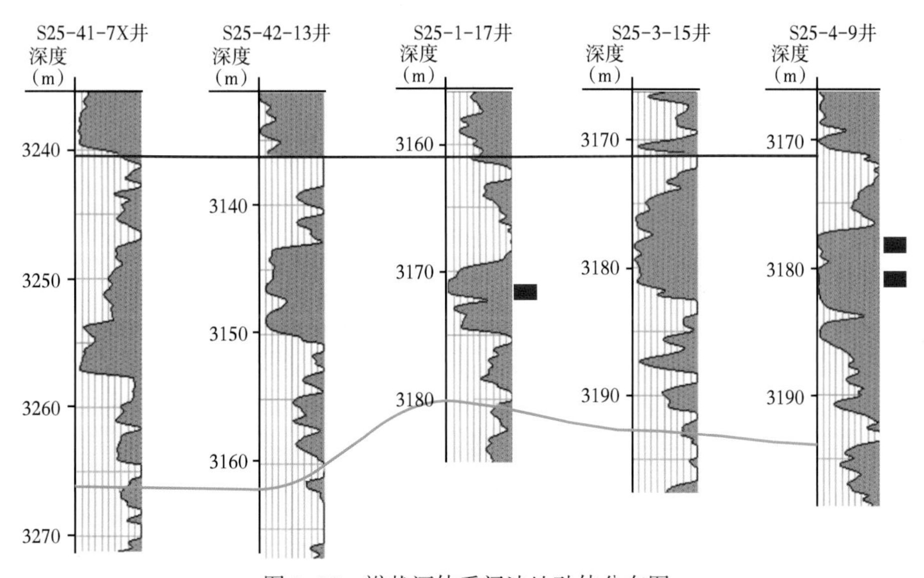

图 2-80　辫状河体系间洼地砂体分布图

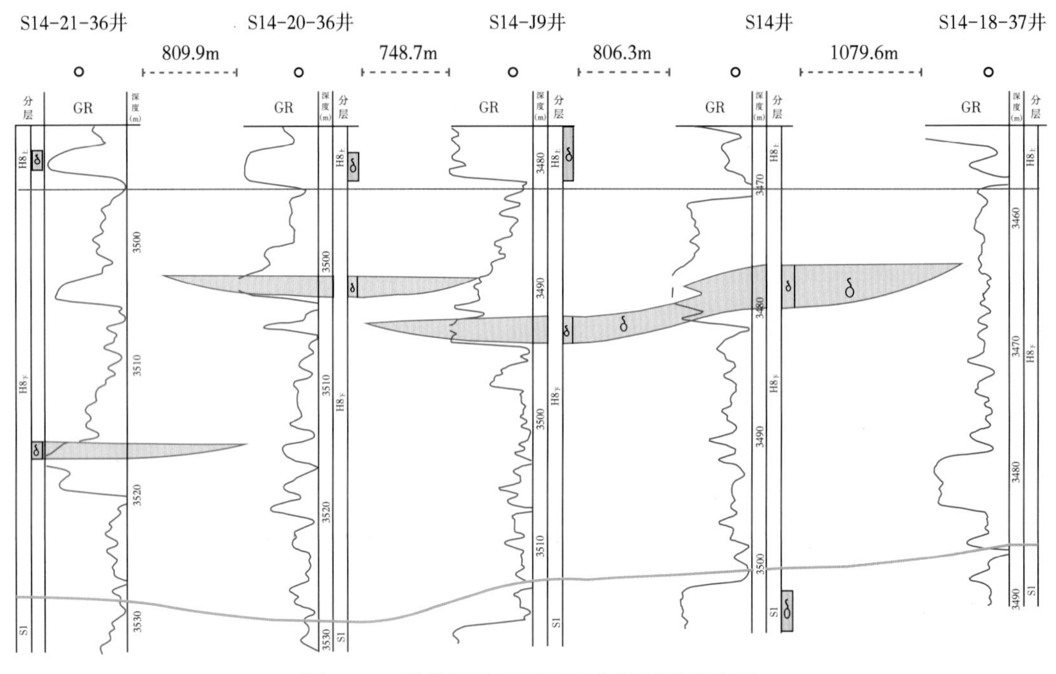

图 2-81 辫状河体系间洼地有效储层分布图

二、辫状河体系带多参数划分标准

从一定角度来讲，辫状河体系带是“因”，不同辫状河体系带内的沉积特征是“果”，由“因”生成“果”，从沉积特征结果也能反推辫状河体系带的分布和边界，是一种广义上的反演。同一辫状河体系带内的沉积物在岩性、物性等方面具有一定的相似性和关联性，不同辫状河体系带的沉积特征在宏观上具有差异性。综合考虑沉积条件和砂体规模，辫状河体系带平面上的规模为千米级，垂向上对应砂层组级地层，包含 2~3 个开发小层。

以层次界面与结构单元为理论指导，通过岩心、单井、层面的相互标定，建立它们之间的联系，选取储层厚度、砂地比、砂体垂向叠置率、砂体侧向连通率等四类共 8 个参数，利用多因素分析方法建立了苏里格辫状河体系叠置带、过渡带、辫状河体系间的划分标准(表 2-14)，避免了单因素判识造成的误差，相比与前人仅用砂地比这一个参数建立的标准，更具科学性、准确性和实用性。苏里格辫状河体系划分标准中，砂体连通率是指

表 2-14 苏里格辫状河体系划分标准

辫状河体系	储层厚度(m)		厚度比例		叠置层数(个)		侧向连通率	
	砂体	有效砂体	砂地比	净毛比	砂体	有效砂体	顺物源	垂直物源
叠置带	>16	>6	>0.6	0.3~0.6	≥3	≥2	>0.8	0.7~0.8
过渡带	6~16	1~6	0.2~0.6	0.1~0.3	2~3	1~2	>0.6	0.5~0.6
体系间	<6	<1	<0.2	<0.1	<2	≤1	<0.5	<0.5

一个砂层组内砂体连通的层数与砂体发育总层数的比值，数值范围在 0~1 之间。以此划分标准对取心段的辫状河体系带进行回判计算，其正确率达到 88.3%，说明建立的辫状河体系划分标准是可靠的。

辫状河体系带对应区域沉积体系和沉积微相之间的沉积层级（图 2-82），相比于经典沉积学中河床、堤岸等沉积亚相的概念及内涵，更侧重将辫状河沉积作为一个整体进行系统的研究，更能表现辫状河沉积体系的统计学特征。

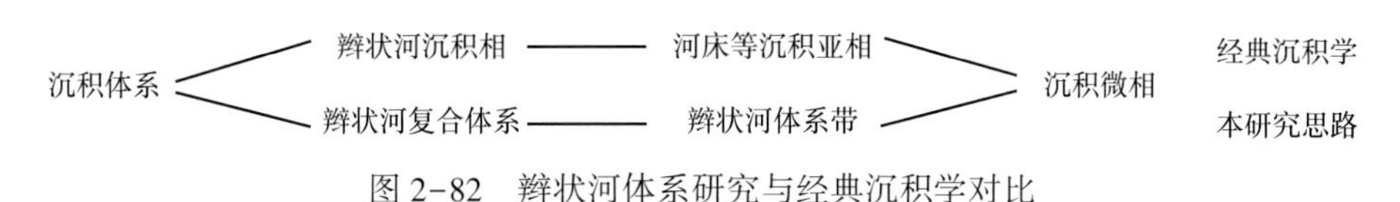

图 2-82 辫状河体系研究与经典沉积学对比

辫状河体系带概念的提出，填补了相关研究领域的空白，为利用“分级构型”的原理建立地质模型、筛选有利区、布水平井提供了基础。从区域沉积体系、辫状河体系复合带（多期辫状河体系在平面和剖面的叠加）到辫状河体系带、沉积微相，沉积级别依次降低（图 2-83），对应规模尺度不断减小，可利用的资料逐渐丰富，研究精度不断提高。具体来说，在平面尺度上，辫状河体系复合带对应十千米或几十千米级地层，辫状河体系带对应公里级地层，而沉积微相对应十米至百米级地层；在垂向尺度上，辫状河体系复合带对应多个砂层组，辫状河体系带对应一个砂层组，而沉积微相对应小层或单砂体（表 2-15）。

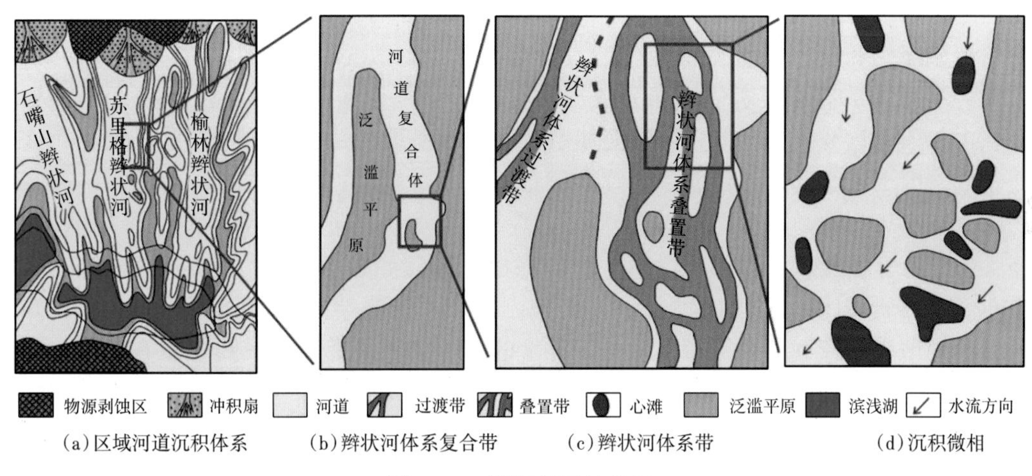

（a）区域河道沉积体系 （b）辫状河体系复合带 （c）辫状河体系带 （d）沉积微相

图 2-83 沉积层级结构图

表 2-15 不同的沉积层级对比

沉积层级	辫状河体系复合带	辫状河体系带	沉积微相
识别方法	砂岩、泥岩分布，地震相	砂体规模、砂体厚度比例、垂向叠置率、横向连通率等	岩心、测井相
平面尺度	十千米级	千米级	十米至百米级
垂向尺度	多个砂层组	砂层组	小层
有利储层分布	富集区	叠置带	心滩

从沉积相（区域沉积体系）到沉积微相的研究，再从沉积微相到辫状河体系带的总结，地层尺度由粗到细，再由细到粗。由粗到细，展现了沉积学的学科理论发展；由细到粗，体现了油气开发地质的实践诉求。理论和实践两者相互促进、补充和完善，推动了地下地质条件认识程度的不断加深。

三、辫状河体系带对沉积微相的控制

沉积微相为描述开发小层或单砂体的沉积特征的沉积概念。苏里格气田沉积环境主要为辫状河沉积，可分为心滩、河道充填、泛滥平原三种沉积微相。不同的沉积微相具有不同的储层参数分布特征，沉积微相在空间的变化会引起孔隙度、渗透率等储层参数的相应变化，通过沉积微相展布来控制储层参数分布，是相控建模的基本原理。但沉积微相在空间的分布规律，尤其是在苏里格气田这样复杂的地质条件下的分布规律，本身就是难以描述和预测的。苏里格气田沉积微相在平面上的分布具有很强的不均一性。举例来说，心滩在河道的某些区带，发育频率高，规模大，在某些区带又基本不发育，规模也相对小。找到沉积微相在空间的分布规律是预测储层参数分布特征、建立精确地质模型的重要基础。

辫状河体系是描述辫状河在一定空间内叠置、切割、迁移的沉积概念，是辫状河沉积在三维空间的组合，叠置带为高能环境下辫状河的叠合，过渡带为高能环境和低能环境下辫状河间互的叠合。辫状河体系相比于辫状河沉积相和心滩、河道充填等沉积微相，对应更高的沉积级别和更大的地层尺度。

以辫状河体系带定量划分标准为依据，对苏里格气田辫状河体系带进行了识别和划分。从山1段到盒8段上亚段，辫状河体系带的分布呈现出一定规律性的变化（图2-84至图2-87）。山1段水动力条件弱，叠置带分布范围相对较小，叠置带分布面积占研究区总面积的比例小于30%，体系间规模较大（图2-84）。盒8段下亚段为研究区最好的层段，砂体大面积发育，叠置带分布范围最广（图2-85），连续性最强，叠置带、过渡带、体系间分布面积占研究区面积的比例分别为58%、35%、7%。再到盒8段上亚段，受物源、水动力和古地貌的控制，叠置带又有一定程度的萎缩，过渡带和体系间规模有扩大的趋势（图2-86），盒8段上亚段叠置带分布面积占研究区面积的比例约为40%，过渡带与体系间面积之和占比约为60%（图2-87）。

通过对比辫状河体系带与沉积微相的平面图（图2-88、图2-89），可以认识到小层级别的沉积微相展布在整体上受砂层组级别的辫状河体系控制，两者在表现物源方向、河道走向等大体趋势上呈现较强的关联性，而沉积微相又在局部展现出了一定的变化。

辫状河体系带是揭示沉积微相分布规律的关键沉积要素，它对沉积微相的约束主要体现在沉积微相的发育类型、发育频率和发育规模等方面。

从沉积微相的发育类型和发育频率来看，叠置带以心滩发育为主，以河道发育充填为辅，各层位心滩发育比例为45%~70%，平均值为58%（表2-16），为过渡带心滩发育频率的近两倍；过渡带以河道沉积为主，以心滩发育为辅，各层位河道充填平均发育比例为72%（表2-16）；体系间以发育泛滥平原为主，以河道充填为辅。

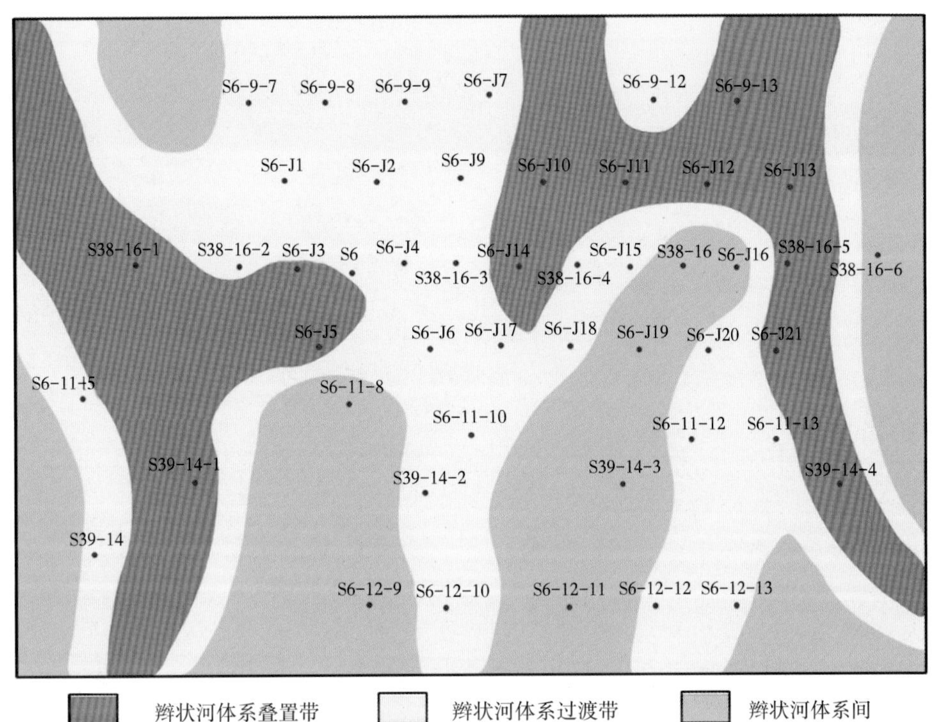

图 2-84 山 1 段辫状河体系平面分布图

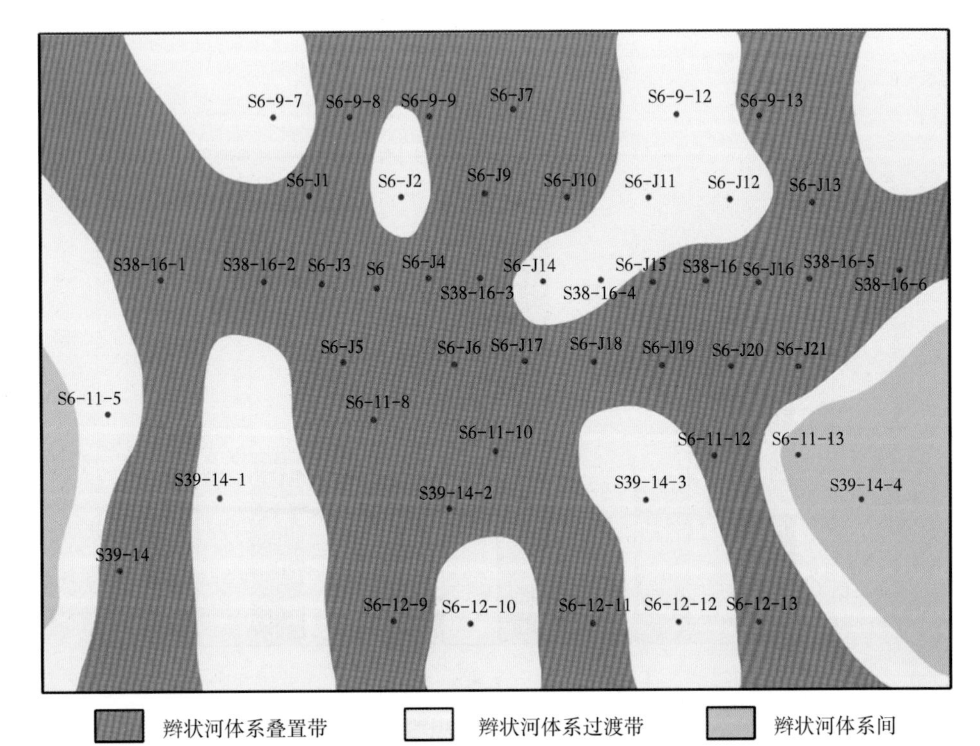

图 2-85 盒 8 段下亚段辫状河体系平面分布图

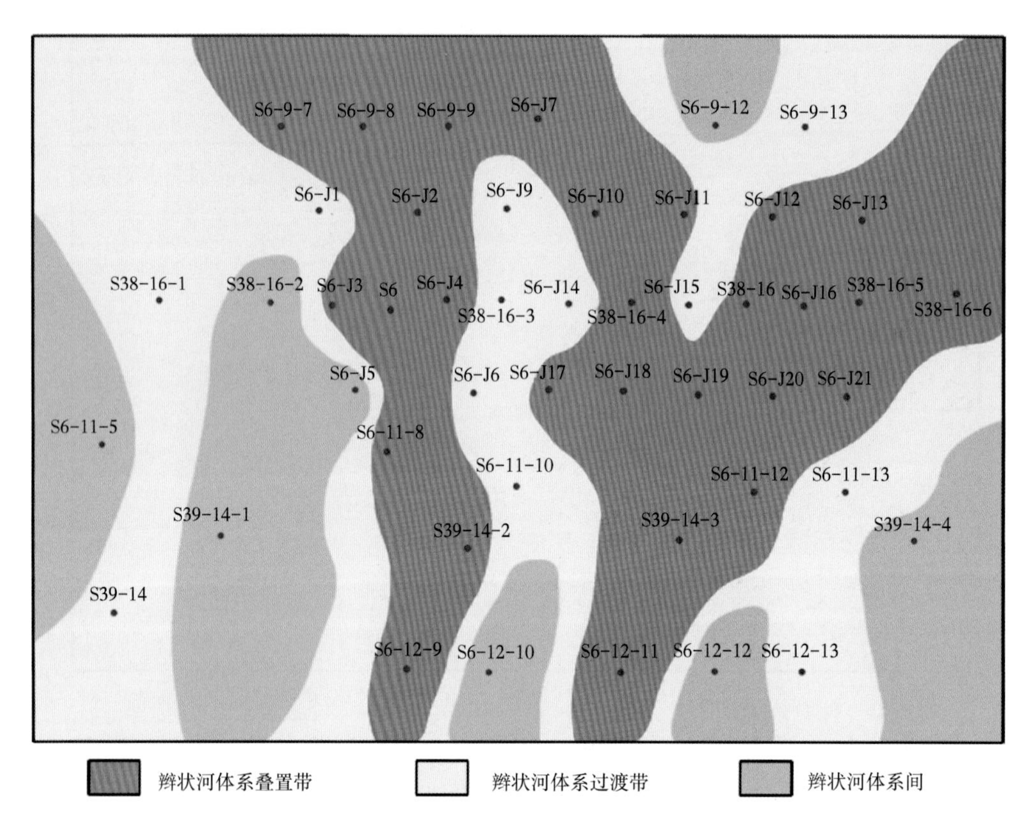

图 2-86 盒 8 段上亚段辫状河体系平面分布图

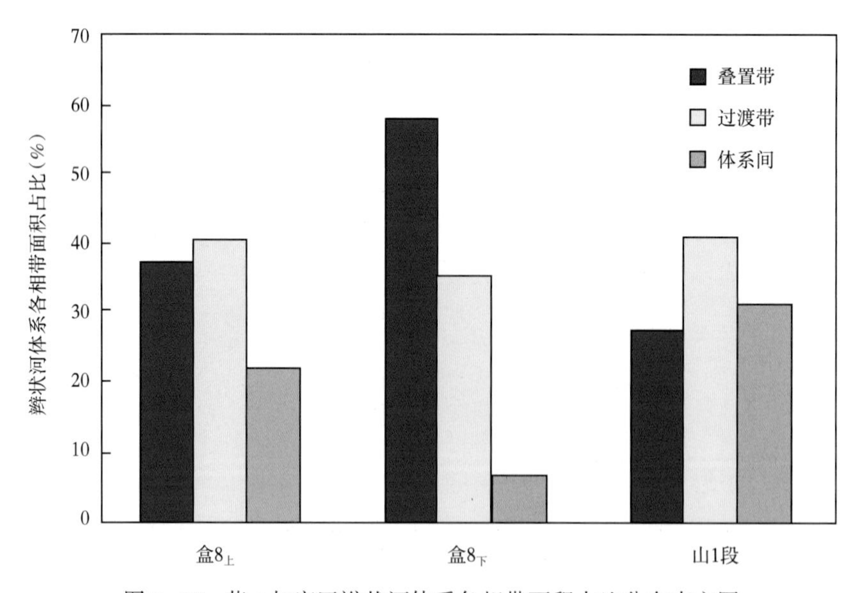

图 2-87 苏 6 加密区辫状河体系各相带面积占比分布直方图

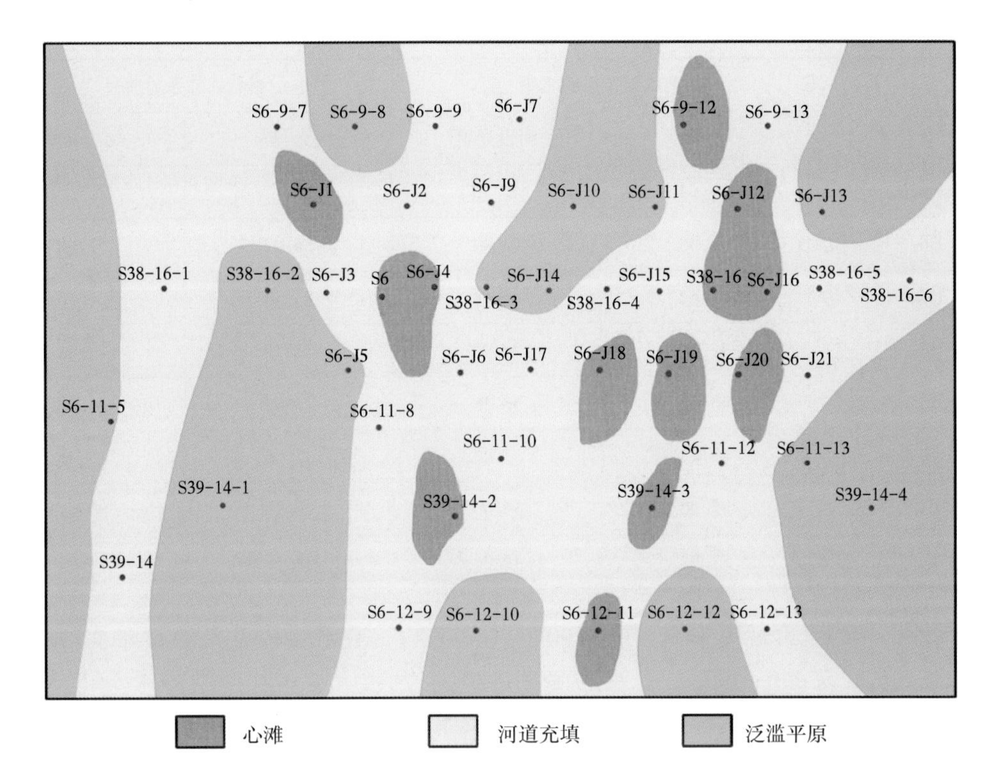

图 2-88 盒 8 段上亚段 2 小层沉积微相平面图

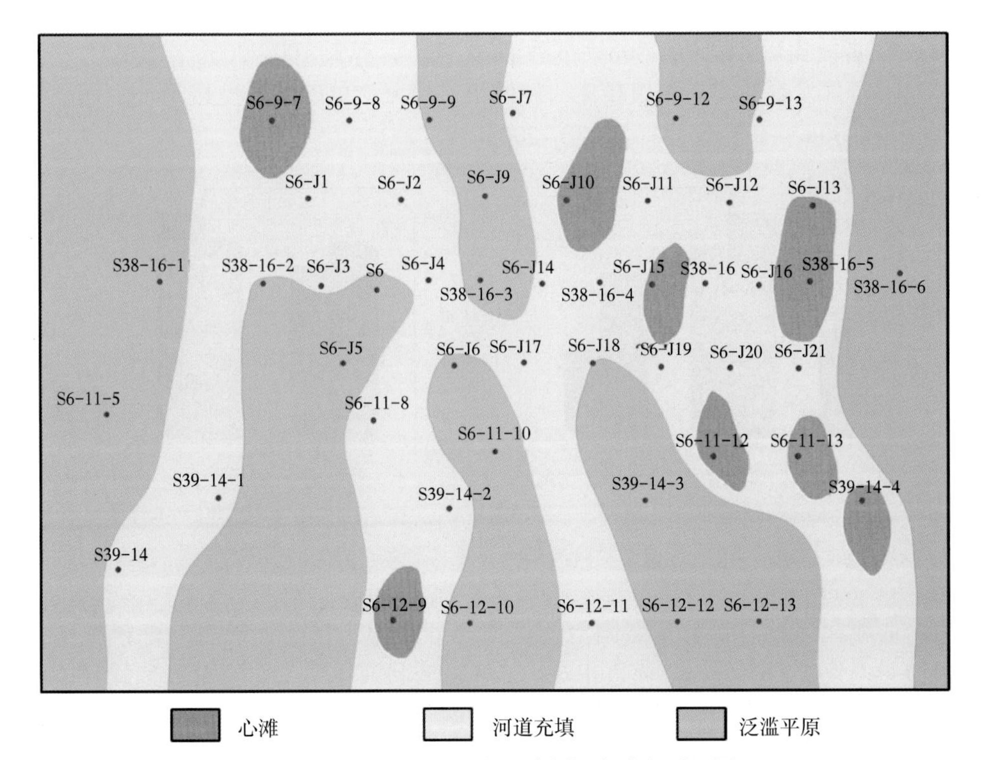

图 2-89 盒 8 段上亚段 1 小层沉积微相平面图

表 2-16 叠置带与过渡带心滩、河道充填发育比例

层位	辫状河体系叠置带		辫状河体系过渡带	
	心滩	河道充填	心滩	河道充填
$H8_1^1$	59.04	40.96	21.77	78.23
$H8_1^2$	59.56	40.44	36.02	63.98
$H8_2^1$	63.52	36.48	33.15	66.85
$H8_2^2$	72.10	27.90	28.12	71.88
S_1^1	43.62	56.38	23.65	76.35
S_1^2	62.73	37.27	34.59	65.41
S_1^3	45.00	55.00	19.99	80.01
平均	57.94	42.06	28.18	71.82

从沉积微相的发育规模来看（图 2-90 至图 2-92），叠置带内发育的心滩平均厚度为 5.9~6.1m，宽度为 440~460m，长度为 880~920m；河道充填平均厚度为 4.3~5.3m，宽度为 440~550m，长度为 1200~1500m；过渡带内发育的心滩平均厚度为 5.5~6.0m，宽度为 360~390m，长度为 680~740m；河道充填平均厚度为 4.4~5.1m，宽度为 430~540m，长度为 1070~1350m。叠置带的心滩相比于过渡带的心滩，厚度前者能比后者厚 0.3~0.5m，宽度前者能比后者宽 70~80m，长度前者能比后者长 100~200m；叠置内发育的河道充填与过渡带内发育的河道充填相比，规模相差不大，单砂层厚度接近，多期叠置后宽度比后者宽 10~50m，长度比后者长 130~200m。

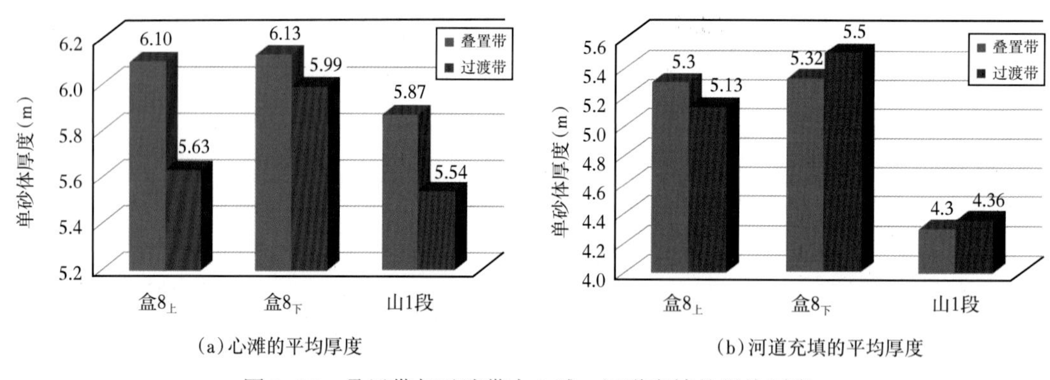

(a) 心滩的平均厚度 (b) 河道充填的平均厚度

图 2-90 叠置带与过渡带内心滩、河道充填的平均厚度

综上，心滩在河道内不是按照固定比例均匀分布的，在叠置带内发育频率高，规模大，在过渡带内发育频率低，规模也相对小，通过辫状河体系带研究可以刻画和描述沉积微相在空间分布的这种的不均一性；另外，心滩微相对应苏里格气田最有利的储层，叠置带与过渡带内发育的心滩具有不同的分布规律，决定了叠置带与过渡带的储层质量也有不小的差异。

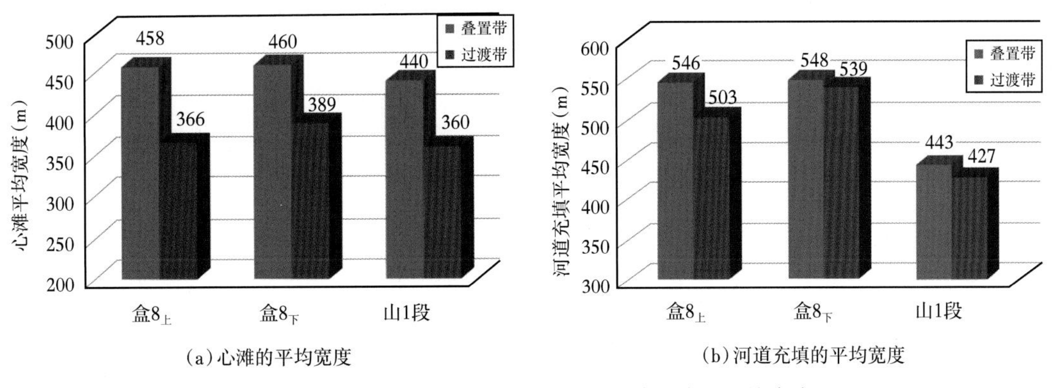

(a)心滩的平均宽度　　(b)河道充填的平均宽度

图 2-91　叠置带与过渡带内心滩、河道充填的平均宽度

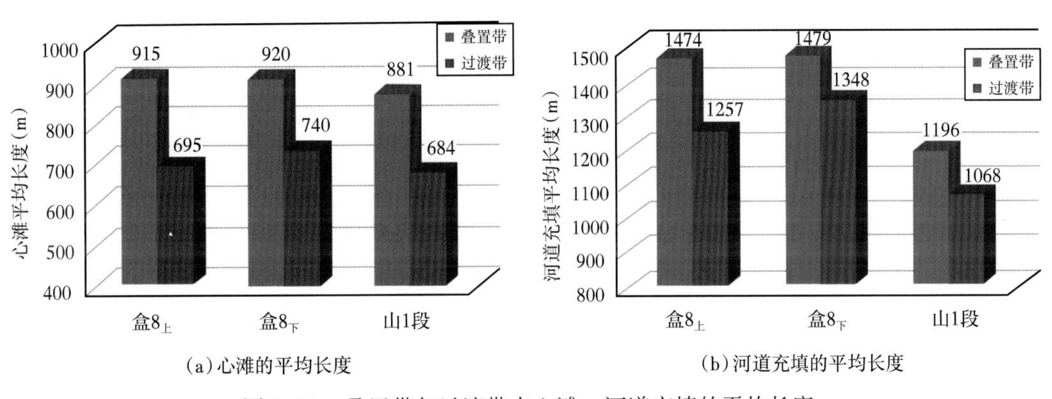

(a)心滩的平均长度　　(b)河道充填的平均长度

图 2-92　叠置带与过渡带内心滩、河道充填的平均长度

四、辫状河体系带与有效储层的关系

苏里格气田先致密后成藏，储层沉积以后遭受了强烈的压实、胶结作用及其后的溶蚀等成岩作用，深刻改造了储层面貌。在沉积和成岩双重控制下，有效砂体高度分散，为普遍致密背景下的低渗透单元，在空间分布以孤立型为主，少部分呈垂向叠置型和横向连通型(图 2-93)。区内有效砂体多富集在粗砂岩相，这是由于水动力条件、沉积物的粒度、组分、岩性、物性特征、砂体结构特征及成岩改造等多因素造成的。鉴于沉积微相在空间

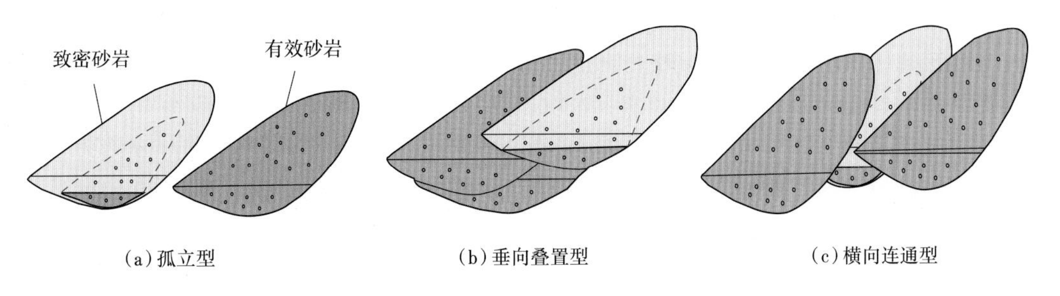

(a)孤立型　　(b)垂向叠置型　　(c)横向连通型

图 2-93　苏里格有效砂体空间分布样式

分布的不均一性和多期成岩作用的复杂性，使得单砂体级别的有效砂体分布规律难以认识和把握。

然而，在砂层组级别的地层尺度上，辫状河体系叠置带、过渡带及辫状河体系间的有效砂体的集中程度和叠置样式具有明显的差别，较易区分。叠置带内砂体通过多期叠置形成规模较大的泛连通体，宽度可达 1000~1500m，长度可达 2000m 以上，大规模的砂体发育为沉积后遭受成岩改造形成有效砂体提供了物质基础。叠置带水动力强，岩相粗，储层岩石颗粒分选好、岩性纯、物性好，心滩较发育，因此有效砂体分布也相对集中。试井、试气、生产动态数据表明，苏里格气田有 70%以上的有效砂体分布在叠置带（图 2-94）。

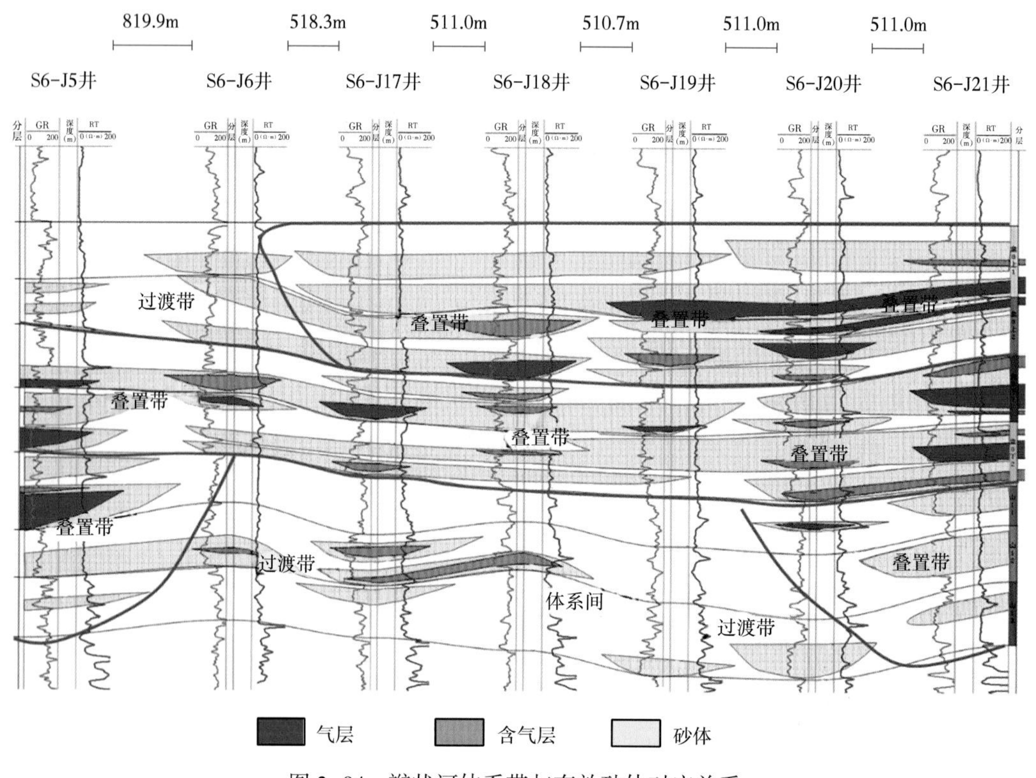

图 2-94　辫状河体系带与有效砂体对应关系

叠置带内垂向叠置型和孤立型有效砂体分布比例接近（图 2-95），孤立型有效砂体的单层厚度相比于其他相带也相对较大，这就为水平井部署和气田的高效开发提供了较有利的地质条件。过渡带水动力条件中等，岩性比叠置带内岩性细，砂泥岩间互出现，有效砂体较薄，过渡带内 2/3 以上的有效砂体仍为孤立型（图 2-96），过渡带内有效砂体占全区有效砂体比例为 25%。辫状河体系间水动力弱，有效砂体基本不发育，带内有效砂体占全区有效砂体的比例不到 5%。辫状河体系带展布与有效砂体分布具有明显的对应关系，认为从叠置带、过渡带这样的地层尺度去研究有效储层分布规律，确定有利开发区是较为科学的。

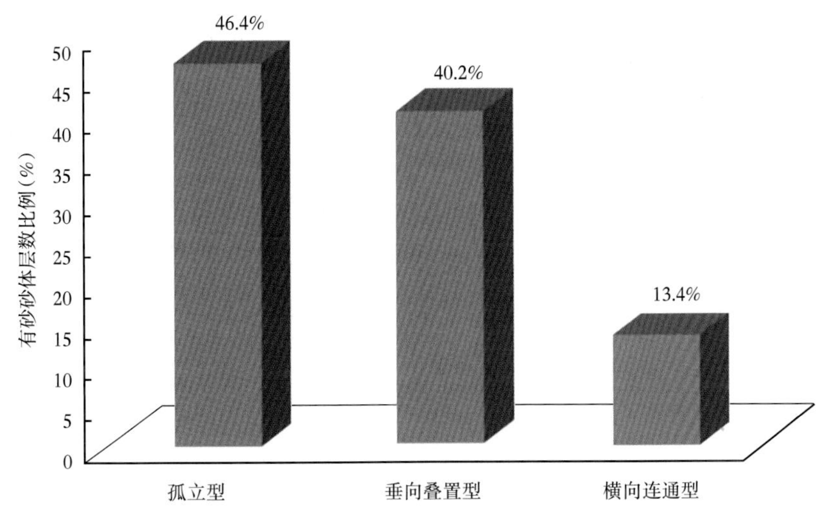

图 2-95　叠置带有效砂体类型分布直方图

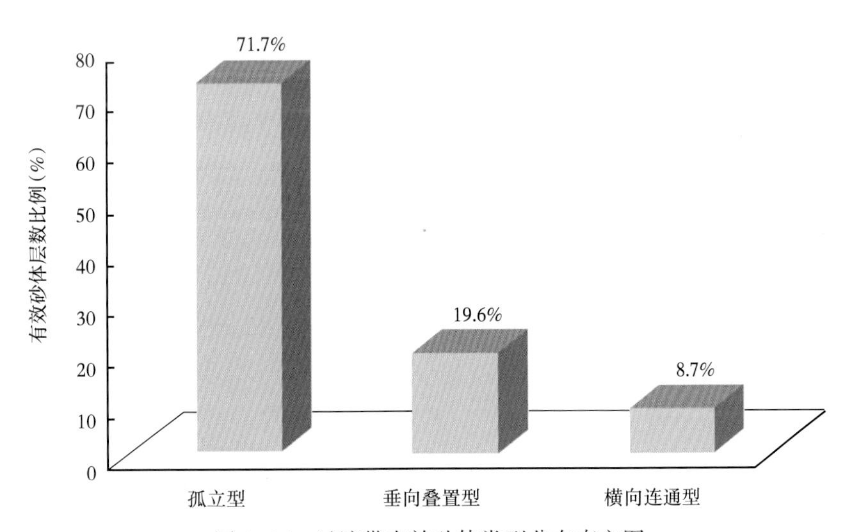

图 2-96　过渡带有效砂体类型分布直方图

第三章　气田生产动态分析

致密气藏气井一般没有稳产期，投产即递减，表现为早期快速递减、中期趋于稳定、后期间歇生产的特点。气井控制储量小、泄流能力弱、产量低，气田保持稳产或上产依靠井间接替或区块接替，钻井数量大。因此，大量致密气单井指标统计分析和评价是致密气生产动态特征认识的重要体现。

第一节　气井生产动态特征

一、直井生产动态特征

截至2020年底，苏里格气田投产直井14202口，其中，中区井数最多达到6158口，其次为东区3594口。截至2020年底，直井平均日产气量$0.43\times10^4m^3$，平均累计产气量$1277\times10^8m^3$，平均套压8.6MPa。

直井按照实际生产天数，前三年井均日产气量$(0.7\sim1.4)\times10^4m^3$，平均值为$0.95\times10^4m^3$，首年井均日产气量$(0.8\sim1.9)\times10^4m^3$，平均值为$1.37\times10^4m^3$，最近三年日产气量为$(1.0\sim1.2)\times10^4m^3$（图3-1）。

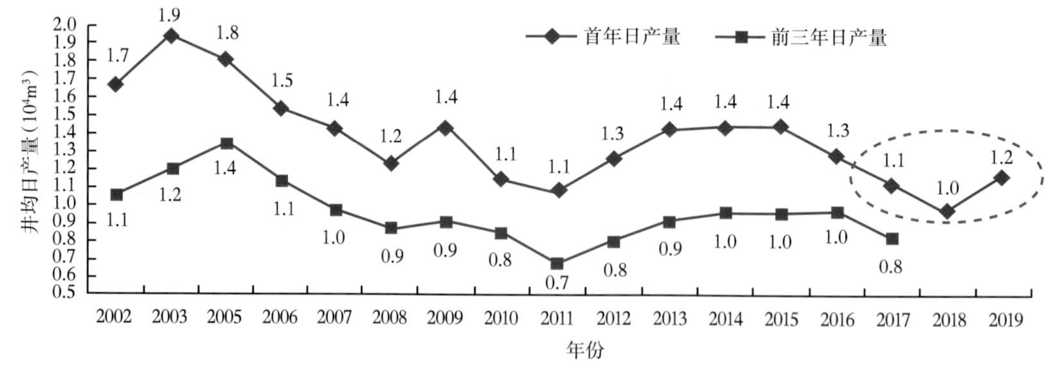

图3-1　苏里格历年投产直井井均日产量分布图

分别对苏里格气田生产时间满15年、10年、5年的井进行评价，分析表明，随着开发时间增加，Ⅰ+Ⅱ类井比例逐渐降低，分别为80%、75%、65%，加权首年日产量逐渐降低，分别为$1.57\times10^4m^3$、$1.37\times10^4m^3$、$1.31\times10^4m^3$（表3-1）。

表 3-1 不同生产时间段各类井比例及加权初期产量表

投产时间	各类井比例			加权首年日产量(10^4m^3)
	Ⅰ类井	Ⅱ类井	Ⅲ类井	
满 15 年(2005 之前井)	36%	44%	20%	1.57
满 10 年(2010 年之前井)	29%	46%	25%	1.37
满 5 年(2015 年之前井)	22%	43%	35%	1.31

二、水平井生产动态特征

截至 2020 年底，苏里格气田累计投产水平井 2029 口，占气田投产总井数的 12%。苏东南区块、苏 53 区块及苏 14 区块相对水平井较多。截至 2020 年底，水平井平均日产气量 $1.4\times10^4m^3/d$，平均套压 8MPa，平均单井累计产气量 $3326\times10^4m^3$。

历年水平井平均水平段长度 1064m，平均有效储层长度 573m，平均有效储层钻遇率 54.3%。通过钻井工艺的不断改进，钻井周期从早期超过 200 天缩短到 45 天，水平段长度和有效储层长度明显增加(表 3-2)。历年投产水平井产量情况分析表明，初期产量和单位压降产量均呈现下降趋势(图 3-2)。

表 3-2 苏里格气田水平井完钻情况

年 度	钻井周期(d)	水平段长度(m)	有效储层(m)	有效储层钻遇率(%)
2001—2002	226	836	200	24
2007—2008	202	919	411	43.3
2009	168	854	350	40.6
2010	92	929	549	60.2
2011	66.3	966	598	61.9
2012	63.5	990	590	62.2
2013	66.1	1148	721	62.8
2014	62.3	1122	684	60.95
2015	66.2	1125	622	55.3
2016	56	1115	645	57.6
2017	52.4	1284	574	53.8
2018	44.6	1364	752	60.7
2019	53	1187	757	62.3
合计/平均	93	1064	573	54.3

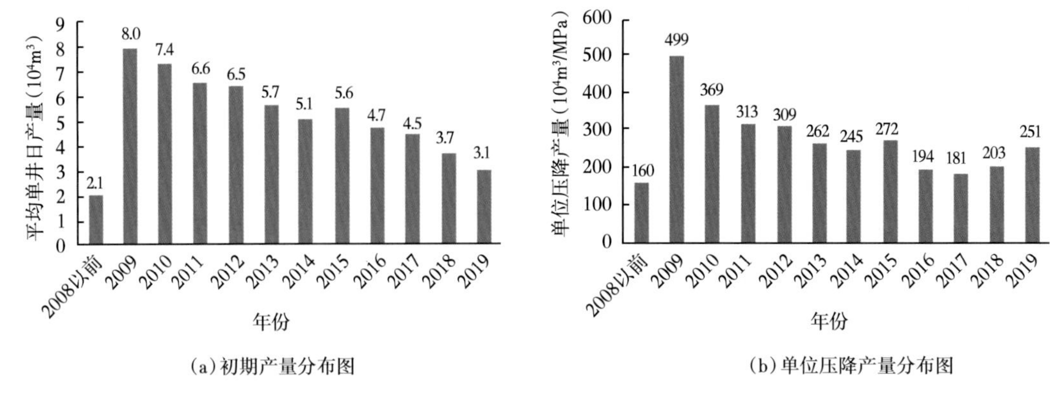

图 3-2　苏里格气田历年投产水平井初期产量（a）及单位压降产量（b）分布图

第二节　气井产能评价

一、气井分类标准

气田投产井数多，开发效果差异大。直井按钻遇的储层特征及开发效果，可明显分为Ⅰ类井、Ⅱ类井、Ⅲ类井。建立了三类井的划分评价标准（表 3-3），包括单层厚度、累计有效厚度两个地质参数和无阻流量、初期产量两个动态参数。从Ⅰ类井到Ⅲ类井，开发效果逐渐变差。Ⅰ类井单层厚度大于 5m，累计厚度大于 10m，开发效果最好；Ⅱ类井单层厚度 3~5m，多层叠置后形成一定的储层规模，累计厚度 6~10m，开发效果较好；Ⅲ类井单层厚度小于 3m，有效砂体个数少，累计厚度小于 6m，开发效果差。在开发早期迅速判断井类型，是合理配产、生产制度优化的重要依据，有助于将气井产能发挥到最大。

表 3-3　苏里格气田三类直井划分评价标准

气井	静态分类		动态分类	
	单层有效厚度（m）	累计有效厚度（m）	无阻流量（$10^4m^3/d$）	初期产量（$10^4m^3/d$）
Ⅰ类	>5	>10	>10	>1.5
Ⅱ类	3~5	6~10	4~10	0.8~1.5
Ⅲ类	<3	<6	<4	<0.8

二、气井产能评价方法

动态储量是利用动态方法得到的气井泄流面积内控制的储量之和，是设想气藏地层压力降为 0 时，能够参与渗流、流动的那部分地质储量。计算动态储量有很多种方法，包括流动物质平衡法、压降曲线法、产能不稳定法（RTA）、生产曲线积分法等，它们的适用条件各不相同。流动物质平衡法最大的优点是不需要关井测试资料，但要求气井工作制度相对稳定且进入拟稳定流动阶段。因此，该方法适合工作制度稳定的中高产井。压降曲线法一般应用于气井早期不稳定试井过程。在开发中后期，动态资料较丰富，产量不稳定分析法、生产曲线积分法效果较好。

产量不稳定分析方法中，考虑启动压力梯度，地层能量不能被充分利用，会有一定程度损耗。

$$v=\begin{cases}-\dfrac{K}{\mu}\left(1-\dfrac{\lambda}{|\nabla p|}\right)|\nabla p|, & |\nabla p|\geqslant\lambda\\ 0, & |\nabla p|<\lambda\end{cases} \tag{3-1}$$

式中　v——流体流速，m/s；

K——储层压裂改造后的渗透率，mD；

μ——黏度，mPa·s；

λ——启动压力梯度，MPa/m；

$|\nabla p|$——压力梯度，MPa/m。

流体从储层流向井筒经历两个阶段，即开井初期的不稳定流动段和后期的边界流动段。通过不稳定流动段的拟合可以计算气井的表皮系数 S、压裂改造后的储层渗透率 K 等参数。

$$p_{\mathrm{wf}}(t)=p_{\mathrm{i}}-\frac{2.121\times10^{-3}q\mu B}{Kh}\left(\lg\frac{Kt}{\phi\mu C_{\mathrm{t}}r_{\mathrm{w}}^{2}}+0.9077+0.8686S\right) \tag{3-2}$$

式中　$p_{\mathrm{wf}}(t)$——t 时刻的井底流动压力，MPa；

p_{i}——原始地层压力，MPa；

q——气井产量，$10^4\mathrm{m}^3/\mathrm{d}$；

μ——黏度，mPa·s；

B——体积系数，$\mathrm{m}^3/\mathrm{m}^3$；

K——储层压裂改造后的渗透率，mD；

h——有效厚度，m；

t——开井时间，h；

ϕ——孔隙度,%；

C_{t}——综合压缩系数，MPa^{-1}；

r_{w}——井半径，m；

S——气井表皮系数。

在边界流动段，气井基本达到拟稳态，产气依靠气藏弹性能量，设 $\mathrm{d}t$ 时间内井底流压下降了 $\mathrm{d}p_{\mathrm{wf}}$，可得井控范围内的孔隙体积 V_{p}，继而可得气井动态储量 N_{R}。

$$\frac{qB}{24}=-V_{\mathrm{p}}C_{\mathrm{t}}\frac{\mathrm{d}p_{\mathrm{wf}}}{\mathrm{d}t} \tag{3-3}$$

式中　q——气井产量，$10^4\mathrm{m}^3/\mathrm{d}$；

B——体积系数，$\mathrm{m}^3/\mathrm{m}^3$；

V_p——井控范围内的孔隙体积，m^3；

C_t——综合压缩系数，MPa^{-1}；

p_{wf}——井底流动压力，MPa；

t——开井时间，h。

$$N_R = V_p S_g \tag{3-4}$$

式中 N_R——气井动态储量，m^3；

V_p——井控范围内的孔隙体积，m^3；

S_g——含气饱和度,%。

为保证计算结果的准确可靠，对每口参与计算的气井进行了数据质量控制，对异常点进行排查处理，同时在参数选取上针对每口井提取射孔层沟通的有效储层厚度，并以该有效储层厚度为基础，通过加权平均的方式获取孔隙度等物性数据。在获得气井动态储量的基础上，结合单井开发废弃条件(井口压力小于 3MPa，日产气量小于 $1000m^3$)，得到气井预测最终累计产量(EUR)。

三、直井 EUR 评价

对于生产时间较长的井(生产时间不少于 3 年)，运用产量不稳定分析法(RTA 法)可较准确地评价 EUR；而对于近年投产的井(生产时间少于 3 年)，运用 RTA 无法准确分析其 EUR，需要充分借鉴老井资料，根据老井历年累计产量及所占 EUR 比例估算这部分气井的 EUR。

1. 31 口老井 EUR 评价

苏里格气田投产时间超过 15 年的老井 31 口，累计产气量基本等同于气井 EUR。这 31 口老井主要在苏 6 区块，8 口井基本停产，23 口井间歇低产，目前平均套压 5.7MPa，目前平均单井日产气量 $0.16 \times 10^4 m^3$(表 3-4)。

表 3-4 气田 31 口老井生产数据表

井名	初始套压 (MPa)	初期产量 ($10^4m^3/d$)	套压 (MPa)	产量 ($10^4m^3/d$)	累计产气量 (10^4m^3)
S35-15	15.37	1.85	8.20	0	1049
S37-15	20.44	2.30	5.07	0.19	2352
S38-14	24.25	0.74	9.16	0.09	1894
S38-16	24.17	5.47	3.49	0	2473
S38-16-1	9.26	0.98	10.55	0.16	1382
S38-16-2	8.73	4.62	1.11	0	2485
S38-16-3	21.99	2.67	4.95	0.21	3220
S38-16-4	13.01	2.71	4.81	0.19	1501
S38-16-5	17.88	4.05	2.78	0.39	6290
S38-16-6	15.17	0.99	4.78	0.14	1357
S38-16-7	14.80	2.18	4.46	0.15	2234

续表

井名	初始套压 (MPa)	初期产量 ($10^4m^3/d$)	套压 (MPa)	产量 ($10^4m^3/d$)	累计产气量 (10^4m^3)
S38-16-8	18.22	4.39	3.14	0.24	3748
S39-14	15.93	0.97	5.80	0.05	830
S39-14-1	17.15	2.50	4.99	0.15	1542
S39-14-2	16.41	2.18	2.66	0.63	5459
S39-14-3	16.44	2.86	4.37	0.07	3542
S39-14-4	20.23	0.66	10.66	0.05	848
S39-17	19.04	3.16	6.83	0.05	2205
S4	13.93	4.45	3.16	0.18	3535
S40-16	18.40	2.94	7.43	0.09	5539
S40-17	14.49	0.98	7.81	0.14	1571
S6	17.13	4.74	2.27	0.06	2827
T5	15.05	3.74	5.57	0	2579
S33-18	18.95	0.65	8.02	0	1000
S35-17	14.57	1.02	3.12	0	1645
S36-18	16.38	0.89	12.90	0	1155
S38-19	17.28	1.14	9.76	0.06	4938
S36-13	16.29	2.75	2.12	0.18	2503
S40-14	13.09	2.56	5.80	0.14	1461
S5	14.45	2.06	8.40	0	1635
S6-9-8	22.88	2.27	3.30	0.09	4545
平均	16.82	2.43	5.73	0.16	2560

统计分析结果表明，31 口老井累计产气量（830~6290）$\times10^8m^3$，平均单井累计产量 $2560\times10^4m^3$，Ⅰ+Ⅱ类井比例 77%；Ⅰ类井 8 口，平均累计产量 $4699.4\times10^4m^3$；Ⅱ类井 15 口，平均累计产量 $2177.8\times10^4m^3$；Ⅲ类井 8 口，平均累计产量 $1088.7\times10^4m^3$（图 3-3）。

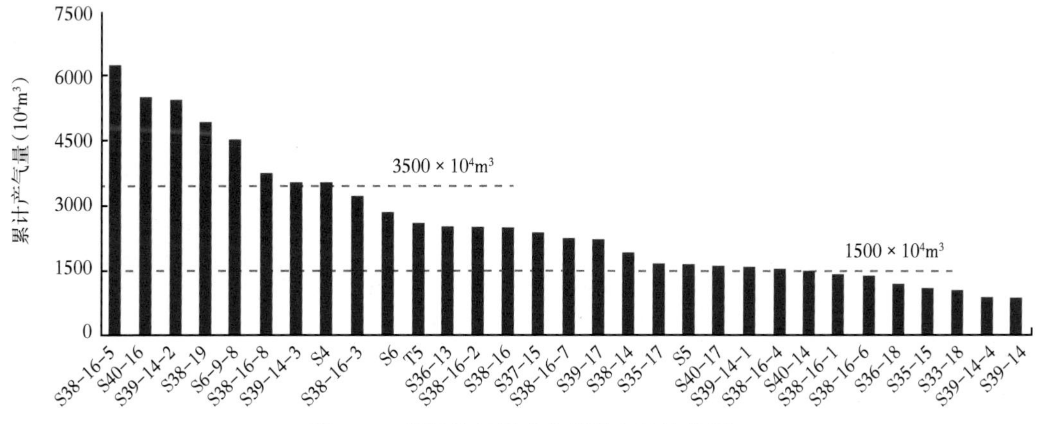

图 3-3 苏里格气田老井累计产量柱状图

Ⅰ类老井生产 3 年累计产气量占气井 EUR 的比例超过 40%，单位压降产气量平均值为 $105.4\times10^4m^3/MPa$；5 年累计产气量占气井 EUR 的比例超过 50%，单位压降产气量平均值为 $136\times10^4m^3/MPa$。Ⅰ类老井生产稳定性较好；生产 8 年以后部分井进入间歇生产阶段（表 3-5）。

表 3-5　Ⅰ类井老井生产规律分析

开发指标	150d	300d	600d	900d	1500d
累计产量占 EUR 比例（%）	10.8	18.9	31.2	40.6	54.0
单位压降产量（$10^8m^3/MPa$）	45.8	73.4	87.9	105.4	135.9

Ⅱ类老井生产 3 年累计产气量占气井 EUR 的比例超过 45%，单位压降产气量平均值为 $56.7\times10^4m^3/MPa$；生产 5 年累计产气量占气井 EUR 的比例超过 60%，单位压降产气量平均值为 $80\times10^4m^3/MPa$。Ⅱ类老井生产总体平稳，生产 4~5 年后部分井进入间歇生产阶段（表 3-6）。

表 3-6　Ⅱ类井老井生产规律分析

开发指标	150d	300d	600d	900d	1500d
累计产量占 EUR 比例（%）	11.5	21.4	36.0	47.7	60.7
单位压降产量（$10^8m^3/MPa$）	18.8	40.4	47.4	56.7	81.8

Ⅲ类老井生产 3 年累计产气量占 EUR 的比例为 36.3%，单位压降产气量平均值为 $20.8\times10^4m^3/MPa$；生产 5 年累计产气量占 EUR 的比例为 48%左右，单位压降产气量平均值为 $38\times10^4m^3/MPa$。Ⅲ类老井生产稳定性差，生产 2 年以后进入间歇生产阶段，之后基本全部停产（表 3-7）。

表 3-7　Ⅲ类井老井生产规律分析

开发指标	150d	300d	600d	900d	1500d
累计产量占 EUR 比例（%）	8.6	17.3	28.4	36.3	48.9
单位压降产量（$10^8m^3/MPa$）	5.6	11.4	17.2	20.8	38.4

气田超过 12 年的投产井 1810 口（中区 1590 口，东区 168 口，西区 52 口），实际累计产量主要分布在 $(1000\sim2500)\times10^4m^3$，部分井达到 $8000\times10^4m^3$ 以上，平均单井累计产量 $2234.8\times10^4m^3$（图 3-4）。

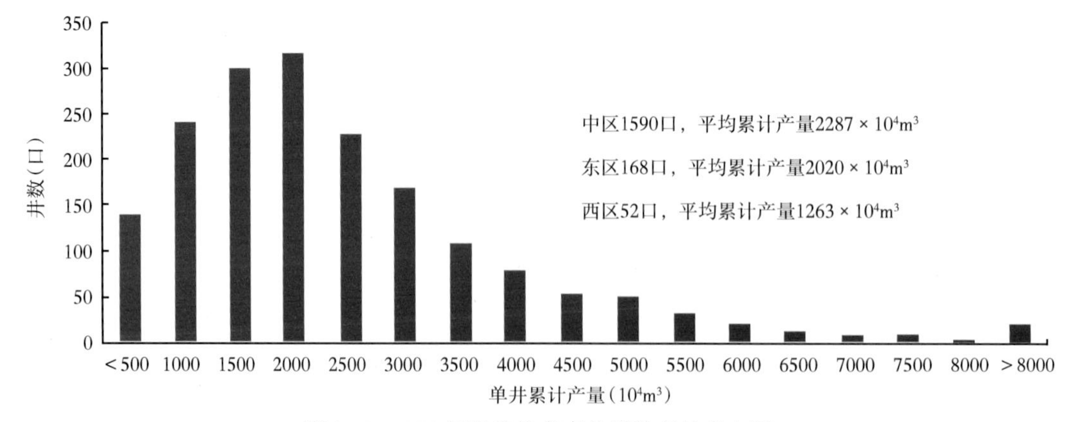

图 3-4　2008 年以前投产直井累计产量直方图

2. 直井 EUR 评价结果

对苏里格气田通过产量递减法、压降法、现代产量不稳定分析法、矿场生产统计法等多方法综合评价气井 EUR 指标。气田老井主要分布在中区，其产量分析结果与中区的 EUR 预测值具有可比性，验证了评价结果的可靠性。多方法评价表明，气田直井平均单井 EUR 为 $2070\times10^4m^3$。分区块而言，中区 $2495\times10^4m^3$，东区 $1923\times10^4m^3$，西区 $1605\times10^4m^3$，南区 $1346\times10^4m^3$，苏东南区 $2222\times10^4m^3$（图 3-5）。

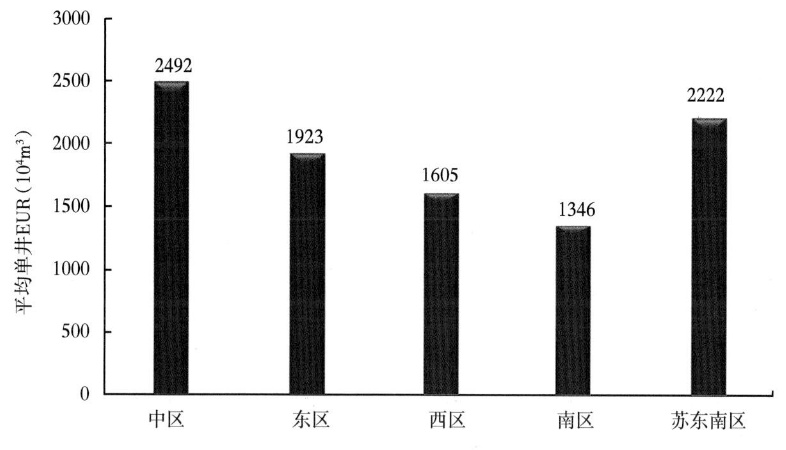

图 3-5　苏里格气田不同区块直井 EUR 指标

按照历年投产直井的生产情况，分不同区块，进行直井 EUR 指标评价（表 3-8，图 3-6）。需要说明的是，由于对道达尔合作区的井的生产数据掌握不够系统，仅给出 2020 年数据。评价结果表明，尽管不同年份的 EUR 值有一定的波动，但是总体上各区块历年投产直井的平均 EUR 呈逐年降低的趋势，这为下文对方案未来开发井的指标预测提供了参照。未来可布井的有利区储层条件也呈现变差的趋势，因此方案设计井的指标总体上也低于已投产井的评价结果。

表 3-8　苏里格气田历年投产直井各区 EUR 预测结果表

年份	中区 EUR（10^4m^3）	东区 EUR（10^4m^3）	西区 EUR（10^4m^3）	南区 EUR（10^4m^3）	苏东南区 EUR（10^4m^3）	道达尔国际合作区 EUR（10^4m^3）	平均 EUR（10^4m^3）
2010 年及以前	2851	2517	1918	—	2030	—	2664
2011	2356	2237	1643	1723	1388	—	2066
2012	2690	2406	1757	3305	1761	—	2377
2013	2459	2153	1629	1850	1736	—	2328
2014	2205	2202	1409	1909	2093	—	2158
2015	2318	1708	1442	3303	3598	—	2155
2016	2296	1707	1446	2510	2308	—	2204
2017	2017	1544	1746	2310	1756	—	1956

续表

年份	中区 EUR (10^4m^3)	东区 EUR (10^4m^3)	西区 EUR (10^4m^3)	南区 EUR (10^4m^3)	苏东南区 EUR (10^4m^3)	道达尔国际合作区 EUR (10^4m^3)	平均 EUR (10^4m^3)
2018	2142	1433	1277	1752	1990	—	1867
2019	2106	1507	1581	1415	2072	—	1948
2020	2110	1523	2021	1398	2208	3480	2037

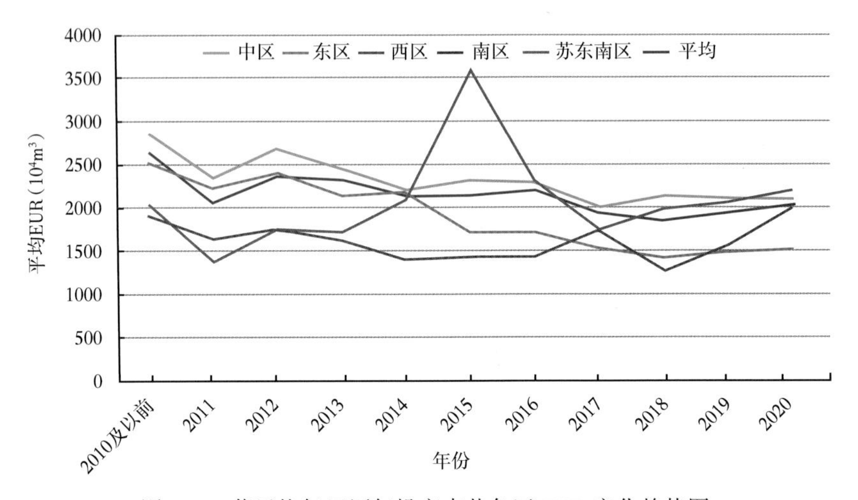

图 3-6　苏里格气田历年投产直井各区 EUR 变化趋势图

四、水平井 EUR 评价

基于生产数据，采取递减曲线积分方法，为避免单井及短期生产造成的数据波动，分区块进行多井月数据拉齐平均，进行分区投产水平井整体趋势定量拟合，得出不同区块水平井 EUR 平均值(图 3-7)。按区块井数加权计算整个气田的水平井平均单井 EUR

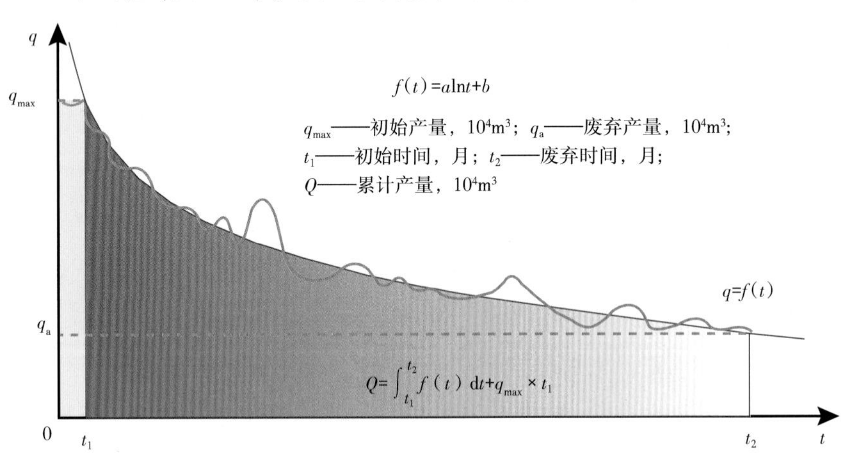

图 3-7　递减曲线积分方法原理示意图

为 $6100\times10^4m^3$（图 3-8）。

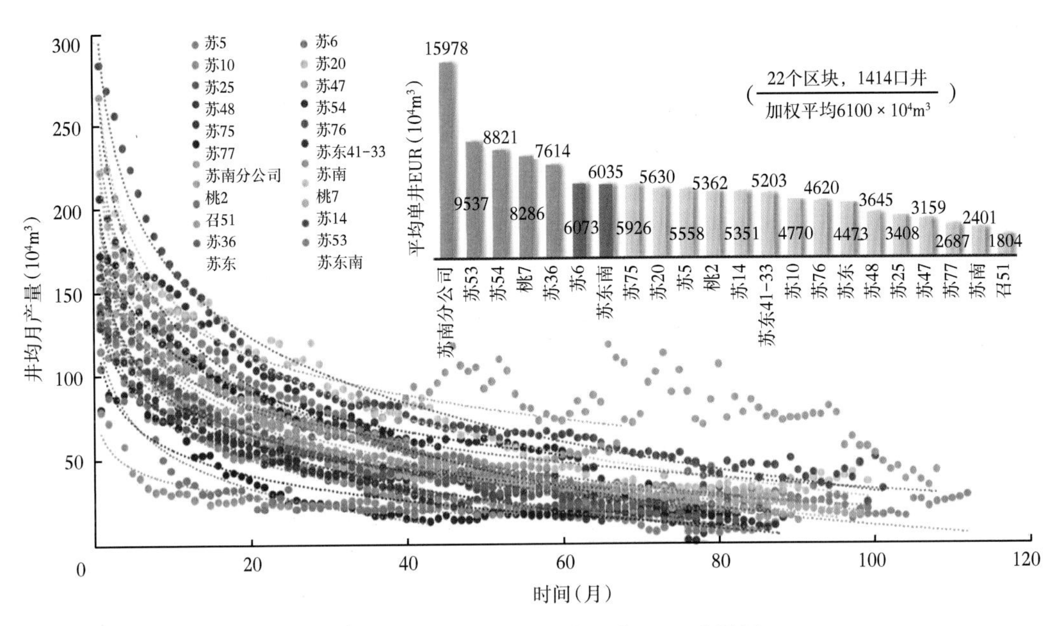

图 3-8 苏里格水平井曲线积分 EUR 成果图

动态评价水平井泄流面积主要分布范围在 0.4～1.0km^2 之间，均值为 0.74km^2，其中动态控制面积小于 1.0km^2 的气井占比 78.6%（图 3-9）。

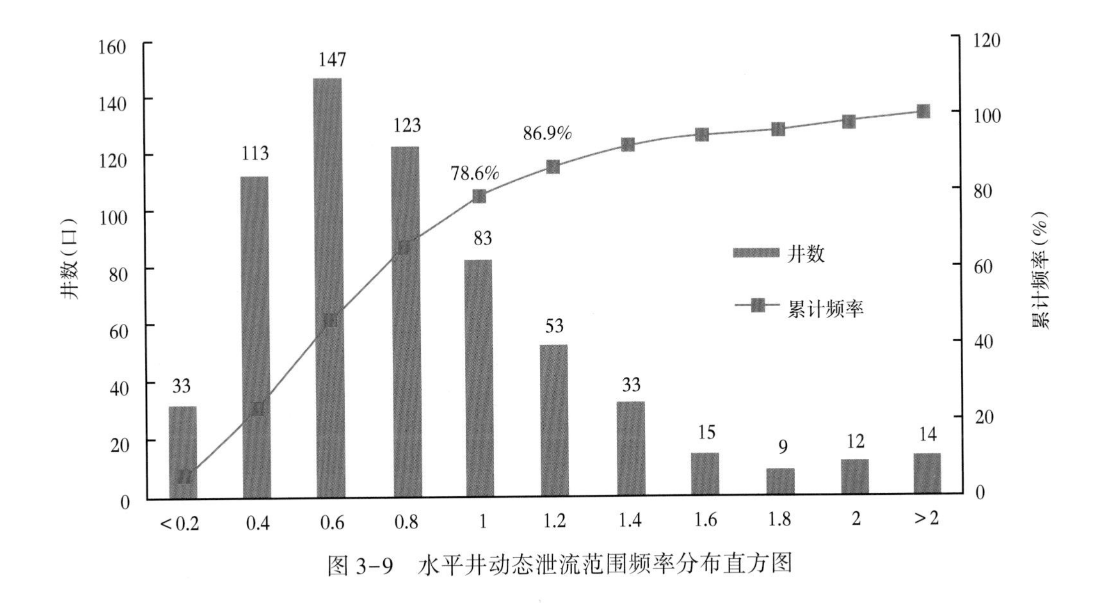

图 3-9 水平井动态泄流范围频率分布直方图

按照历年投产井的生产情况，分不同区块，进行水平井 EUR 指标评价（表 3-9，图 3-10）。总体上各区块历年投产水平井平均 EUR 呈现逐年降低的趋势。

表 3-9　苏里格气田历年投产水平井各区 EUR 预测结果表

年份	中区 EUR (10^4m^3)	东区 EUR (10^4m^3)	西区 EUR (10^4m^3)	南区 EUR (10^4m^3)	苏东南区 EUR (10^4m^3)	道达尔合作区 EUR (10^4m^3)	平均 EUR (10^4m^3)
2010 年及以前	8682	3415	7346	—	—	—	8294
2011	6985	3415	7450	—	4110	—	6650
2012	6531	5625	6751	2328	7902	7415	6539
2013	6341	5354	6213	1418	7114	—	6155
2014	5226	4102	5480	1464	7203	—	5863
2015	6760	3547	5697	4436	7594	—	6143
2016	5045	3411	5623	—	6152	—	5097
2017	5069	3556	6372	—	5842	—	5521
2018	4082	3556	4294	—	6543	—	5383
2019	5637	4015	5146	—	7662	—	6026
2020	6002	3458	6233	1498	7415	—	6130

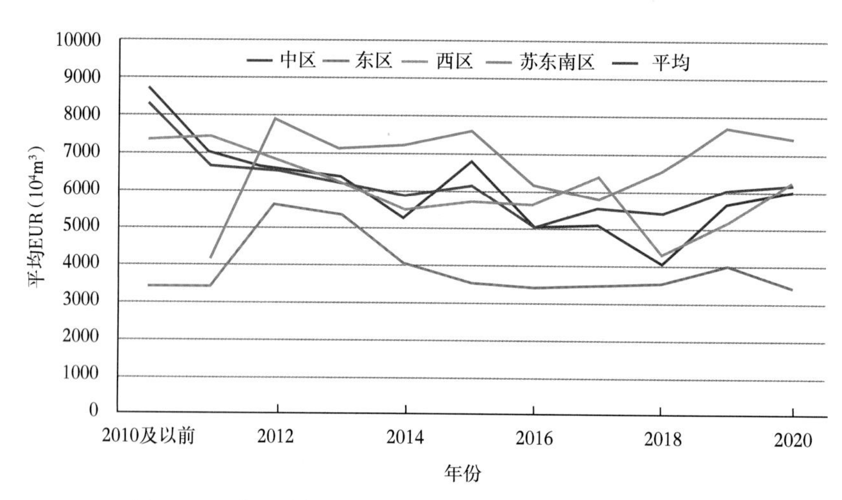

图 3-10　苏里格气田历年投产直井各区 EUR 变化趋势图

第三节　递减规律分析

一、直井递减规律

实际生产中气井不存在稳产期，投产即开始递减，气井递减基本符合衰竭式递减规律，随着生产时间的增加递减逐步放缓。不同类型直井递减率分析表明：Ⅰ类直井初期递减率为 20.9%，三年平均递减率为 19.1%，五年平均递减率为 17.6%；Ⅱ类直井初期递减率为 25.9%，三年平均递减率为 23.2%，五年平均递减率为 21.1%；Ⅲ类直井初期递减率为 28.2%，三年平均递减率为 25.1%，五年平均递减率为 22.8%（图 3-11）。

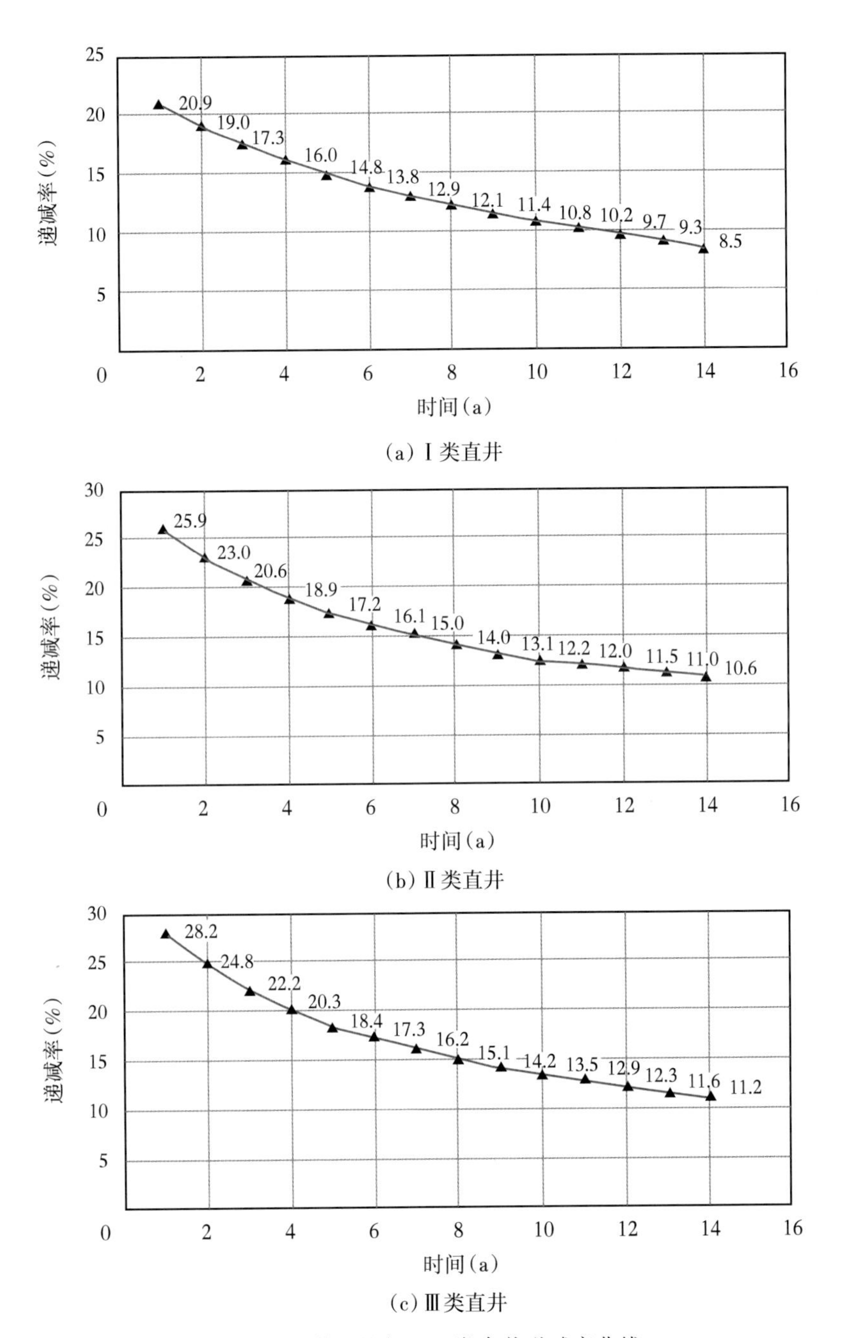

（a）Ⅰ类直井

（b）Ⅱ类直井

（c）Ⅲ类直井

图 3-11　苏里格气田三类直井递减率曲线

二、水平井递减规律

水平井与直井递减趋势一致，符合衰竭式递减规律，具有初期递减率大、后期逐渐减小的趋势。全区通过加权分析，前三年产量递减率分别为 34.51%、28.08%、23.45%，生产后期逐渐降低至 14%左右，且能够在较低水平上可保持较长时期的稳定生产（图 3-12）。

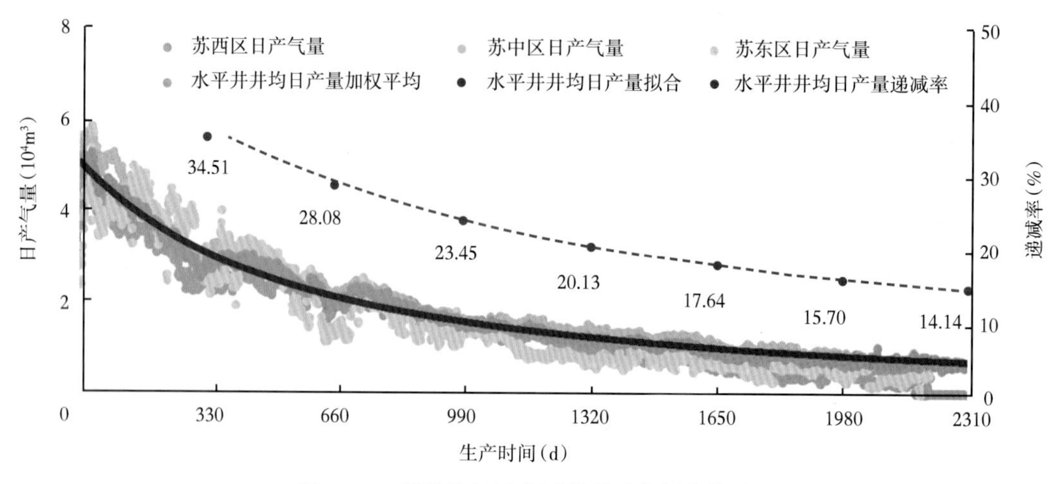

图 3-12　苏里格气田水平井递减分析曲线图

三、区块及气田递减规律

剖析气井全生命周期递减规律，结合各区块历年投产气井比例，确定区块递减规律，进一步通过区块加权获得气田递减规律，为气田稳产阶段产能建设规划提供依据。

首先将投产气井进行投产时间拉齐，均一化处理后形成年度投产气井的特征生产曲线，利用特征生产曲线分析当年投产气井的递减规律(图 3-13)。

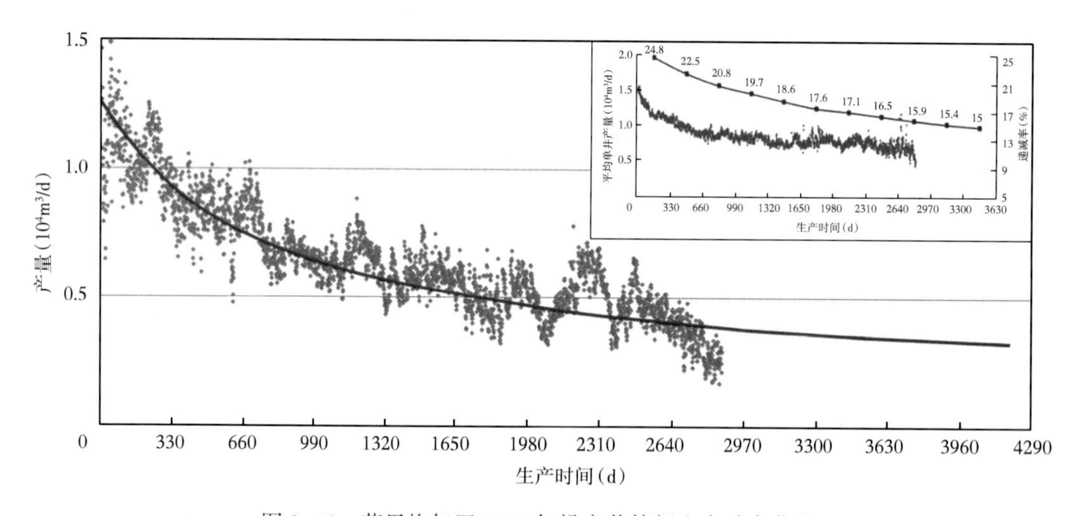

图 3-13　苏里格气田 2006 年投产井特征生产动态曲线

然后，通过区块历年投产井的递减率和产量比加权得到区块产量递减率，由于不同区块储量品质存在差异，递减率分布范围在 20.1%~26.4%之间。

最后，通过单井递减规律和区块递减规律分析，按照区块递减率和产量加权测算苏里格气田整体递减率，测算结果气田整体递减率为 23.2%(表 3-10)。即气田以 $275\times10^8m^3/a$ 的年产量保持稳产，每年需新建产能 $63.8\times10^8m^3$。

表 3-10 苏里格气田递减率计算表

区块	递减率（%）	产量（10^8m^3）	产量权重	气田递减率（%）
中区	20.9	105.97	0.388	23.2
东区	23.2	45.10	0.170	
西区	25.6	40.43	0.156	
道达尔国际合作区	24.2	30.95	0.103	
南区	25.1	10.24	0.040	
苏东南区	25.6	41.57	0.143	

第四章　三维地质建模

第一节　建模基本思路

地下储层为一个多级次的复杂系统，在三维空间较准确地表现出苏里格气田砂体及有效砂体的“砂包砂”二元结构，是气田高效开发的前提和保障，也是地质建模的重点和难点。因此，建立精确的岩相模型和有效砂体模型是本次建模研究的关键。

对于苏里格气田这样的低渗透—致密辫状河相砂岩储层而言，常规的地质建模方法表现出较大的局限性：第一，采用“一步建模”方法(无相控的储层属性建模)或“两步建模”方法(岩相或沉积微相控制下的储层属性建模)，先验的地质知识对模型约束不足；第二，测井、地震等资料结合的效果并不理想，尤其在储层埋深较大、地震资料品质不好的情况下，常规的波阻抗反演分辨率低，适用性差，无法满足开发需求；第三，辫状河沉积相建模中，心滩在河道内只能按照固定比例、近同等规模发育，很难在模型中呈现出复杂的沉积相相变的情况，与沉积特征不符；第四，井间有效储层难以识别和预测，常规的建模方法无法表征有效砂体的高度分散性。

针对现有的地质建模方法的不足，结合苏里格气田地质特征，提出了“多期约束，分级相控，多步建模”的建模方法(图 4-1)，旨在不断提高地质模型的精度。“多期约束”指分期次在模型中加入约束条件，不断降低资料的多解性，明确其地质含义；“分级相控”指分级次建立相模型，不仅建立“相控”下的属性模型，还建立“相控”下的相模型，使得沉积微相模型同时受到岩相和辫状河体系模型的控制；“多步建模”指将地质模型分成多个步骤，通过岩相约束沉积相，通过沉积相控制储层属性，通过储层属性大小判断有效砂体的多步建模方法。

选取苏 6 加密区作为建模研究的模拟区。苏 6 加密区位于苏里格气田中部，其沉积、储层特征具有代表性；该区是苏里格气田最早开发的区块之一，动（静）态资料较全，为地质模型的建立和检验提供了较完备的数据基础；研究区面积约为 32km^2，钻井 48 口，井控程度高，井网密度大，井网为 400m×600m，不小于储层参数变差函数的变程，使得通过地质统计学的变差函数分析可基本得到储层参数的数据结构。

数据集成是多学科综合一体化储层建模的基础，本次地质建模用到的数据包括井点坐标、井轨迹、测井曲线、试井数据、测井分层、地震成果数据、地震构造面、测井解释砂体及有效砂体、砂体及沉积微相的规模、各层段发育的频率等地质或统计数据及辫状河体系带等平面分布图。为了提高储层建模的精度，必须尽量保证用于建模的原始数据特别是井点硬数据的真实性、准确性和可靠性，需要对各类数据进行全面严格的质量检查和质量控制，如井位坐标及井深轨迹是否合理；测井解释的储层孔隙度、渗透率、饱和度参数是否准确；地层的划分方案是否可靠；岩心—测井—地震—试井解释是否对应和吻合等。参

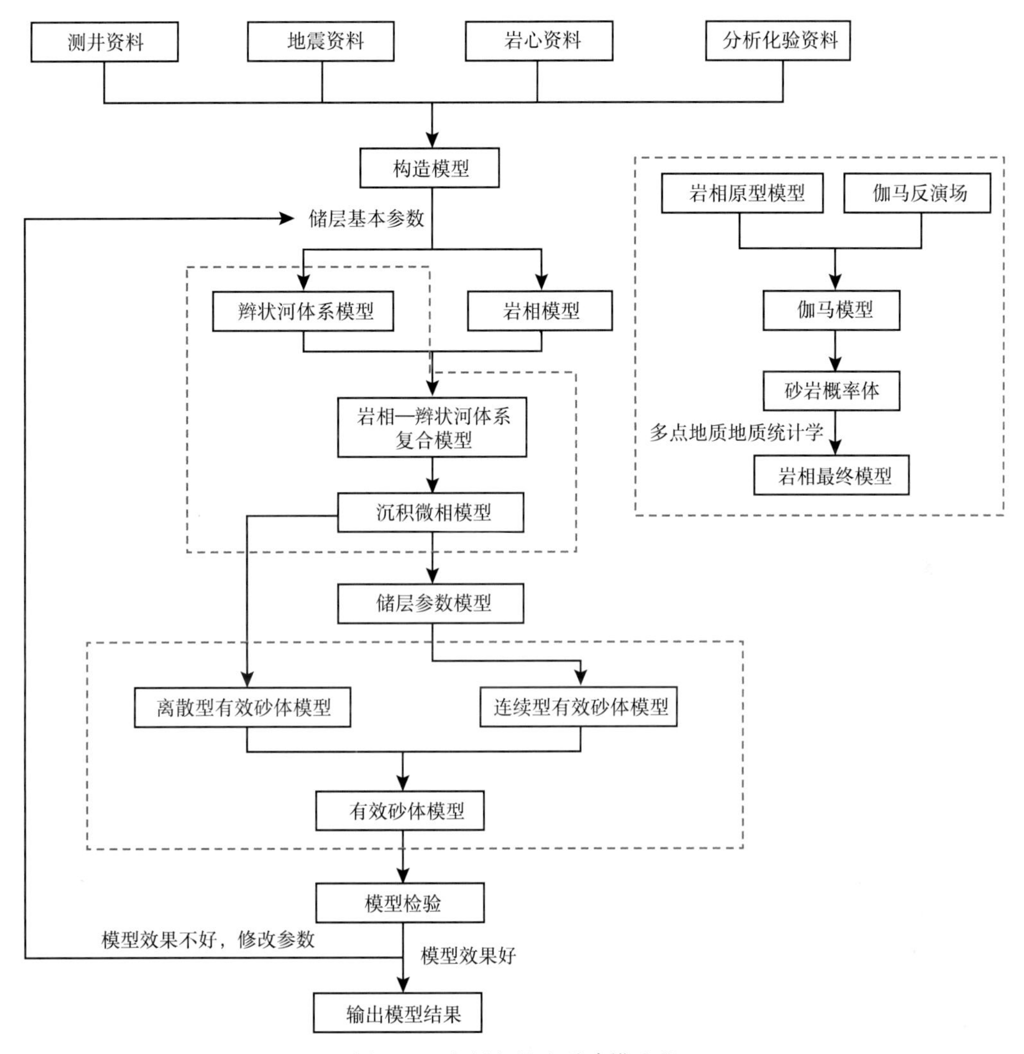

图 4-1　本研究的地质建模流程

考井距、地震道间距、资料分辨率等信息，寻求建模精度与数据运算消耗机时的平衡点，设计建模网格大小为 25m×25m×1m（图 4-2、图 4-3），网格数总计 532.98 万个。

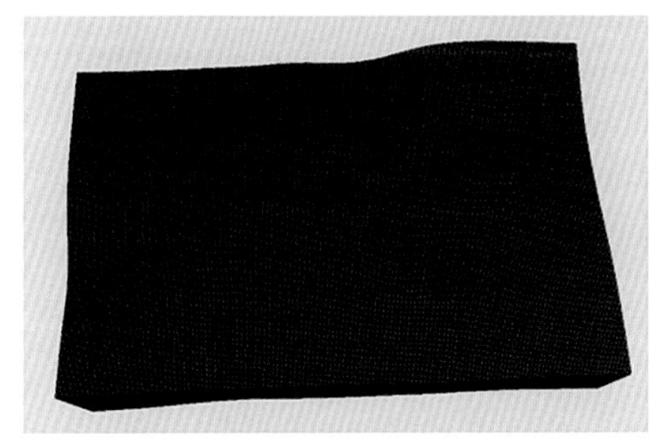

图 4-2　地质模型网格划分平面图

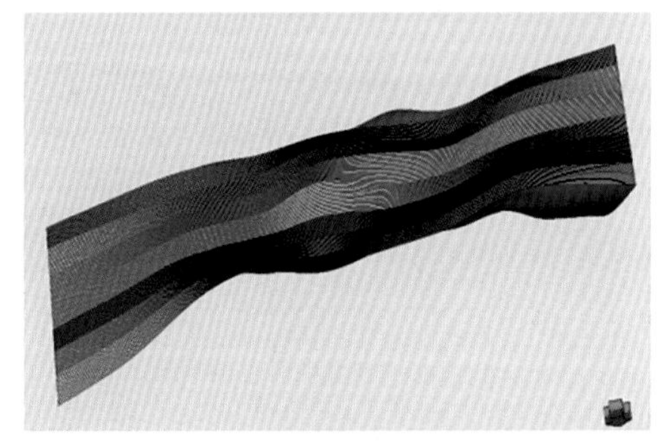

图 4-3　地质模型网格划分剖面图

第二节 构造模型

构造建模结合测井、地震资料(图4-4、图4-5),采用“由点生面,由面成体”的建模策略,以井点分层数据为控制点,以地震层位为控制趋势面,通过层面插值和层间叠加,利用确定性建模方法建立精确的构造模型。

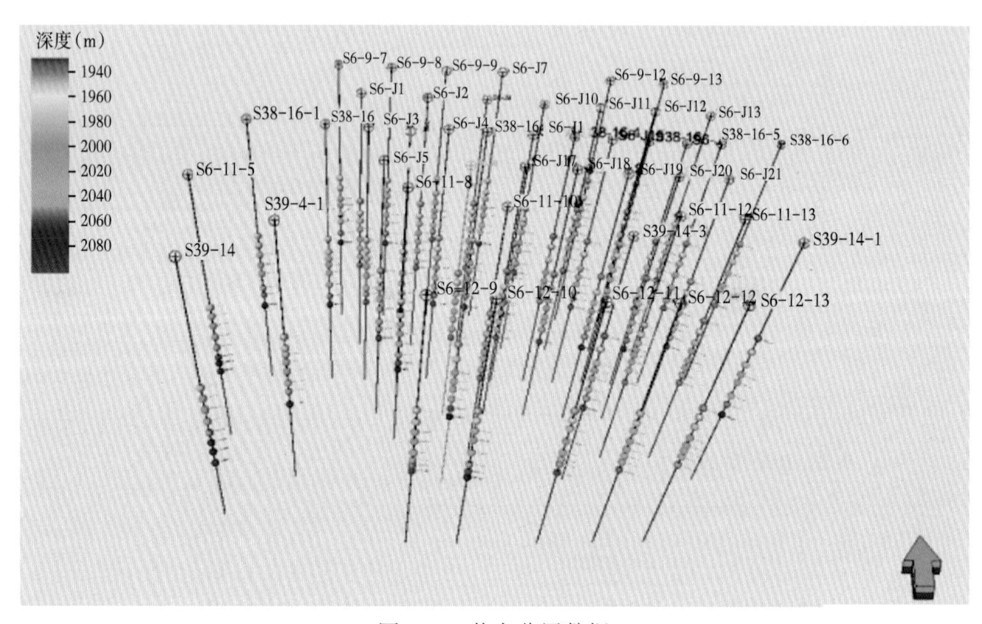

图4-4 井点分层数据

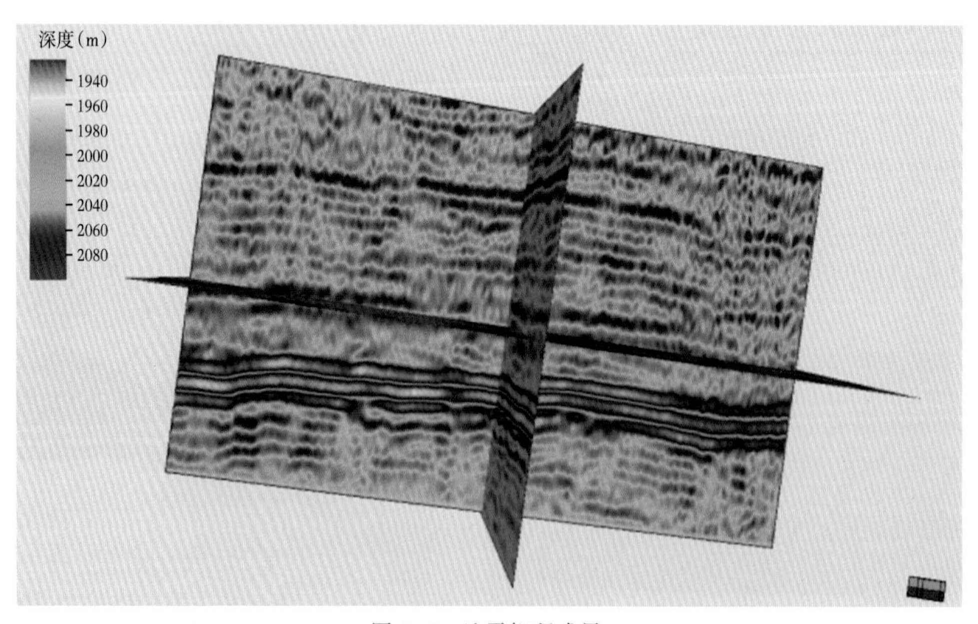

图4-5 地震解释成果

地震解释的层位位于时间域(图 4-6)，需要将其转化为深度域，才能在构造建模中发挥趋势面约束的作用。对声波、密度等测井曲线进行处理，计算反射系数，选择合适的地震子波频率，提取零相位子波，通过公式(4-1)的褶积运算合成地震记录(图 4-7)，与井旁地震道匹配调整，标定地震解释层位和测井分层，建立时间和深度的对应关系，计算速度模型，将地震层位由时间域转化为深度域。

$$F(t) = S(t) \times R(t) \tag{4-1}$$

式中 $F(t)$——合成记录；

$S(t)$——地震子波；

$R(t)$——反射系数。

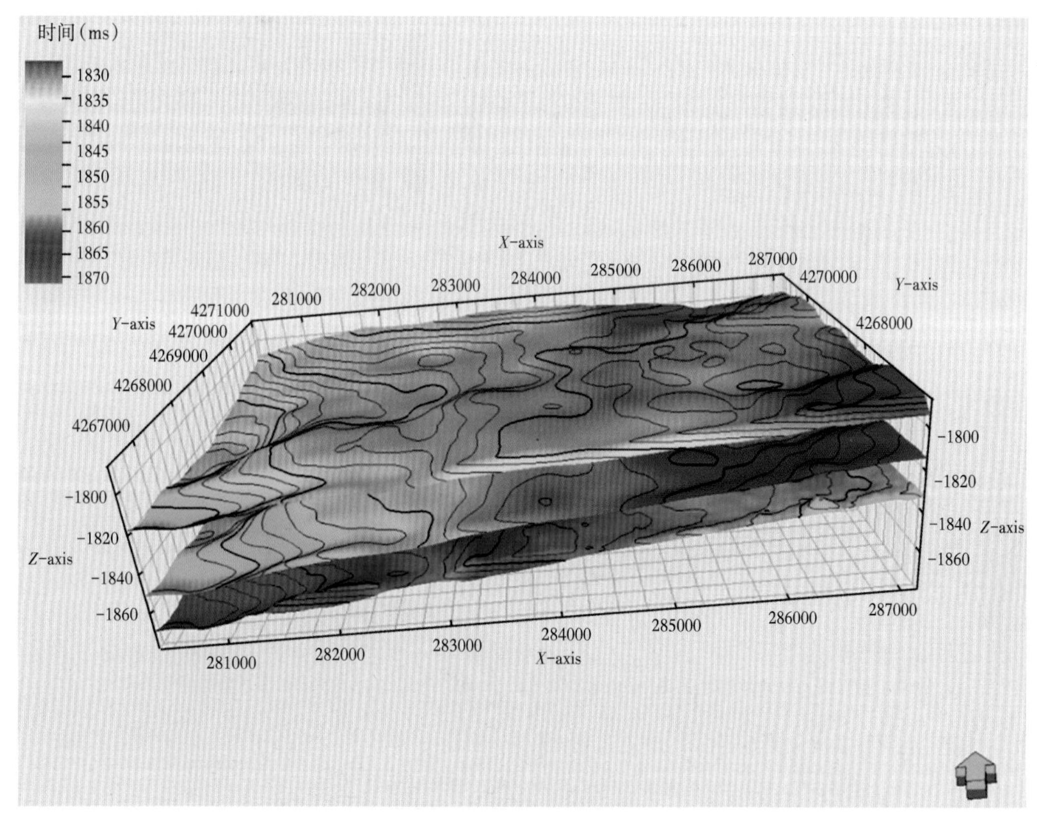

图 4-6　地震解释层位

构造模型通常包括层面模型和断层模型，由于研究区构造相对简单，断层基本不发育，本次构造建模仅建立层面模型(图 4-8)。地震资料具有横向采样密集的特点，用地震约束得到的构造图，相比于无地震约束的构造图，在刻画局部高点、精细描述储层构造等方面具有优势。

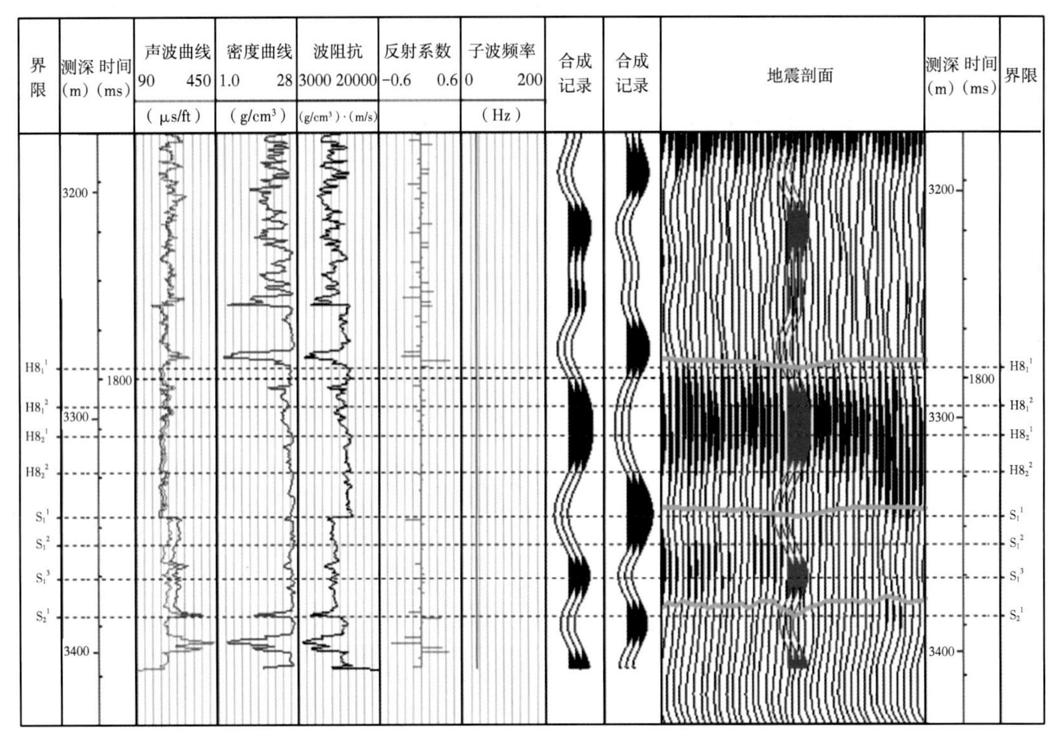

图 4-7　地震合成记录示例

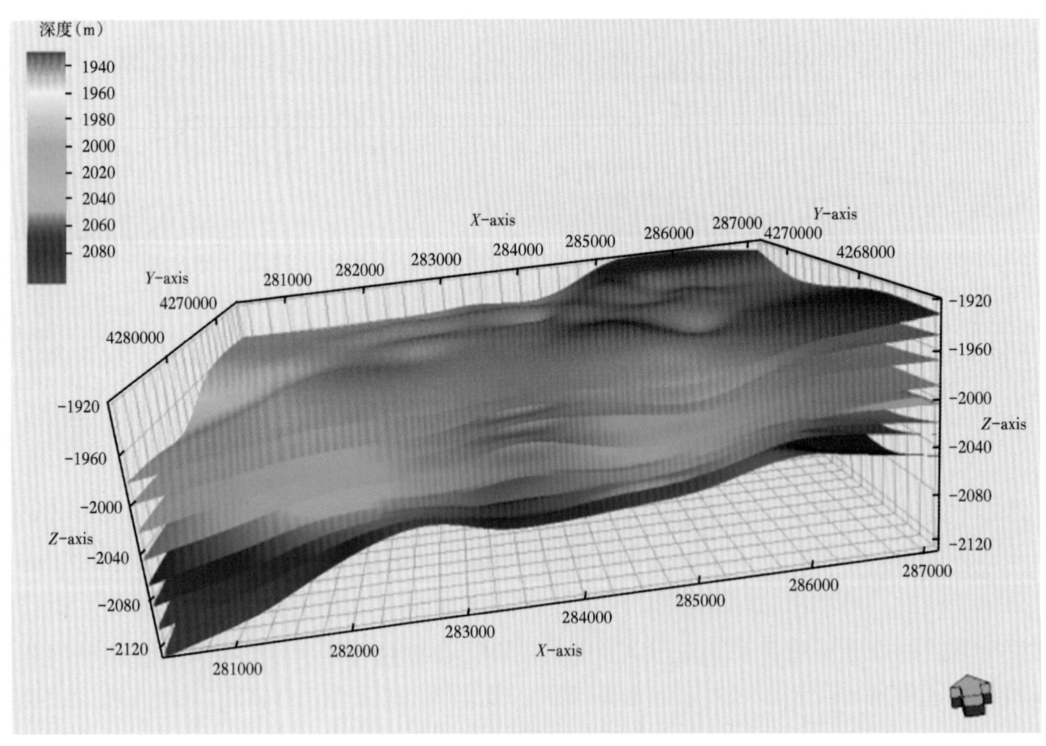

图 4-8　井—震结合建立的构造层面

第三节 岩相模型

以建立的构造模型为基础，在三维空间表征岩相的分布。这里的岩相指的是砂岩或泥岩，而不具体划分其砂岩岩性。苏里格气田盒 8 段、山 1 段等目的层段埋深较大，地表呈荒漠化或半荒漠化，地震反射条件弱，地震品质不好，信噪比及分辨率较低，需要测井标定地震，提高其垂向分辨率。而常规的纵波波阻抗受岩性、物性和流体特征等多因素影响，砂岩含气后地震波反射速度降低，与泥岩速度接近，使得波阻抗反演只能区分大段的砂岩段、泥岩段，而无法准确划分单个砂岩层、泥岩层(图 4-9)。

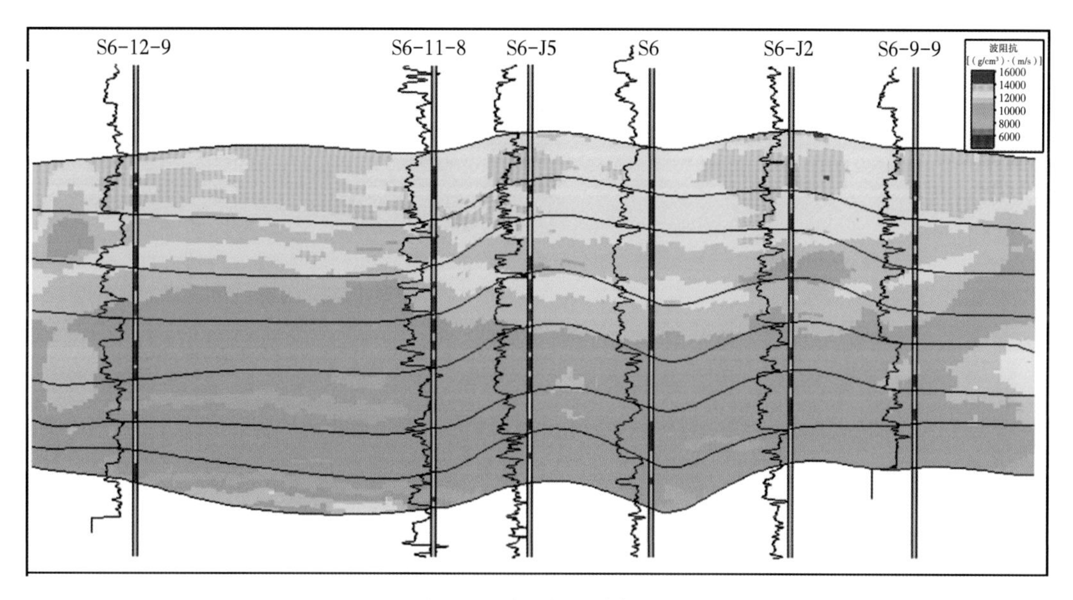

图 4-9 波阻抗反演剖面

井段处红色为钻井证实砂岩，灰色为泥岩

考虑到某些测井曲线能较好地表现岩性变化，与地震数据在表现岩性界面等方面存在内在联系，利用多期约束的思想优选测井曲线，通过神经网络识别技术分析测井、地震资料的函数关系，测井标定地震反演地球物理特征曲线随机场，以其为约束条件建立地球物理特征曲线三维模型，生成砂岩概率体，在此基础上通过多点地质统计学方法建立岩相模型。

一、伽马场

苏里格气田受控于河流相沉积环境，垂向上砂泥岩互层频繁出现，通过对 AC、SP、GR、CNL、RT 等测井曲线分析，认为研究区伽马曲线与岩相的对应关系最好，对岩相的变化最敏感。地震反射波也与地层岩性有一定的相关性，这正是传统的波阻抗反演的理论基础。通过神经网络模式识别技术，输入伽马曲线与地震成果数据，匹配训练对(图 4-10)，形成学习样本集，建立一系列与实际测井伽马相近的地震特征，以此为标准，测井约束地震反演伽马场。

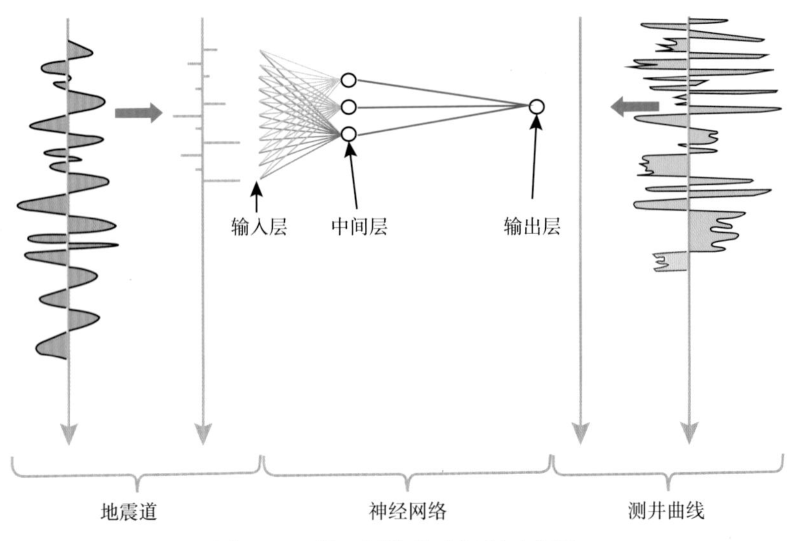

图 4-10　神经网络模式识别示意图

测井约束地震反演伽马场将地震资料和测井资料有机地结合起来，保证了分析数据的质量和多源性，突破了传统意义上的地震分辨率，理论上可得到与测井资料相同的分辨率，既能表现出整体的可靠性，又刻画了局部细节。但反演的伽马场存在一个很大的缺点，就是在井间缺少地质含义，具有多解性；多解性取决于模型中的约束条件与实际地质情况的差异大小。在目前较难提高地震分辨率的条件下，获得更准确的地质认识并将其加入地质模型中是减少多解性的关键。

对比波阻抗反演和伽马场反演效果（图 4-11），可看出砂岩、泥岩对应的波阻抗值接近，范围皆在 10000~12800［（g/cm³）·（m/s）］，故波阻抗在区内划分砂岩、泥岩效果较

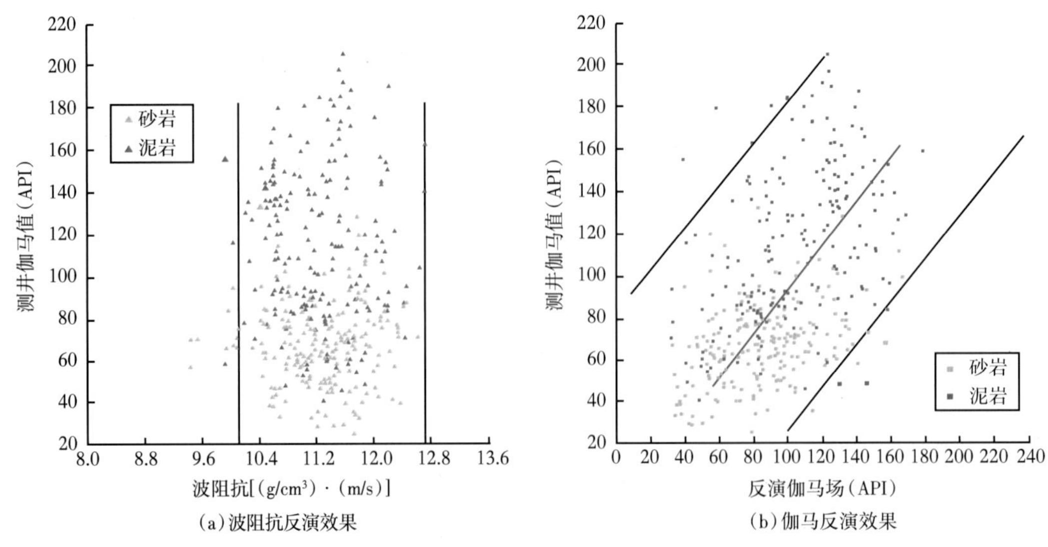

图 4-11　波阻抗反演与 GR 反演效果对比

差。另一方面，反演伽马场能较好地区分砂、泥岩，砂岩的反演伽马值总体较低，泥岩的反演伽马值相对较高，同时反演的伽马场与测井伽马值对应关系好，相关系数可达 0.76，因此可通过先验地质知识去约束井间的反演伽马场，从而降低地震资料的多解性。

二、伽马模型

建立伽马模型的目的是综合井点的伽马值和地震反演的伽马场，将地质认识引入伽马模型，降低井间地震资料的多解性，赋予井间反演伽马场更明确的地质含义。分两步建立伽马模型：首先，统计砂体规模，求取砂体变差函数；其次，结合井点处的测井伽马值与井间地震反演的伽马场，利用同位协同模拟算法，建立地质认识约束下的伽马模型，其计算公式为：

$$Z(u)=\sum_{i=1}^{n}\lambda_i(u)Z(u_i)+\lambda_j(u)Y(u) \tag{4-2}$$

式中 $Z(u)$——随机变量估计值；

$Z(u_i)$——主变量(硬数据)的第 i 个采样点；

$Y(u)$——次级变量(地震数据)；

λ_i 和 λ_j——需要确定的协克里金加权系数。

伽马模型由于较好地结合了井—震数据和地质认识，降低了井间储层预测的多解性，明确了地震反演场的地质意义，规避了井点与井间伽马值异常突变等问题的出现，能更好地反映砂体规模和砂体展布方向(图 4-12)。砂体主变程、次变程、方位角等变差函数对伽马模型中的伽马变差函数起参考和约束作用。

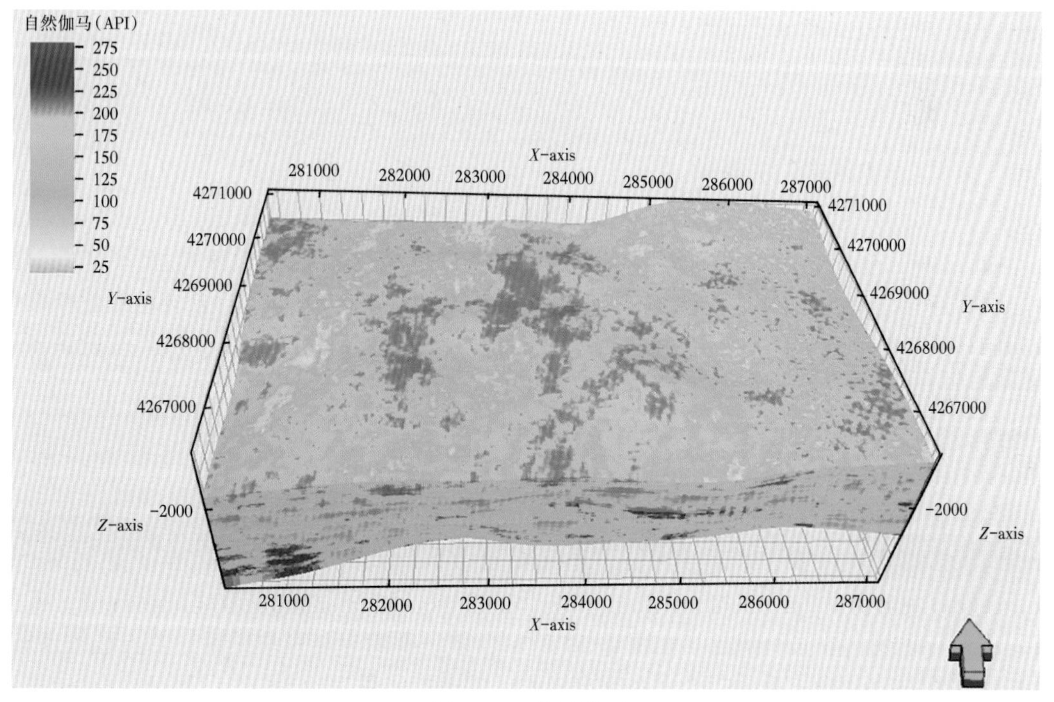

图 4-12 伽马模型

三、砂岩概率体

砂岩的概率与伽马值的分布有一定的统计关系，总体上随着伽马值的增加而降低（图 4-13），但并不意味着给出任意一段地层的伽马值，就可准确判断其是砂岩或泥岩。通过回归伽马值和砂岩概率的统计关系，将伽马模型转化为砂岩概率体模型（图 4-14），在建模软件中根据伽马值自动判识岩石相时，根据计算出的砂岩概率，随机生成可供挑选的多个岩石相模型的实现，减少了给出唯一伽马阈值所带来的误差。

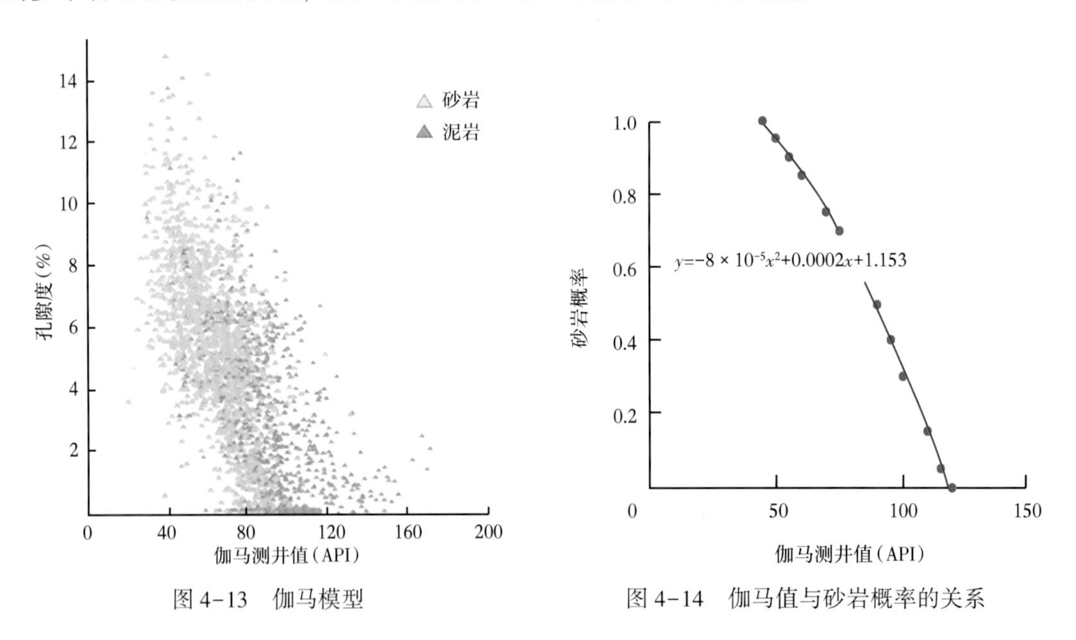

图 4-13　伽马模型　　　　图 4-14　伽马值与砂岩概率的关系

$$P = -8 \times 10^{-5} V^2 + 2 \times 10^{-4} V + 1.153 \quad (4-3)$$

式中　P——砂岩概率，无量纲；

V——GR 值，API。

通过公式（4-3），将伽马模型转化为砂岩概率体模型（图 4-15）。砂岩概率体模型中每一个网格对应着一个砂岩概率值，数值分布范围 0~1。砂岩概率体的意义是在建模软件根据伽马值自动判识岩相时，可根据每个网格计算出的砂岩概率，随机生成可供挑选的多个岩相模型的实现，减少了给出唯一的伽马阈值所带来的误差。

四、岩相建模方法

目前最常用的两种相建模方法为序贯指示模拟和基于目标的模拟（图 4-16 至图 4-19）。序贯指示模拟是一种基于象元的方法，通过变差函数研究空间上任两点地质变量的相关性，能较好地忠实于井点硬数据（图 4-16）；而基于目标的模拟在井较多的情况下，常出现无法忠实于井点数据的问题，如图 4-17 所示，蓝色圈内岩相模拟结果与井点数据不符。变差函数的数学原理是满足二阶平稳或本征假设的前提条件，这就决定了序贯指示模拟不能模拟多变量的复杂的空间结构和分布，平面上常造成河道错断，砂体呈团状，边缘呈锯

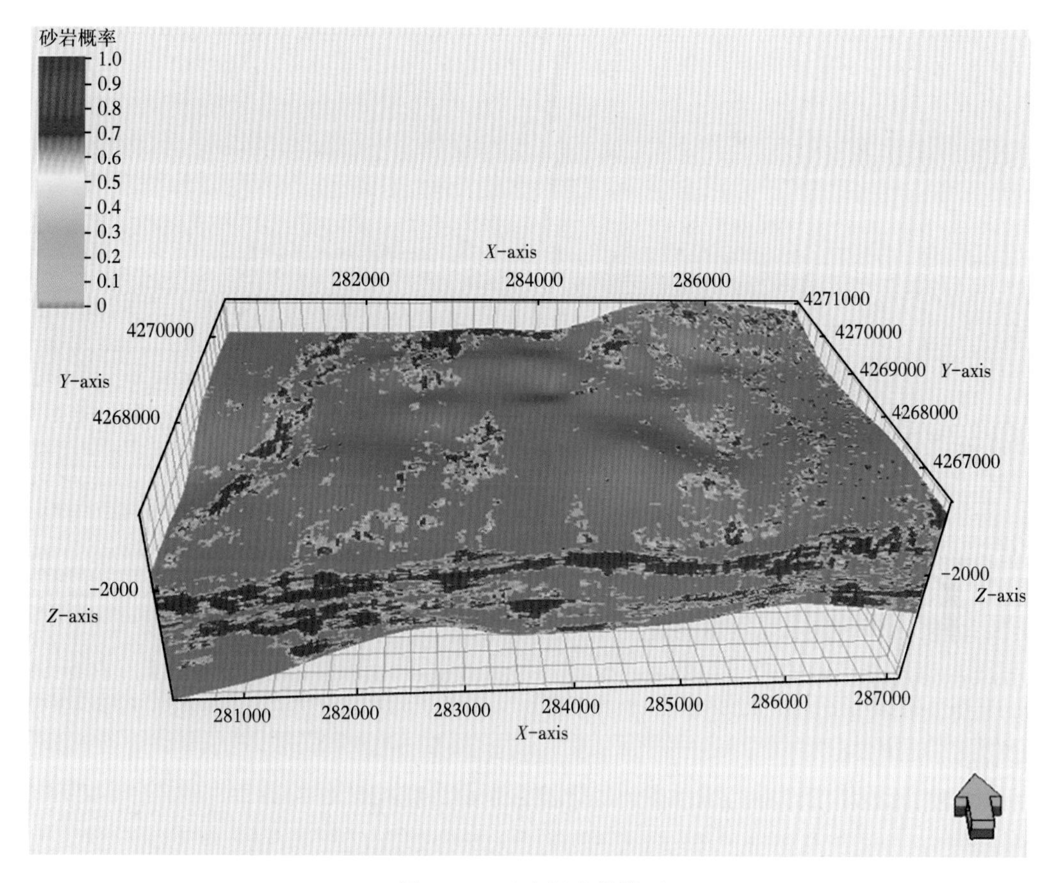

图 4-15　砂岩概率体模型

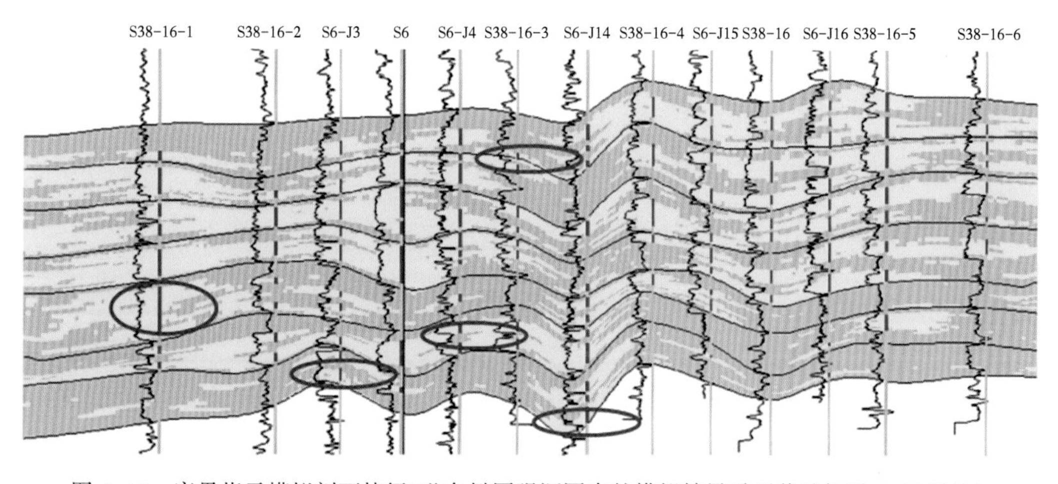

图 4-16　序贯指示模拟剖面特征(蓝色椭圆强调圈内的模拟结果需要着重与图 4-17 对比)

齿状(图 4-18)，不符合辫状河的沉积特征；基于目标的模拟以离散性的目标物体为模拟单元，能表现出河道的形态(图 4-19)。

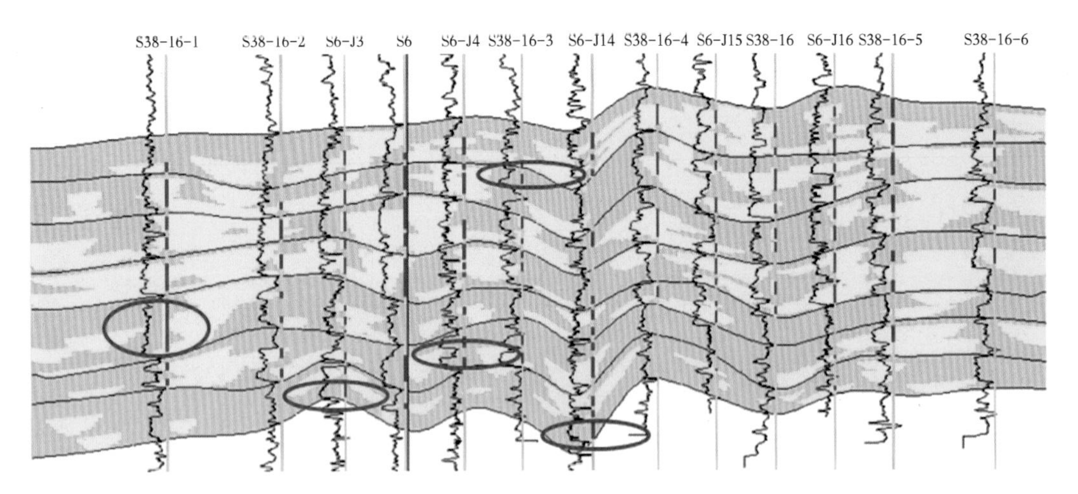

图 4-17 基于目标的模拟剖面特征(蓝色椭圆强调圈内的模拟结果需要着重与图 4-16 对比)

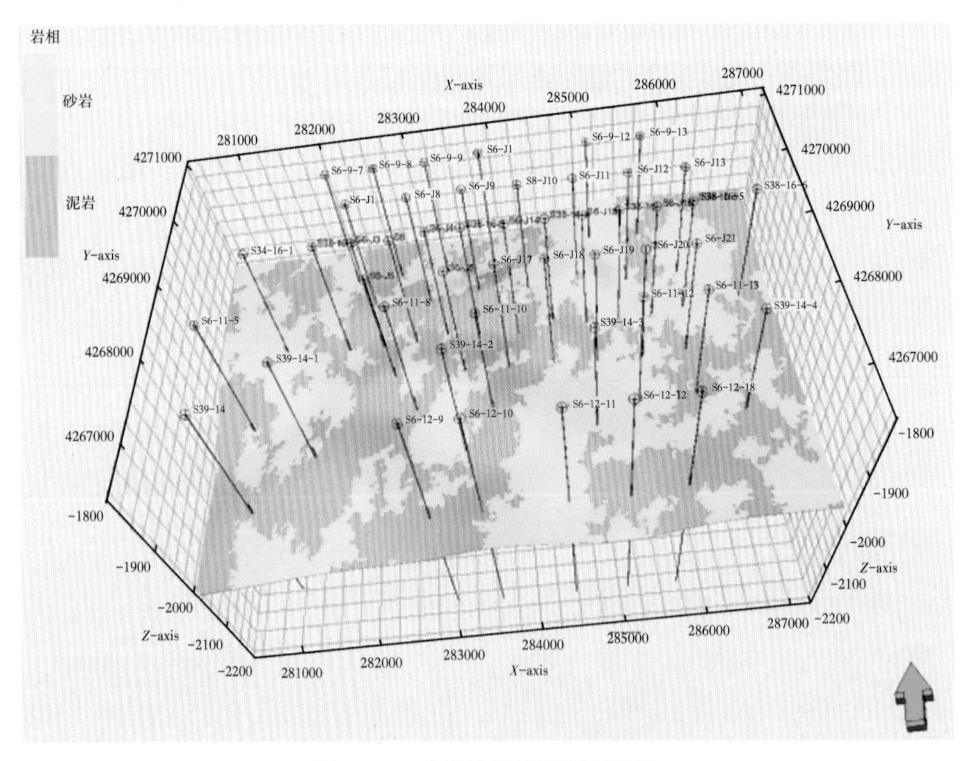

图 4-18 序贯指示模拟平面特征

鉴于传统的基于变差函数的随机模拟方法和基于目标的随机建模方法的不足，多点地质统计学应运而生，并迅速成为随机建模的前沿研究热点。多点地质统计学引进了一些新的概念，如数据事件、训练图像、搜索树等。该方法利用训练图像代替变差函数揭示地质变量的空间结构性，克服了不能再现目标几何形态的缺点，同时采用了序贯算法，忠实于硬数据，克服了基于目标的随机模拟算法的局限性。

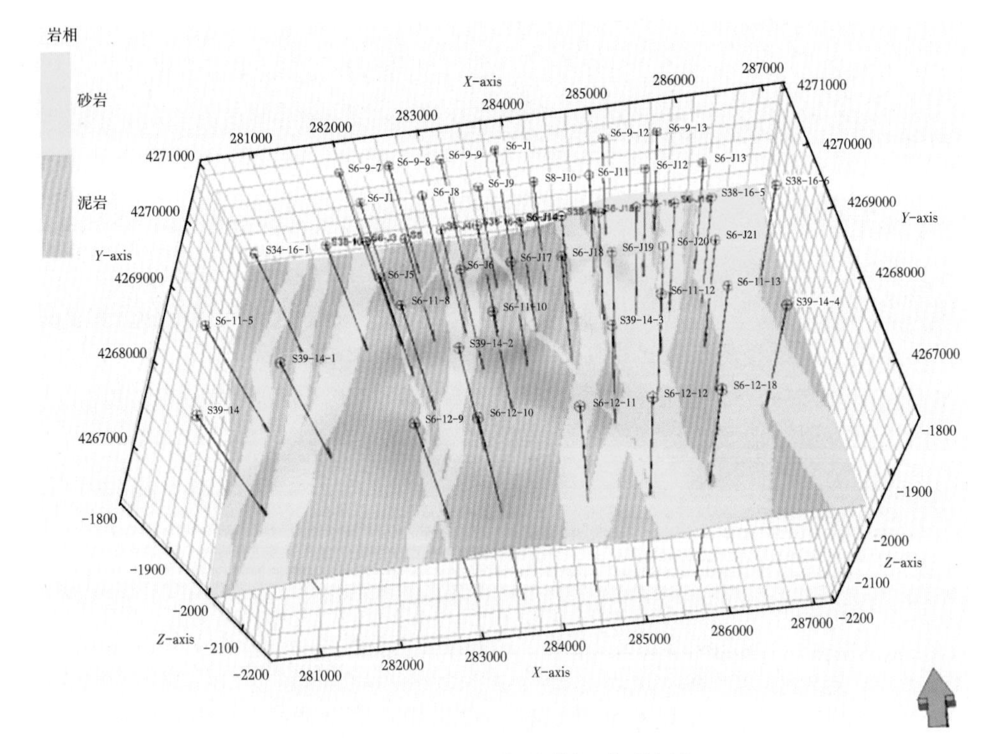

图 4-19 基于目标的模拟平面特征

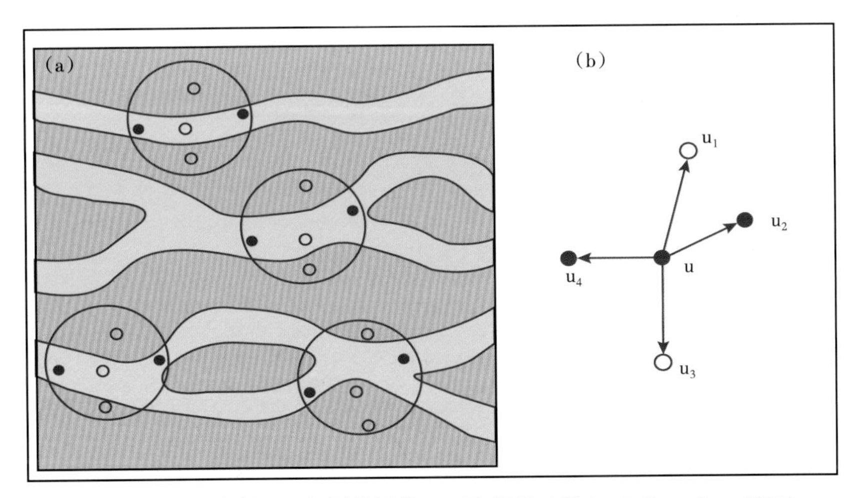

图 4-20 数据事件(a)与训练图像(b)示意图（据 Strebell et al.，2001）

(a) 训练图像：反映河道（黄色）和河道间（灰色）的平面分布。图内的 4 个圆圈代表数据事件对训练图像扫描的 4 个可能的重复；(b) 数据事件：由中心点 u 和邻近四个向量构成的五点数据事件，其中 u_2 和 u_4 代表河道，u_1 和 u_3 代表河道间

多点地质统计学的理论于 2000 年左右提出，到 2010 年左右才应用到商业化建模软件中。研究中采用修改后的 Snesim 算法（Strebelle et al.，2001），搜索一定距离的数据样板内所有的训练图像样式，建立“搜索树”，提取每个数据事件的条件概率，概率最大的图

像样式即为该点的模拟结果。图 4-20(b)为模拟目标区内一个由未取样点及其邻近的四个井数据(u_2 和 u_4 为砂岩，u_1 和 u_3 为泥岩)组成的数据事件，当应用该数据事件对图 4-20(a)的训练图像进行扫描时，可得到四个重复，中心点为砂岩的重复为 3 个，而中心点为泥岩的重复为 1 个。因此，该未取样点为砂岩的概率为 3/4，而为泥岩的概率为 1/4。

五、岩相模型

获得可靠的训练图像是多点地质统计学的关键基础。训练图像为能够表述实际储层结构、几何形态及其分布模式等地质信息的数字化图像。大尺度的训练图像包含的地质信息多，模拟精度高，但更耗费机时。训练图像不必忠实于实际储层内的井信息，而只是反映一种先验的地质概念与统计特征，其主要来源于露头、现代沉积原型模型、基于目标的非条件模拟、沉积模拟、地质人员勾绘的数字化草图。考虑到各个小层储层特征不同，本研究通过基于目标的非条件模拟，优化训练图像模拟尺度(表 4-1)，分地层单元分别建立 7 个开发小层的三维训练图像，盒 8 段砂体发育程度总体好于山 1 段(图 4-21)。

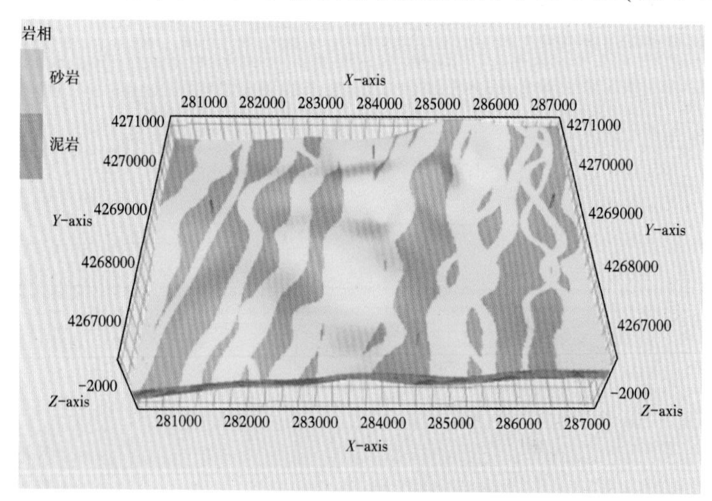

(a)盒8段下亚段1小层训练图像

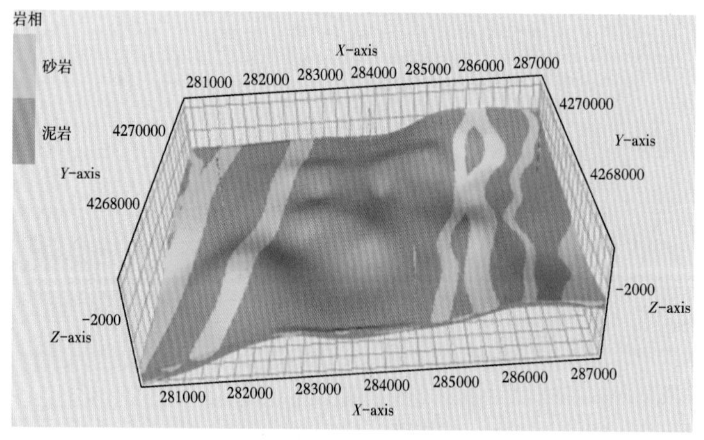

(b)山1段2小层训练图像

图 4-21 分小层建立三维训练图像

表 4-1 岩相建模砂体规模参数表

砂层组	小层	砂体厚度（m）			砂体宽度（m）		
		最小	平均	最大	最小	平均	最大
盒 $8_{上}$	1	0.81	4.65	11.31	32	469	905
	2	1.27	4.42	13.51	51	566	1081
盒 $8_{下}$	1	1.82	4.99	15.62	73	661	1250
	2	1.69	4.53	13.9	68	590	1112
山 1 段	1	0.99	3.72	9.8	40	412	784
	2	1.29	4.21	10.98	52	465	878
	3	1.21	3.63	9.5	48	404	760

以井点岩相数据为硬数据，以井间砂岩概率体为软数据，以建立的训练图像为基础，通过多点地质统计学的方法建立三维岩相模型（图 4-22、图 4-23）。得益于密井网区精细的地质解剖、较准确的砂岩概率体、多点地质统计学较先进的算法，建立的三维岩相模型在井点处忠实于硬数据，在井间能较好地表现出河道形态。

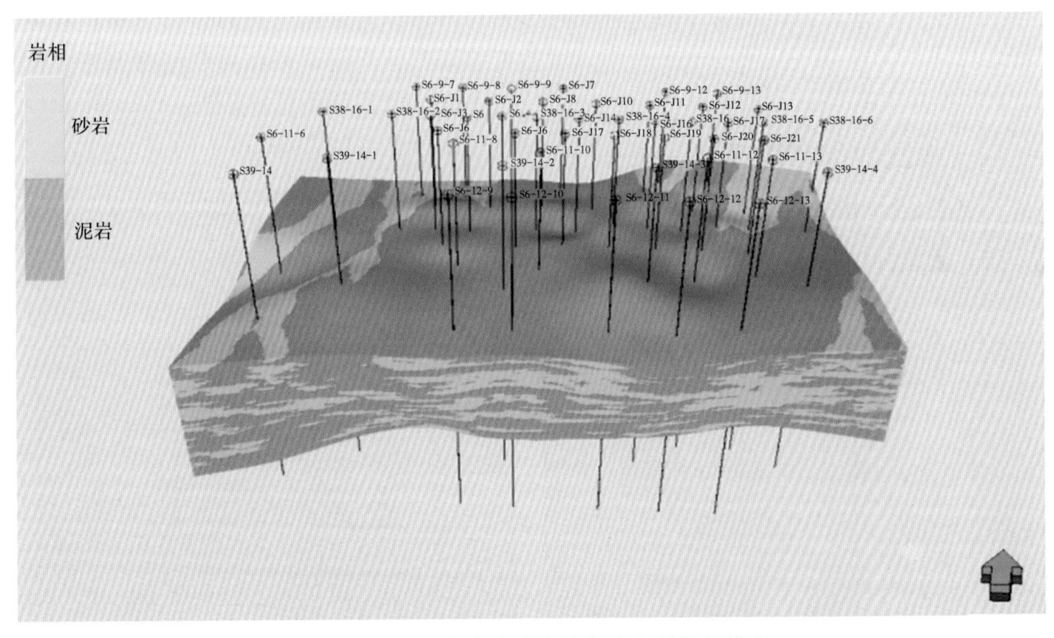

图 4-22 利用多点地质统计学建立的岩相模型

利用地震波形储层预测方法在平面上验证、修正和完善建立的岩相模型。地震波形系地震波振幅、频率、相位的综合变化，可在平面上较好地表现一定厚度的砂体的分布，在井间具有一定的预测性。

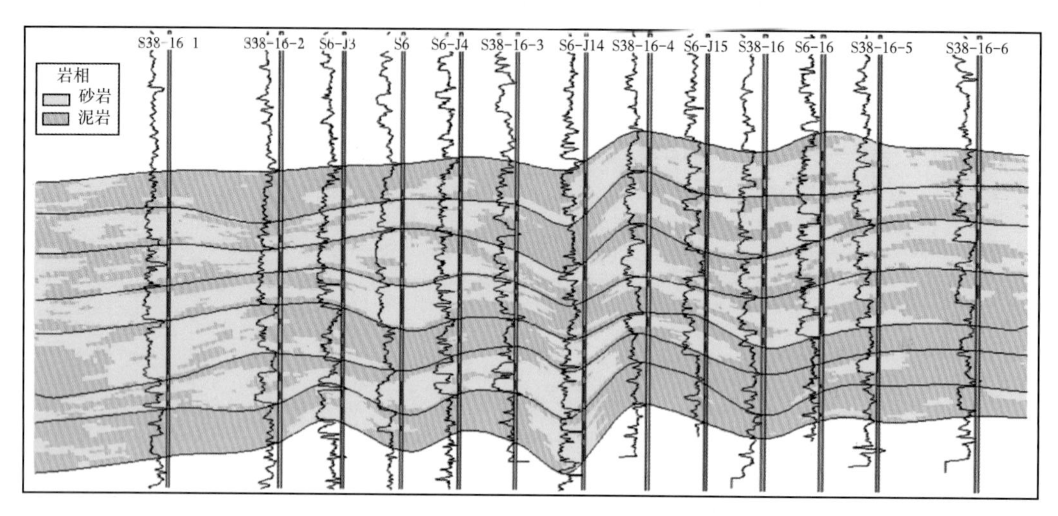

图 4-23　利用多点地质统计学建立的岩相模型

第四节　沉积相模型

受水动力条件等控制，心滩等沉积微相在空间分布形态不同、规模不等，发育频率也有较大的差异，即沉积微相的分布具有较强的不均一性，而以往的地质建模方法往往没有很好地描述和刻画这一现象。本次利用分级相控的思想，建立岩相和辫状河体系带共同控制下的沉积微相模型，为储层属性建模提供较准确的地质控制条件和依据。

一、辫状河体系带模型

1. 辫状河体系带对沉积微相的控制作用

研究表明辫状河体系对沉积微相展布和有效砂体分布具有较强的控制作用（图 4-24）。辫状河体系带中的叠置带处于古地形最低洼处，为古河道持续发育部位，导致心滩发育频

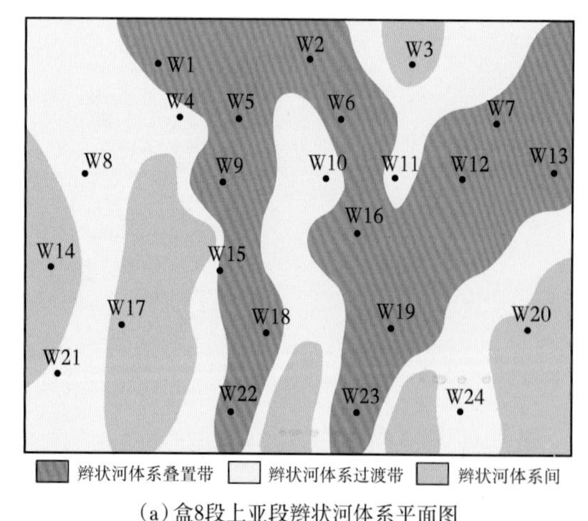

(a) 盒8段上亚段辫状河体系平面图

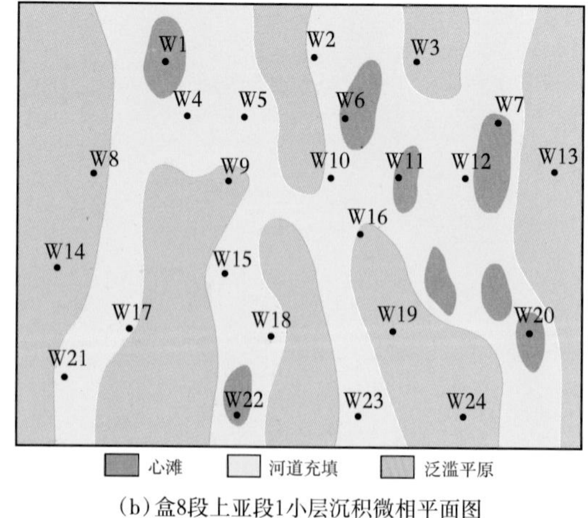

(b) 盒8段上亚段1小层沉积微相平面图

图 4-24　辫状河体系与沉积微相

率高，规模大，有效砂体相对富集。经统计，叠置带的心滩相比于过渡带，其发育频率为后者的近两倍（表4-2），前者厚度能比后者厚0.3~0.5m，前者宽度能比后者宽70~80m，前者长度能比后者长100~200m。

表4-2　叠置带与过渡带心滩、河道充填发育比例（单位：%）

层位	辫状河体系叠置带		辫状河体系过渡带	
	心滩	河道充填	心滩	河道充填
$H8_1^1$	59.04	40.96	21.77	78.23
$H8_1^2$	59.56	40.44	36.02	63.98
$H8_2^1$	63.52	36.48	33.15	66.85
$H8_2^2$	72.10	27.90	28.12	71.88
S_1^1	43.62	56.38	23.65	76.35
S_1^2	62.73	37.27	34.59	65.41
S_1^3	45.00	55.00	19.99	80.01
平均	57.94	42.06	28.18	71.82

苏里格气田有效砂体受沉积和成岩双重控制，在空间分布以孤立型为主，若从单个有效砂体去研究砂体分布规律，难以突破和把握；另一方面，区内有70%的有效砂体分布在叠置带，叠置带相比于过渡带，垂向叠置型有效砂体分布比例较高，有效砂体通过多期叠置形成规模较大的复合体，为富集区优选提供了有利的地质条件，是开发的主力相带单元。

2. 辫状河体系带模型

辫状河体系带是控制苏里格气田沉积和储层的关键地质因素，从辫状河体系叠置带、过渡带入手去研究沉积微相展布和有效砂体分布是较为科学的。因此在建立沉积微相和有效砂体模型之前，首先建立辫状河体系带模型。在建立辫状河体系带模型时，因其划分标准涉及的参数较多（砂体和有效砂体厚度、砂地比和净毛比、顺物源和垂直物源方向的垂向叠置率、横向连通率，见表4-3），不易通过计算机自动辨识，故先手工勾绘叠置带、过渡带、辫状河体系间的沉积体系平面图，再通过数字化手段在三维空间再现辫状河体系带（图4-25）。

表4-3　辫状河体系划分标准

辫状河体系	储层厚度（m）		厚度比例		叠置层数（个）		侧向连通率	
	砂体	有效砂体	砂地比	净毛比	砂体	有效砂体	顺物源	垂直物源
叠置带	>16	>6	>0.6	0.3~0.6	≥3	≥2	>0.8	0.7~0.8
过渡带	6~16	1~6	0.2~0.6	0.1~0.3	2~3	1~2	>0.6	0.5~0.6
体系间	<6	<1	<0.2	<0.1	<2	≤1	<0.5	<0.5

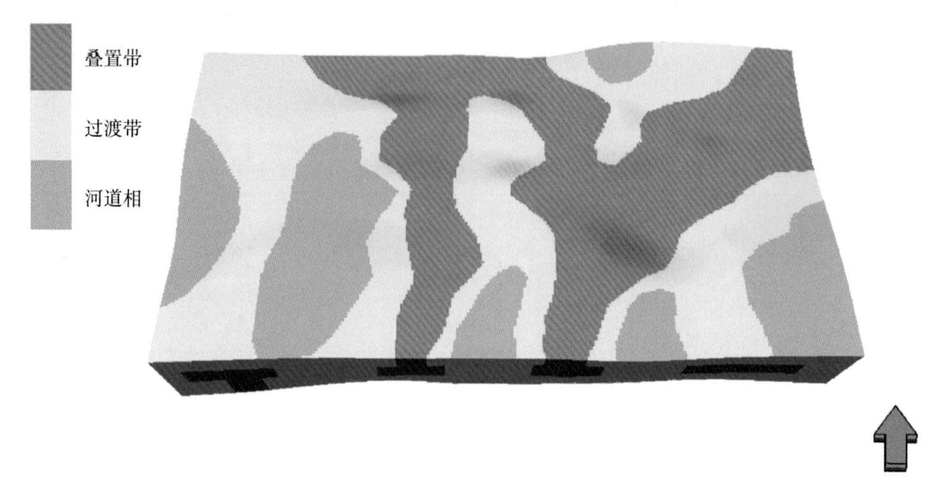

图 4-25 辫状河体系模型

二、沉积微相模型

传统的相控建模中的“相”指的是“岩相”或“沉积相”，然而仅靠岩相或者沉积相都无法表征苏里格气田低渗透—致密砂岩储层的强非均质性。在建立可靠性较高的岩相模型的前提下，本研究首先结合岩相与沉积相，通过岩相控制沉积微相建立相模型，分为两步：第一步，先将河道充填与心滩合并成河道相，作为模拟相，对应岩相模型中的砂岩，泛滥平原作为背景相，对应岩相模型中的泥岩；第二步，模拟心滩，只侵蚀第一步模拟产生的河道相，其他网格还保持第一步的实现结果。这样的做法带来的问题是：模型中的心滩会按照统计出的固定的比例、近同等规律大小发育在河道中，从而将河道相粗略地当成均质的整体，与已有的沉积认识不符。

鉴于辫状河体系带对沉积微相较强的控制作用，考虑通过辫状河体系模型与岩相模型共同约束沉积微相模型。需要解决两个问题：第一，辫状河体系模型与岩相模型地层尺度不同，辫状河体系模型是沉积环境对应砂层组级别地层的综合反映，而三维岩相模型类似于等时地层切片的叠合。举例来说，辫状河体系的叠置带甚至不一定能准确对应岩相模型中的砂岩；第二，建立相模型时，建模软件只允许最多输入一个三维模型作为约束条件，因此需要将辫状河体系模型与岩相模型合并。具体做法是将同一位置的网格既属于砂岩，又位于叠置带的定为叠置带；同一网格既属于砂岩，又位于过渡带或辫状河体系间的，定为过渡带；网格处属于泥岩的，定为辫状河体系间（表 4-4），形成岩相—辫状河体系复合模型。根据不同辫状河体系带内心滩、河道充填等沉积微相分布频率和发育规模的统计特征，建立岩相—辫状河体系复合模型约束下的沉积微相模型（图 4-26）。

表 4-4 岩相、辫状河体系、复合模型对应关系

岩相	辫状河体系模型	岩相—辫状河体系复合模型
砂岩	叠置带	叠置带
	过渡带、体系间	过渡带
泥岩	叠置带、过渡带、体系间	体系间

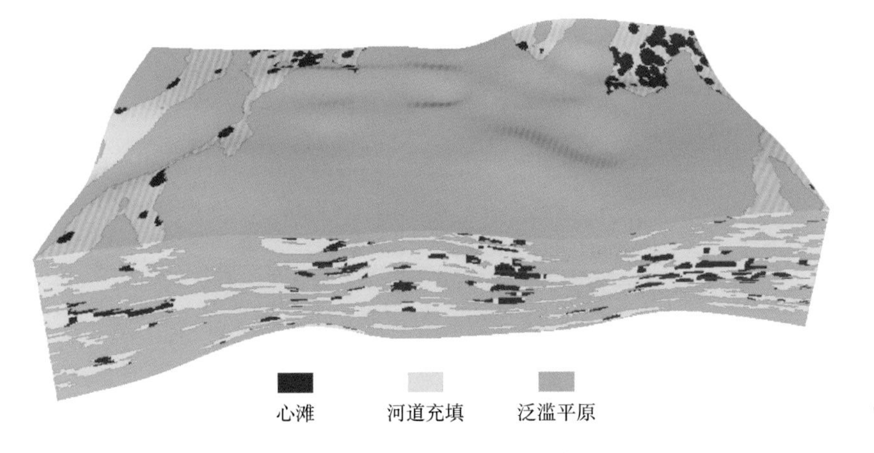

图 4-26　沉积微相模型

图 4-27 为两种方法建立的沉积微相模型的对比。受辫状河体系和岩相共同约束的沉积微相模型[图4-27（a）]与沉积微相平面图对应效果较好，心滩在局部区带分布集中，规模较大，而只受岩相控制的沉积微相模型[图4-27（b）]心滩在河道内以均一的概率、几乎均等的规模分布，不可避免地淡化了沉积相在空间展布固有的不均一性，效果不好。至于常规的不受岩相控制的沉积微相模型，其效果更差，这里不再赘述。

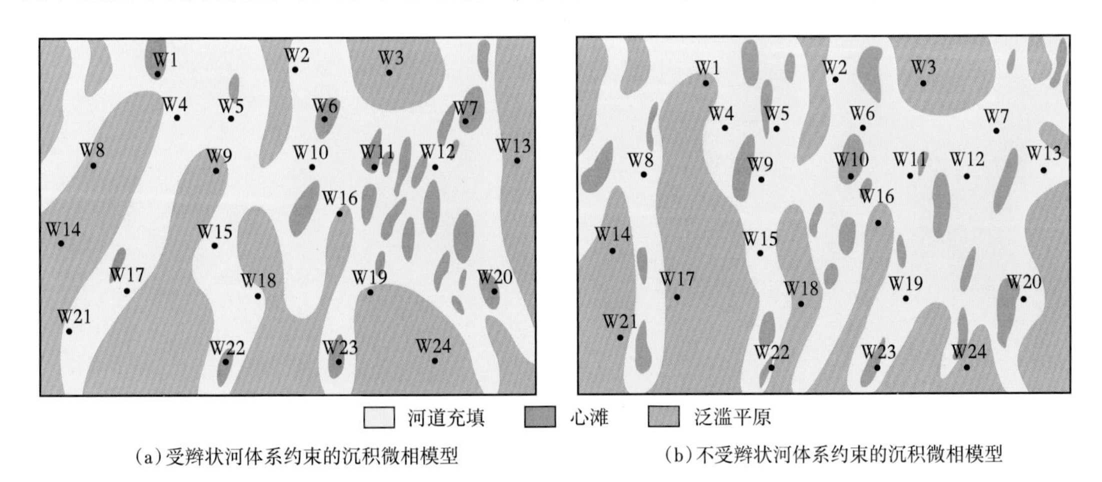

(a)受辫状河体系约束的沉积微相模型　　(b)不受辫状河体系约束的沉积微相模型

图 4-27　两种方法建立的沉积微相模型对比

第五节　储层参数模型

储层参数模型主要包括孔隙度、渗透率、含气饱和度等模型，模型的精确与否关系到有效砂体模型的可靠性和合理性。沉积微相对储层参数有较强的控制作用，心滩中下部和河道底部孔隙度、渗透率、饱和度相对较大，是天然气聚集的主要场所。

利用序贯高斯的球状模型，建立图 4-26 沉积微相控制下的储层参数模型(图 4-28)。

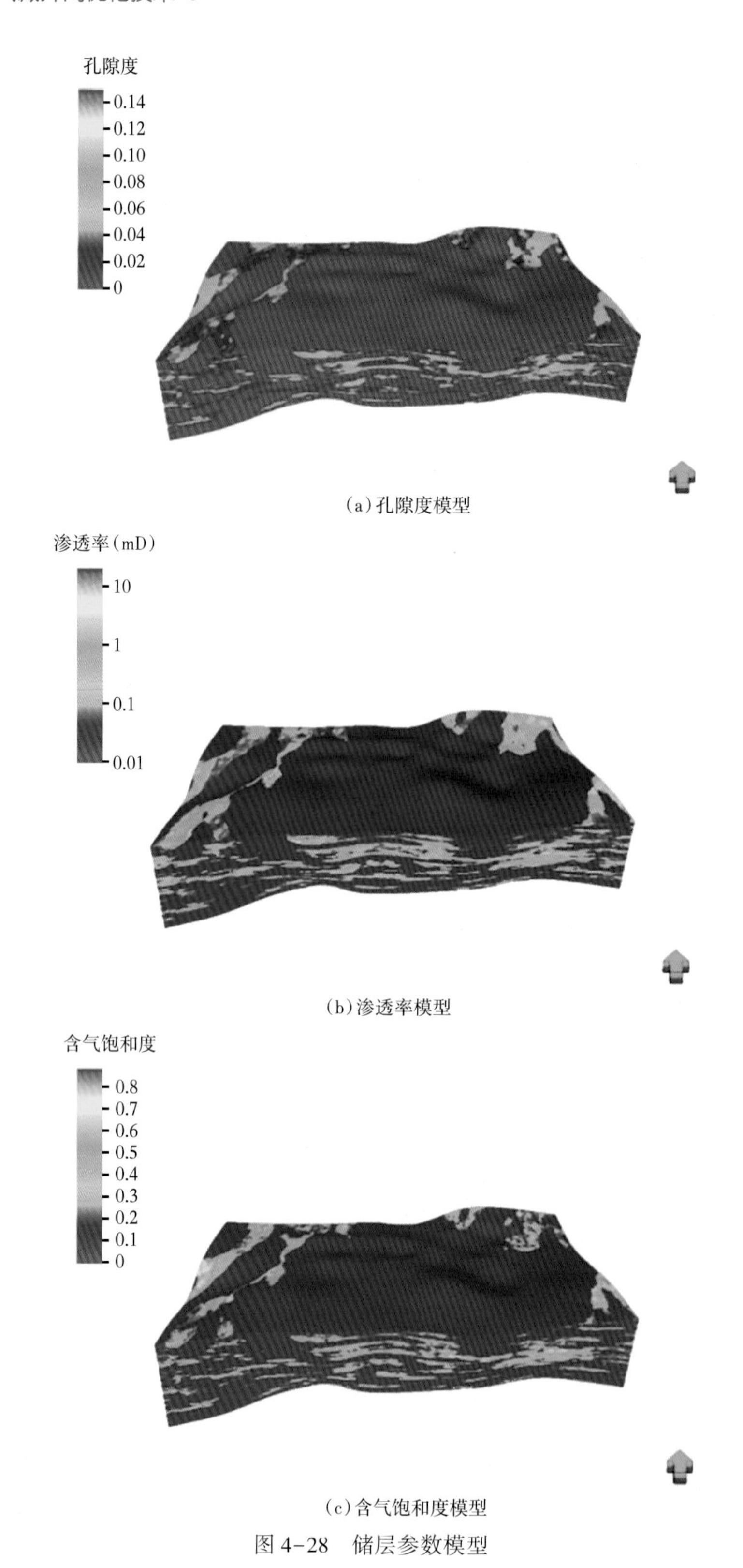

(a)孔隙度模型

(b)渗透率模型

(c)含气饱和度模型

图 4-28　储层参数模型

首先建立孔隙度模型，在建立渗透率、含气饱和度模型时，采用协同模拟，孔隙度作为第二变量，参与约束。序贯高斯模拟要求物性参数服从正态分布，因此建立储层参数模型之前，需要将物性参数进行统一的正态变换(渗透率非均质性较强，首先进行对数变换，再进行正态变换)，建立好模型后再进行反变换。

在建立好的储层三维地质模型内调节步长、间隔，可生成孔隙度、渗透率、饱和度三维栅状图(图4-29)，便于研究储层参数在空间的分布和连续性。

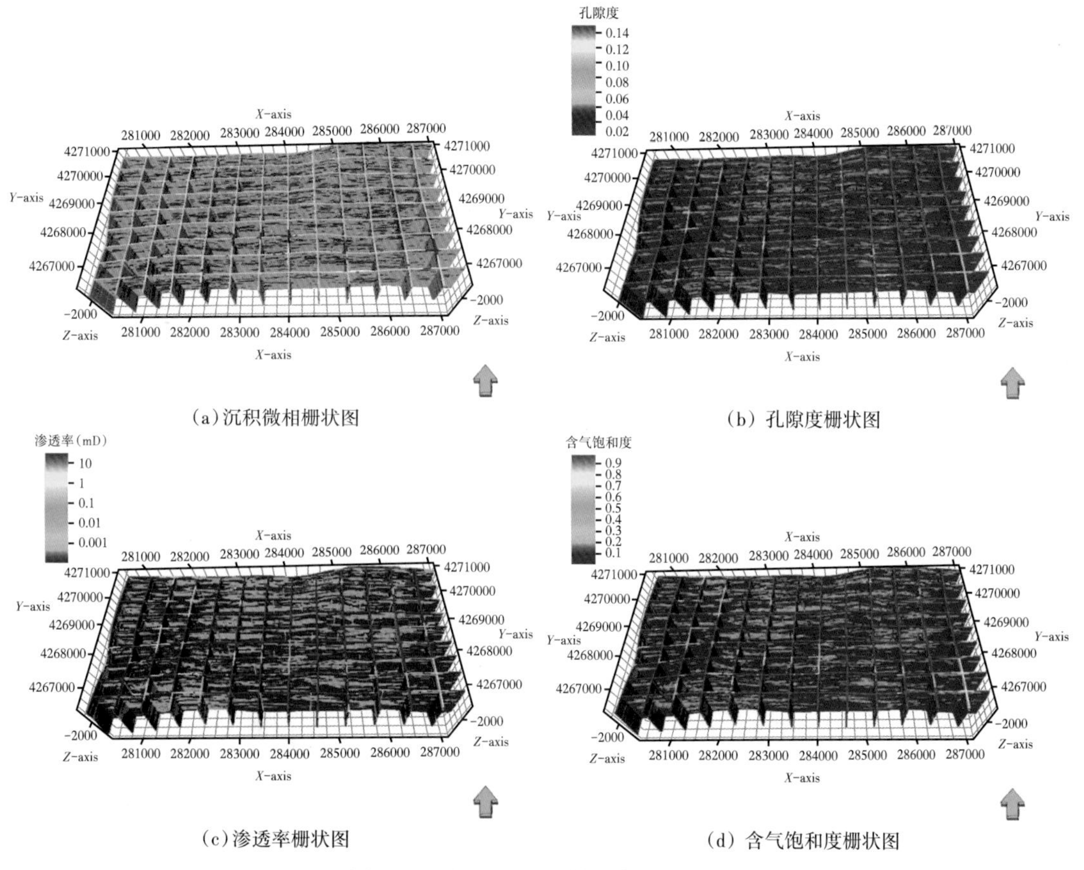

(a)沉积微相栅状图　(b)孔隙度栅状图

(c)渗透率栅状图　(d)含气饱和度栅状图

图4-29　沉积微相及储层参数栅状图

第六节　有效砂体模型

有效砂体在空间分布遵从一定的地质、统计规律，同时也受到沉积微相、储层参数的影响和控制。有效砂体相对于非有效砂体储层参数较大，在沉积和成岩双重控制下，气田有效砂体与心滩等沉积微相对应关系较好，经统计，研究区有80%以上的有效砂体分布在心滩中。分别以两种方法建立有效砂体模型：一是离散型建模方法，以井点处测井或试井证实的有效砂体为硬数据，根据有效砂体在空间的分布规律及统计特征(表4-5)，将有效砂体(气层、含气层)作为相属性进行模拟，非有效砂体作为背景相；二是连续性建模方法，以试井数据、试采数据为依据，给出有效砂体的储层参数下限值(孔隙度不小于5%，含气饱和度不小于45%)，针对孔隙度、渗透率、饱和度储层参数模型进行数据筛选，将满足要求的网格判断为有效砂体。

表4-5　有效砂体建模参数

小层	厚度(m)			宽度(m)			长度(m)		
	最小	平均	最大	最小	平均	最大	最小	平均	最大
$H8_1^1$	1.1	2.6	5.2	158	210	368	316	547	921
$H8_1^2$	1.1	3.0	7.2	177	236	413	354	614	1033
$H8_2^1$	0.9	2.8	6.7	170	227	398	341	591	994
$H8_2^2$	1.3	3.0	7.5	182	243	426	365	632	1064
S_1^1	0.8	2.4	4.3	142	190	332	284	493	830
S_1^2	0.9	2.5	5.2	151	201	351	301	522	879
S_1^3	0.7	2.2	4.1	130	173	302	259	449	756

对比两种方法建立的有效砂体模型，反复调试建模参数、修改两组模型，直至两者的符合率达到最高值。选取在两种建模方法下同属于有效砂体的模型网格，建立最终的有效砂体模型，再通过叠合之前建立的岩相模型，在三维空间内再现苏里格低渗透—致密砂岩气藏“砂包砂”二元结构(图4-30)。经统计，模拟的有效砂体占砂体的比例为28.42%，与地质特征吻合。通过软件的过滤功能，滤掉非有效的砂体和泥岩，在三维空间只显示有效砂体的分布(图4-31)，可以看出苏里格气田有效砂体在空间高度分散，多层段叠合后形成一定规模的富集区。

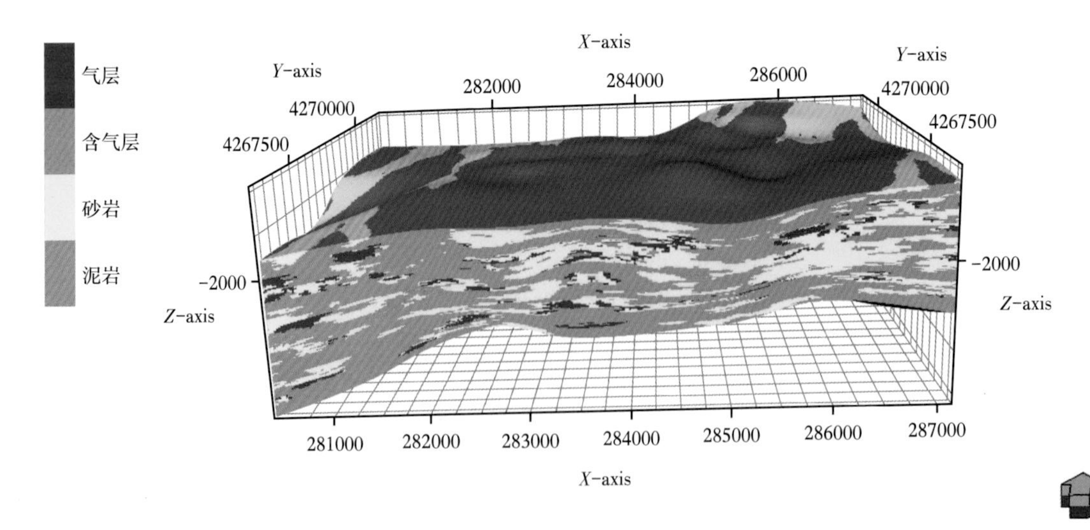

图4-30　有效砂体模型

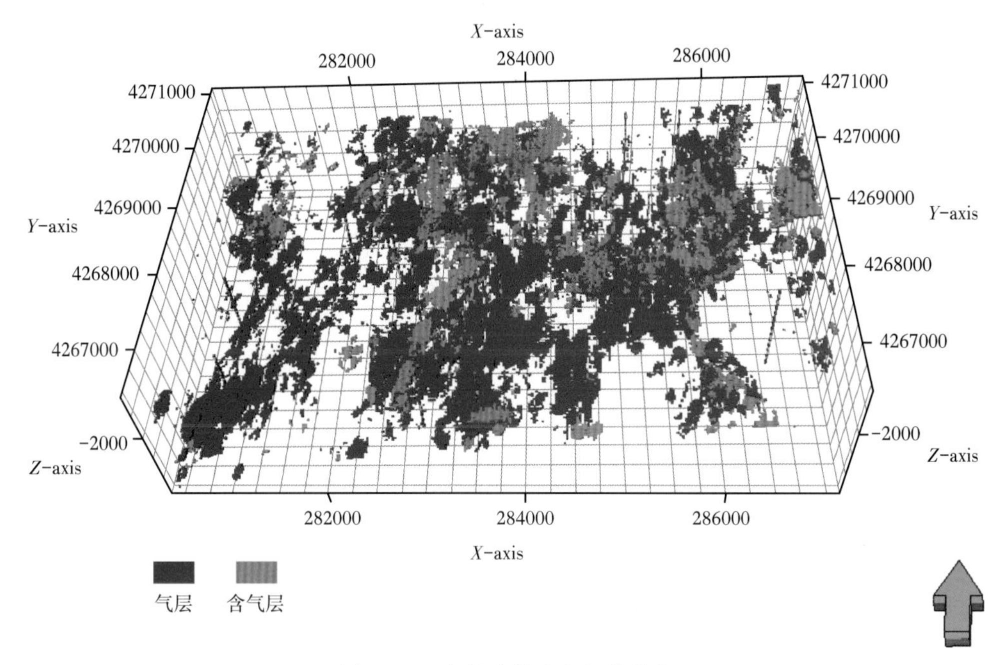

图 4-31　有效砂体在空间的分布

第七节　模型的检验

地下地质特征的认知程度、建模基础资料的应用效果、建模方法和算法选择的合理与否在很大程度上决定了地质建模的精度和准确性。从地质认识验证、井网抽稀检验、储层参数对比、储量计算、动态验证等方面检验建模效果。若模型效果好、精度高，则输出模型；若模型效果不好，则反复调试建模参数，重新建立模型，直至效果理想。值得一提的是，本研究的建模方法已在苏里格气田具体的开发区块得到了应用，在砂体预测及含气检测等方面取得了不错的效果。

一、地质认识验证

研究区盒 8 段下亚段 2 小层 S6 井区、S6-J16 井区砂体厚度大，储层质量好。通过对比，从地质模型导出的与手工绘制的砂体等厚图相似度较高，模型符合地质认识。在井点处，它们有较好的对应关系；在井间，三维岩相模型通过地震资料、砂体概率体和建模算法对砂体分布进行了合理的预测（图 4-32）。

二、井网抽稀检验

苏里格气田建模模拟区的井距为 400m×600m，将建模井网逐级抽稀，被抽掉的井作为检验井，不参与模拟，用剩余的井资料重新建立模型，分析井间砂体的正判率，检验模型的可靠程度。井间砂体的正判率，是对比模型中被抽掉井处的砂岩、泥岩分布与钻井实钻的砂岩、泥岩剖面的符合情况而得的。

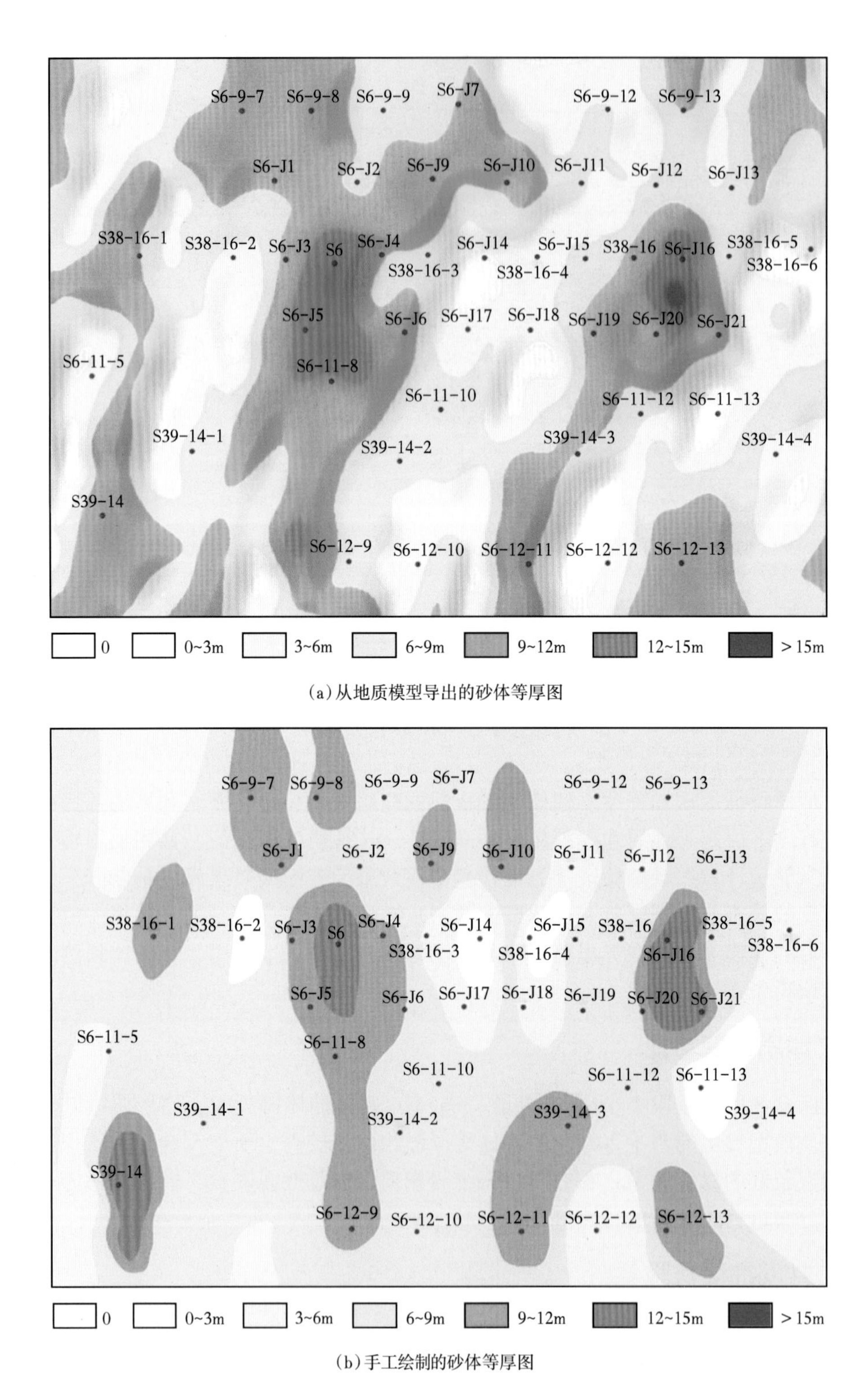

(a)从地质模型导出的砂体等厚图

(b)手工绘制的砂体等厚图

图 4-32　岩相模型与砂体等厚图对比

图 4-33 中，灰色区域代表地质模型中模拟的泥岩，黄色区域代表模拟的砂岩，井位处红色段为钻井证实砂岩，红色井名代表该井被抽稀，建模时未用到该井资料，蓝色井名代表在模拟时用到了该井资料。统计表明，随着井网井距的增大，井间砂体的正判率依次下降，抽稀到 1600m×2400m 时，多段砂岩出现判断错误，井间砂体正判率迅速下降，仅

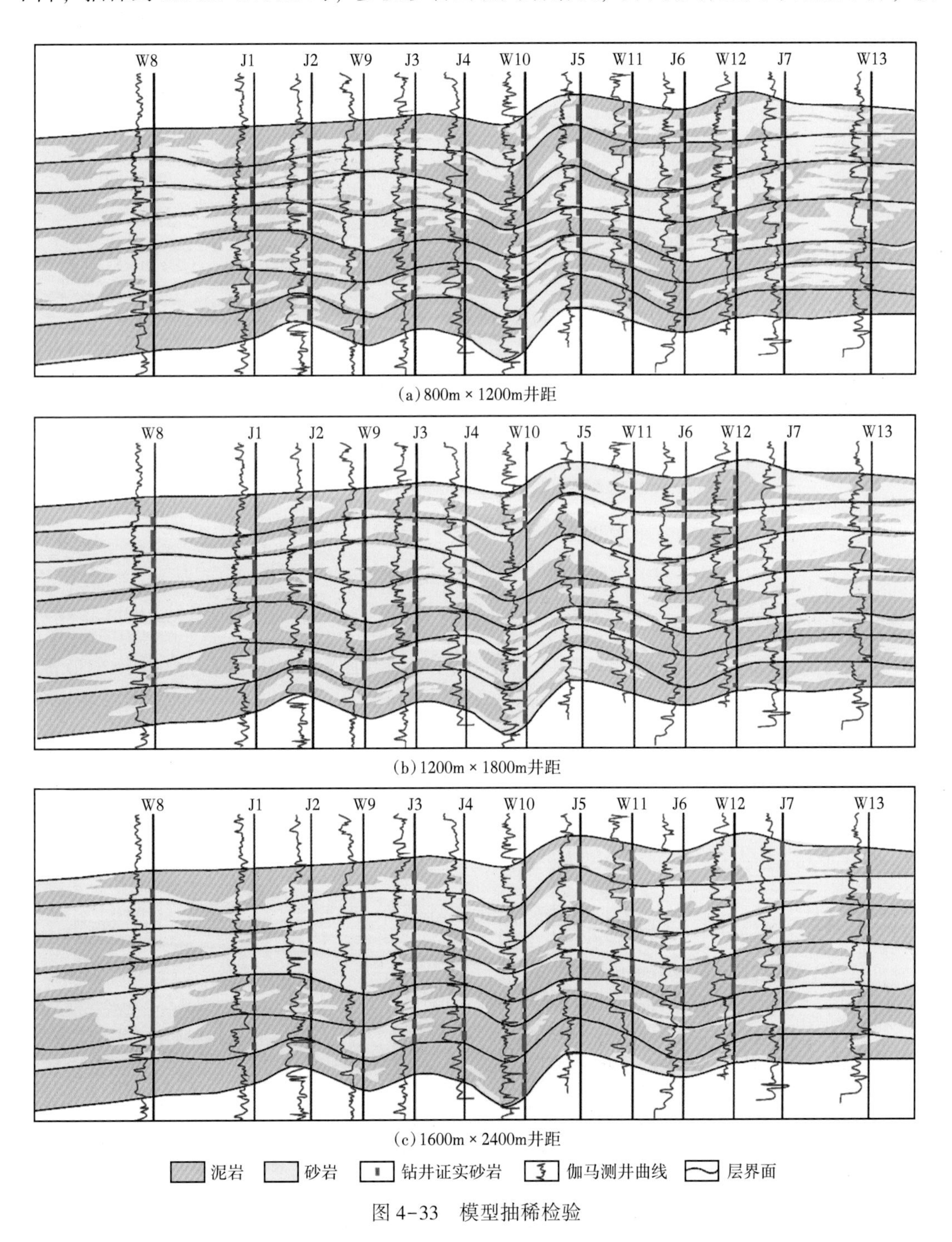

图 4-33 模型抽稀检验

略高于50%，这对砂岩、泥岩判断意义不大。经统计，800m×1200m、1200m×1800m、1600m×2400m井网下的井间砂体正判率分别为85.7%、72.7%、55.2%。模型对厚层砂体的预测性要明显好于薄层砂体。

一般认为，模型的精度在70%以上，模型是基本可靠的。经对比，认为本次岩相建模方法适用于1200m×1800m井网，而常规岩相建模方法仅适用于800m×1200m井网（图4-34），两者相比，本次建立的岩相模型精度得以较大程度地提高。

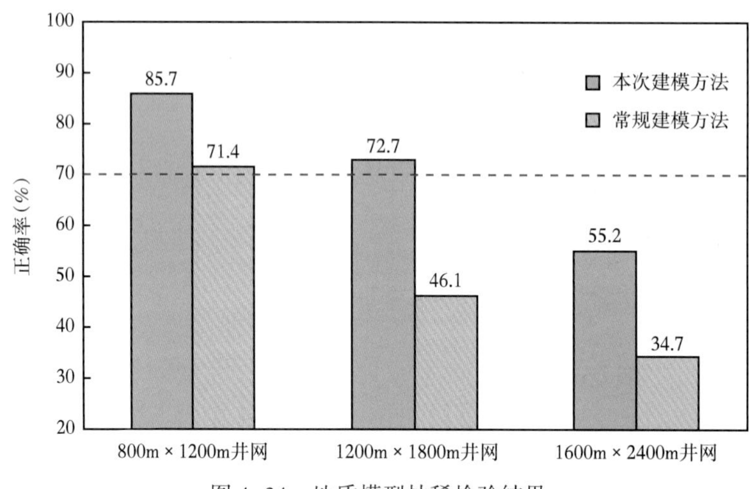

图4-34 地质模型抽稀检验结果

三、储层参数对比

通过对比储层参数的模拟结果、离散化数据与测井解释数据，认为三者分布范围接近，在同一区间的分布比例相差较小。孔隙度、渗透率、饱和度模型的参数分布符合研究区地质特征，说明本次建立的相控下属性模型准确度高，可靠性强。

模拟的储层孔隙度一般分布在2%~12%范围内，主要分布在4%~8%之间（图4-35），

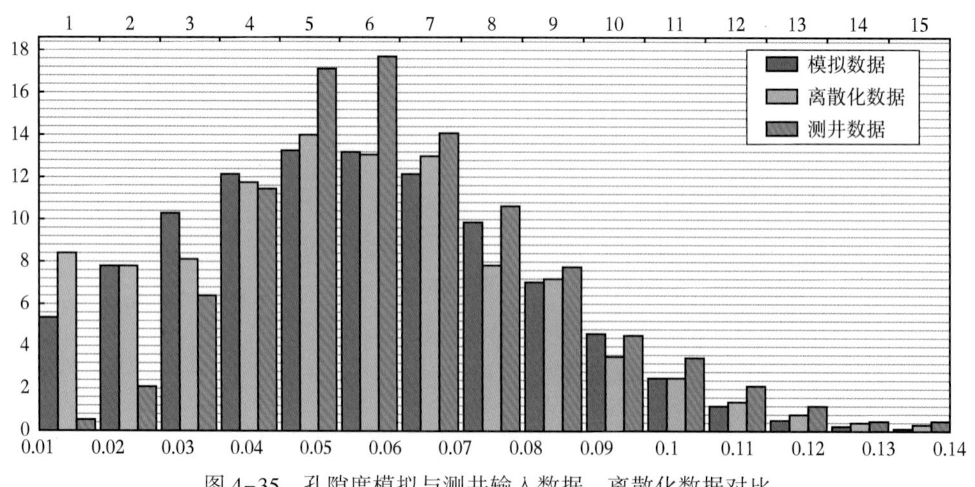

图4-35 孔隙度模拟与测井输入数据、离散化数据对比

渗透率分布范围为0.01~10mD，主要分布在0.01~1mD之间(图4-36)，含气饱和度主要分布在20%~70%之间，在20%~40%、50%~60%区间内显双峰(图4-37)。

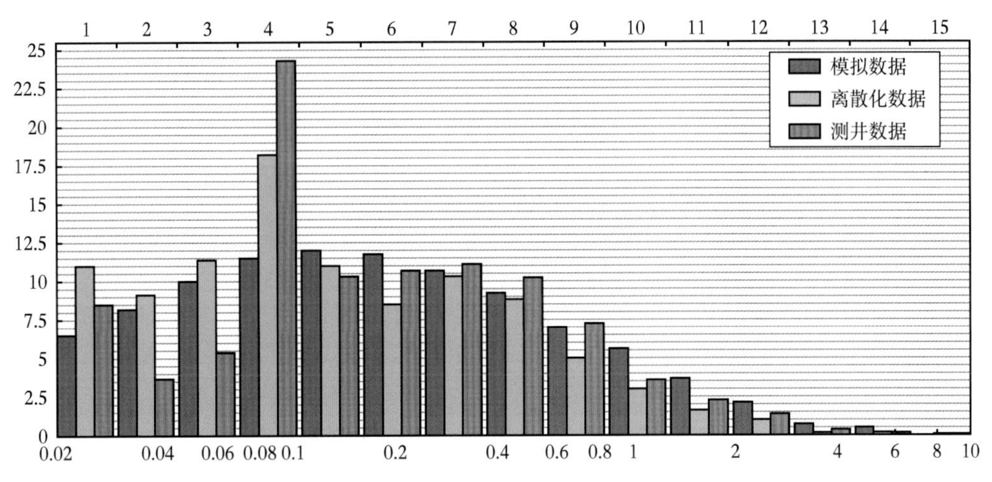

图4-36 渗透率模拟测井与输入数据、离散化数据对比

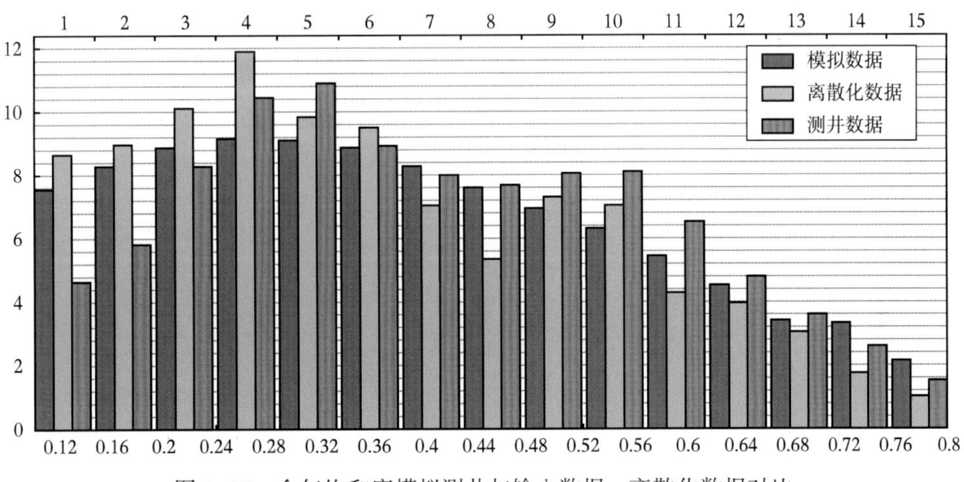

图4-37 含气饱和度模拟测井与输入数据、离散化数据对比

四、储量计算

储量的集中程度和规模大小是孔隙度、含气饱和度、净毛比等参数的综合表现，储量计算的准确与否可作为储层参数和有效砂体的检验标准。研究区密井网区是苏里格气田最有利的开发区块之一，探井资料表明储层丰度在$(1.3\sim1.5)\times10^8m^3/km^2$之间。经式(4-4)计算，本次建立的地质模型储量为$44.53\times10^8m^3$(表4-6)，其中盒8段下亚段2小层储量最高，盒8段上亚段2小层其次，盒8段储量富集程度好于山1段，区内平均储量丰度$1.362\times10^8m^3/km^2$，建立的地质模型与地质认识吻合，同时经动态资料证实，说明建立的地质模型可信度高。

$$G = V \times N \times \phi \times S_g / B_g \qquad (4-4)$$

式中 G——地质储量；

V——网格总体积；

N——净毛比；

ϕ——有效孔隙度；

S_g——含气饱和度；

B_g——气体体积压缩系数。

表 4-6 苏里格气田密井网建模区储量计算表

层位	网格体积（10^6m^3）	有效网格体积（10^6m^3）	有效孔隙体积（10^6m^3）	储量（10^8m^3）
$H8_1^1$	547	52	4	5.47
$H8_1^2$	498	86	7	9.86
$H8_2^1$	489	70	6	7.87
$H8_2^2$	500	92	8	10.34
S_1^1	493	30	2	3.56
S_1^2	454	40	3	4.38
S_1^3	513	28	2	3.05
总计	3494	398	31	44.53

五、动态验证

通过数值模拟手段检验地质模型精度。将地质模型网格粗化为 100m×100m×3m，对产量、井口压力等进行历史拟合，对比模拟预测动态与生产实际动态之间的差异，将模型进行相应的调整并分析拟合效果。经统计，研究区拟合误差小于 5%的井占总井数的 83.3%，说明地质模型的精度较高，可靠性较强（图 4-38 至图 4-41）。

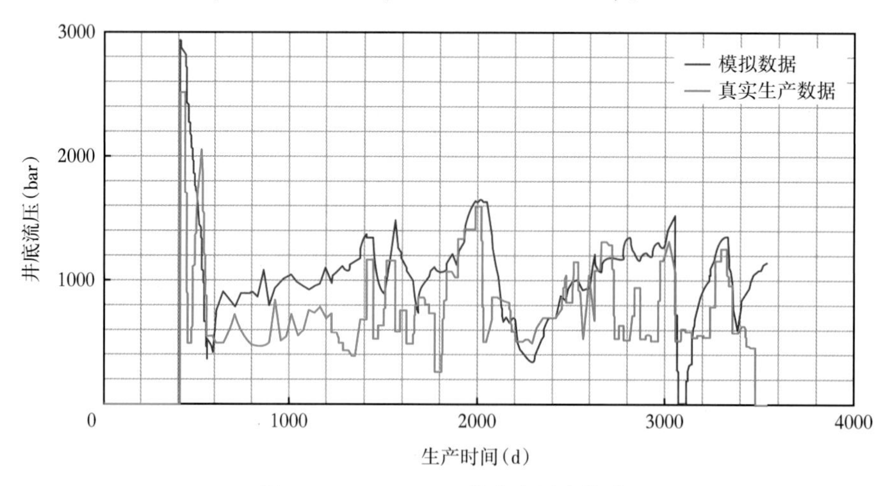

图 4-38 S38-16-1 井生产历史拟合

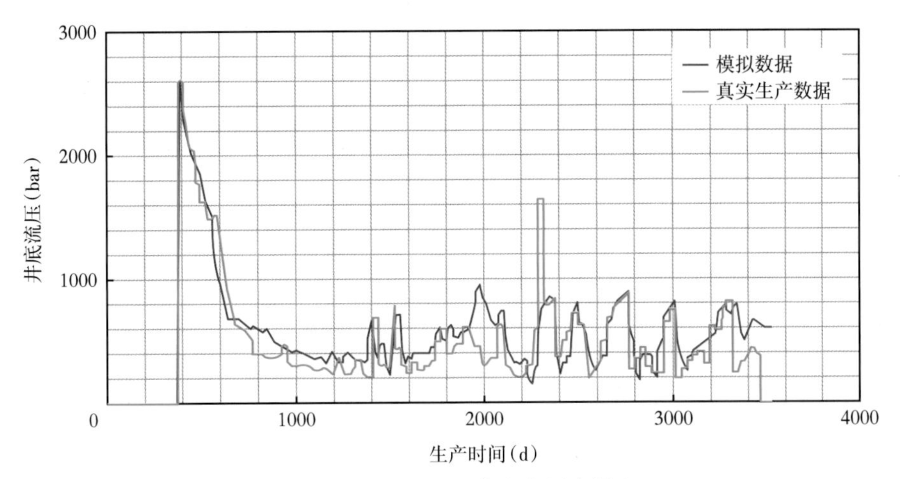

图 4-39　S38-16-2 井生产历史拟合

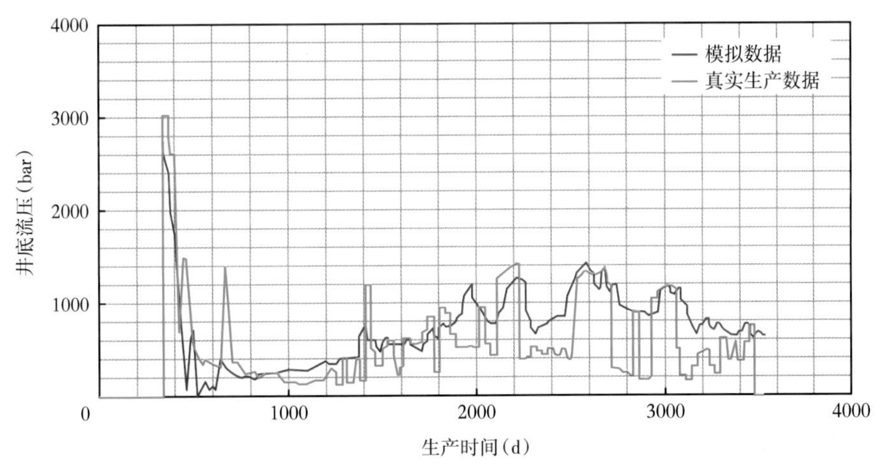

图 4-40　S38-16-3 井生产历史拟合

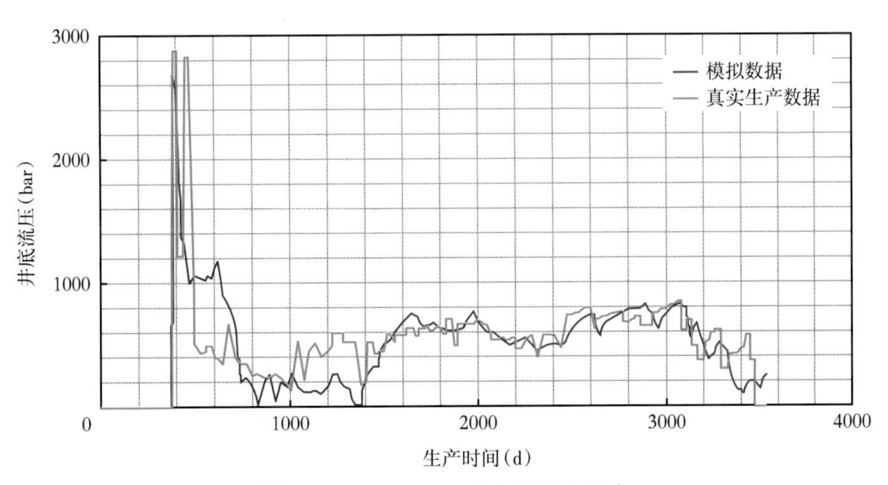

图 4-41　S38-16-4 井生产历史拟合

第五章　储量分类及剩余储量评价

第一节　储量综合分类

一、储量分类标准

针对苏里格气田开展地质与气藏工程研究，分析影响开发效果的关键地质参数，结合多个动(静)态参数，建立储量分类的多参数划分标准，对储量进行分类综合评价，为分类开展井网加密提供地质基础。

1. 储量丰度

较高的储量丰度是气井高产与区块效益开发的物质基础，气井产量与储量丰度有一定的正相关性，相关系数可达0.54(图5-1)。随着储量丰度的增加，高产量井比例逐渐增高(图5-2)。然而在较高的储量丰度条件下，仍然对应一定比例的低产井。在储量丰度大于2.5×$10^8m^3/km^2$ 区域范围内，依然有13%的井预测最终累计产量(EUR)小于1300×10^4m^3。

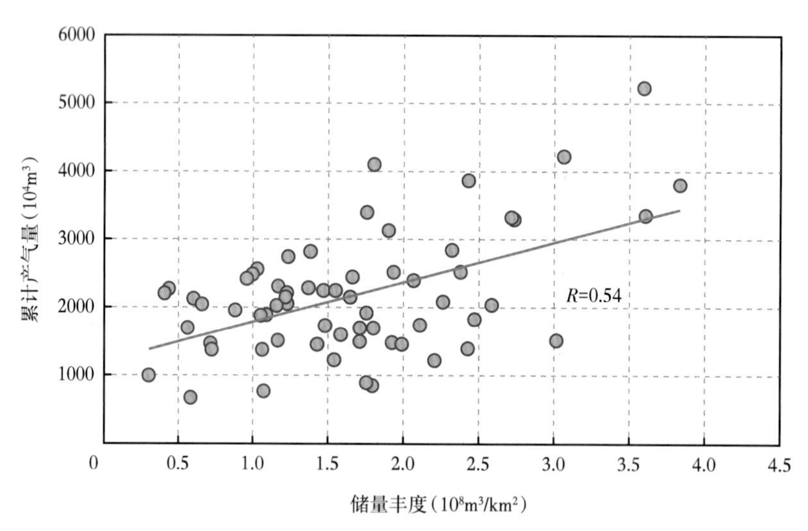

图5-1　单井累计产量与储量丰度关系

2. 储层结构

储层品质不仅与储量丰度、规模有关，还有储层结构的相关性较强。开发实践表明，对于钻遇累计有效砂体厚度相同的两口气井，单层厚度大、有效砂体发育个数少、储量集中度高的气井往往可获得更高的产量和更好的开发效果。例如S14-12-41井和S14-17-40井，两口井钻遇的累计有效砂体厚度相差不大，都为16~17m(表5-1)，但S14-12-41井单

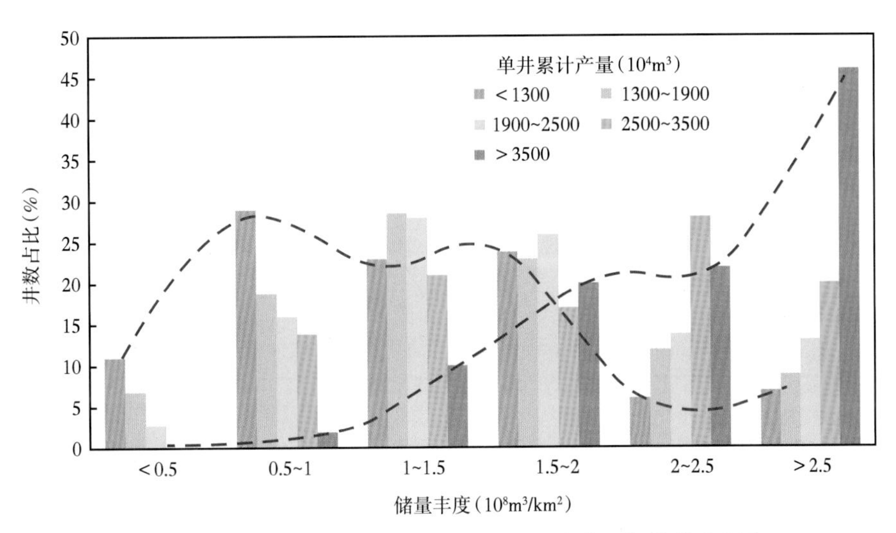

图 5-2　不同累计产量区间的井在各储量丰度区间的分布频率

层有效厚度较大，储层分布模式为块状厚层型，在孔隙度和含气饱和度略小于S14-17-40井的情况，累计产量达到 $4093\times10^4m^3$，远高于 S14-17-40 井的累计产气量。

表 5-1　典型井地质参数与开发动态对比表

井名	孔隙度(%)	含气饱和度(%)	单井累计有效厚度(m)	有效砂体平均厚度(m)	累计产量(10^4m^3)	储层分布模式
S14-12-41	7	56	16.4	4.5	4093	块状厚层型
S14-17-40	10	62	16.8	2.8	2151	孤立薄层型

这是因为，有效储层为地下三维地质体，具有一定的长宽比和宽厚比。单层厚度越大，则优质储层在平面的延伸规模越大，储层的连续性和连通性越好。若厚砂体厚度为薄砂体的两倍(图 5-3)，则它的体积($8\pi ab$)可达到薄砂体体积(πab)的 8(2^3)倍。假设有两口井，A 井钻遇了一个厚层，B 井钻遇了两个薄层，两井的累计有效厚度相等（都为 $2h$)，A 井所控制储层的延伸面积为 B 井的 4(2^2)倍。

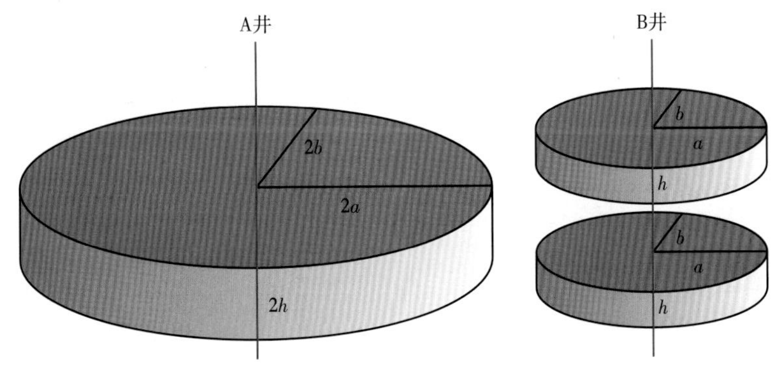

图 5-3　储层分布对储量影响模式图

a—有效砂体长轴半径；b—有效砂体短轴半径；h—有效砂体厚度

3. 气井产能

在开发中后期，动态资料较丰富，利用产量不稳定分析和生产曲线积分方法评价气井动态储量效果较好，继而结合气井开发废弃条件（日产气量小于 1000m^3），预测气井最终累计产量（EUR），在评价各井生产情况的基础上评价区块开发效果。

以单井 EUR 为核心指标，选取气井钻遇累计有效厚度、单层厚度、储量丰度、储量垂向集中程度、储层结构及气井 EUR 等多个动态参数和静态参数，针对气田可动用储量（储量丰度大于 $1\times10^8m^3/km^2$）建立分类标准（表 5-2）。

表 5-2 苏里格致密气田可动用储量分类评价标准

储量类型	有效厚度（m）	储量丰度（$10^8m^3/km^2$）	单层厚度（m）	储量集中度（%）	气井 EUR（10^4m^3）	储层结构
Ⅰ类储量	>15	>1.8	>3.5	>70	>3500	块状厚层
Ⅱ类储量	11~15	1.3~1.8	2.7~3.5	50~70	2500~3500	多期叠置
Ⅲ类储量	8~11	1.0~1.3	<2.7	<50	1400~2500	孤立分散

二、各类储量区特征

根据储量分类标准将气田可动用储量划分为三类（Ⅰ类、Ⅱ类、Ⅲ类）。从Ⅰ类储量区到Ⅱ类储量区再到Ⅲ类储量区，气井的累计有效厚度与单层有效厚度不断减薄，储量丰度逐步减小，储层品质趋于变差。三类储量区面积总计占气田面积的 58.4%，区内储量占气田总储量的 70.3%。

Ⅰ类储量区位于辫状河体系叠置带主体（图 5-4），是气田最优质的一类储量，储层厚度大、储量丰度高，井均累计有效厚度大于 15m，储量丰度大于 $1.8\times10^8m^3/km^2$，单层厚度大于 3.5m，储层连续性较强，盒 8 段下亚段储量集中程度大于 70%，储层结构为块状厚层，区内气井 EUR 大于 $3500\times10^4m^3$。据统计，Ⅰ类储量区面积约占气田面积的 5.6%，

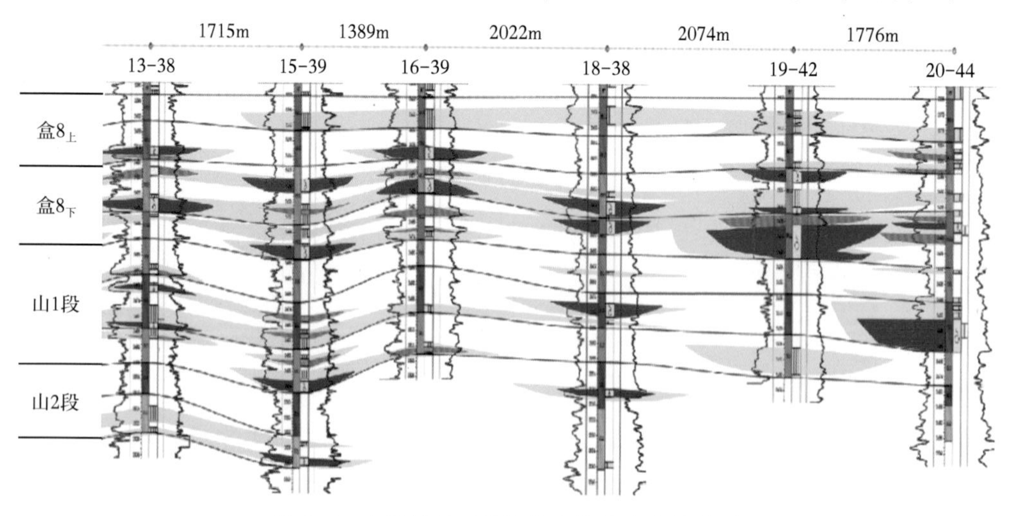

图 5-4 Ⅰ类储量区砂体及有效砂体连通剖面

约占气田储量的 10.8%。

Ⅱ类储量区位于辫状河体系叠置带边部，井均累计有效厚度 11~15m，储量丰度（1.3~1.8）$\times10^8m^3/km^2$，单层平均厚度 2.7~3.5m，储层具有一定的连续性，盒 8 段下亚段储量集中程度 50%~70%，储层结构为多期叠置型（图 5-5），区内气井 EUR 为（2500~3500）$\times10^4m^3$。Ⅱ类储量面积约占气田面积的 24.6%，区内储量约占气田储量的 31.2%。

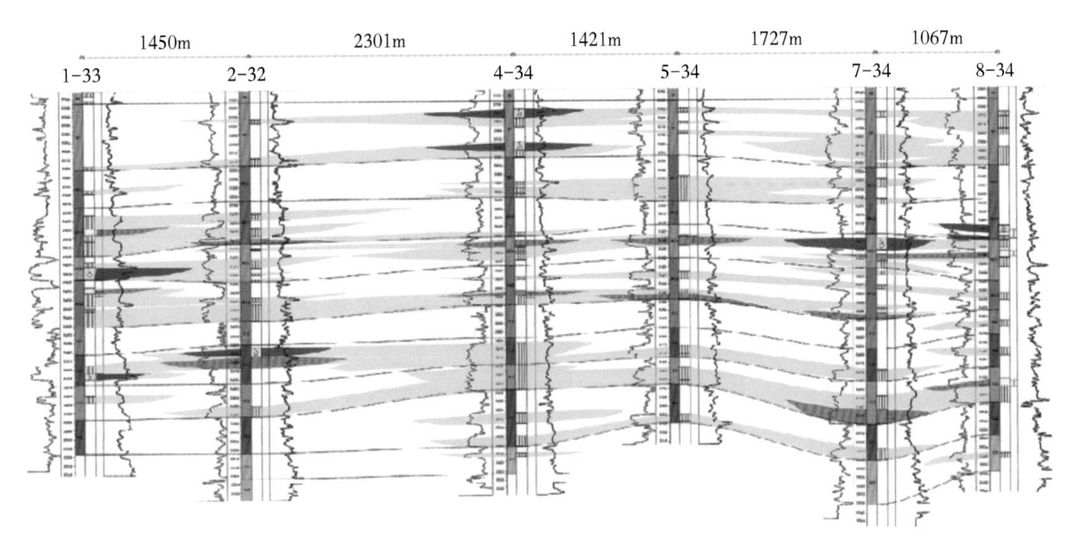

图 5-5　Ⅱ类储量区砂体及有效砂体连通剖面

Ⅲ类储量区主要位于辫状河体系过渡带，井均累计有效厚度 8~11m，储量丰度（1.0~1.3）$\times10^8m^3/km^2$，单层平均厚度小于 2.7m，储层连续性较差（图 5-6），盒 8 段下亚段储量集中程度小于 50%，储层结构为孤立分散型，区内气井 EUR 为（1400~2500）$\times10^4m^3$。Ⅲ类储量区面积约占气田面积的 27.5%，区内储量约占气田储量的 28.3%。

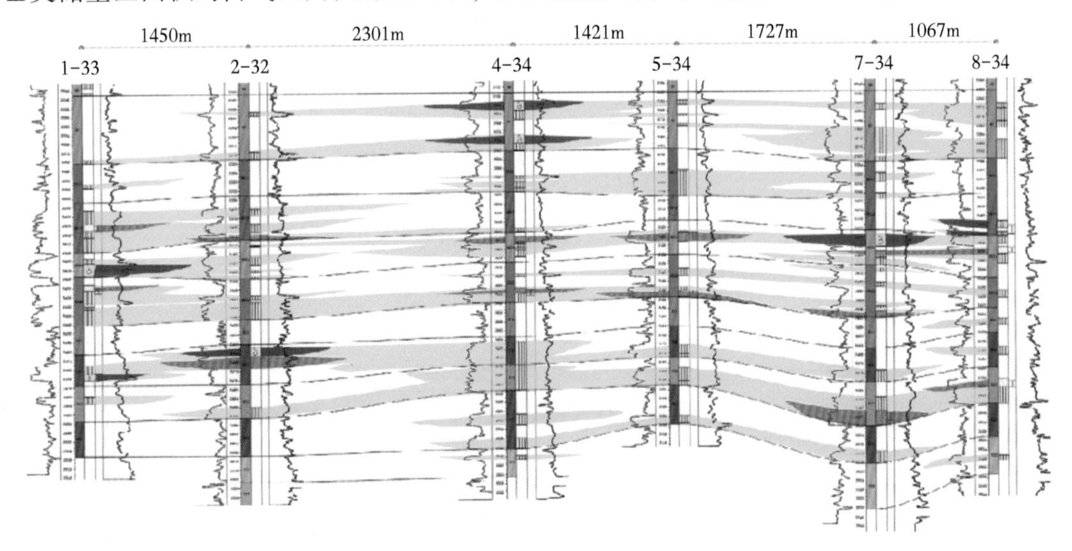

图 5-6　Ⅲ类储量区砂体及有效砂体连通剖面

此外，气田南区大部分区域由于储层致密、西区大部分区域及东区北部由于出水严重，气井产量较低，在目前条件下经济有效动用难度大；其面积合计占气田总面积的41.6%，区内储量占气田总储量的29.7%（图5-7）。

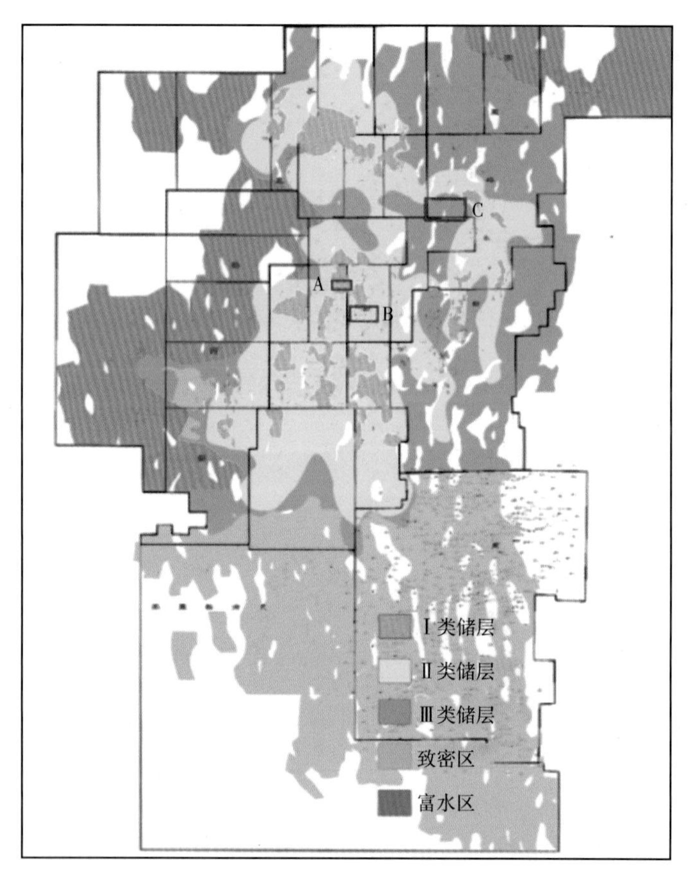

图5-7　苏里格气田各类储层分布图

第二节　剩余储量评价

一、剩余储量评价方法

致密气藏储层规模小、连通性差、储层非均质性强，投产井数多，开发井网差异大（直井井网主要有600m×800m、600m×600m、500m×650m三种类型，水平井井网主要为600m×1800m），各区块、各层段的储量动用程度差异大，剩余储量表征与挖潜难度大，需结合地质及动态资料分析，对剩余储量进行精细描述。

综合利用地质、地球物理、气藏工程等方法，提出致密气剩余储量表征“四步法”流程，从区块、井间、层位逐级描述剩余储量，采用数值模拟实现开发区块剩余储量分布的定量预测。（1）通过动静储量比评价剩余储量富集区块；（2）通过地球物理分频反演技术预测井间剩余储量分布；(3)选取储层厚度、渗透率等参数，结合产能分层测试，开展分层拟合，评价单层储量动用程度；(4)利用数值模拟方法实现区块剩余储量分布的定量评价。

二、剩余储量类型

从原始地质储量和剩余储量的平面、剖面对比来看，剩余储量的分布主要有三种模式：平面上井网完善型、砂体内阻流带约束型、射孔不完善型(图 5-8)，它们分别占剩余储量的 82%、10%和 8%。

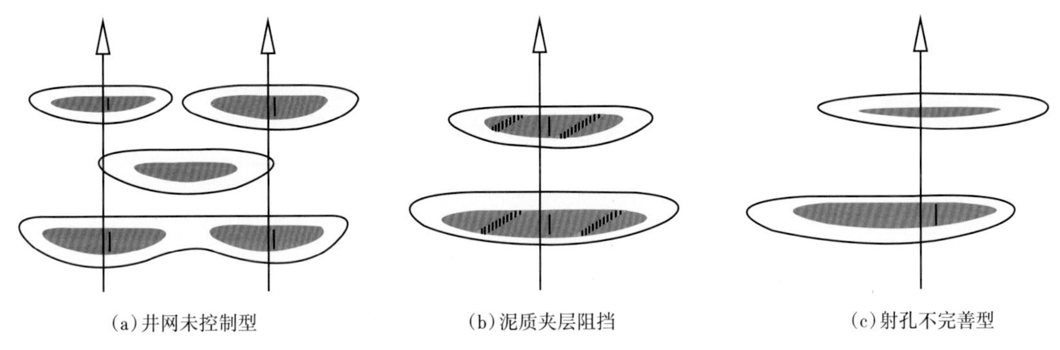

图 5-8　剩余储量的三种主要类型

1. 平面上井网未控制型

平面上井网完全控制砂体导致地质储量未动用(图 5-9、图 5-10)，是剩余储量的主要分布类型，主要通过完善井网和井网加密方式进行储量挖潜。剩余储量的平面分布受储层品质和井网的共同影响，地质储量丰度大的区域，剩余储量较多。

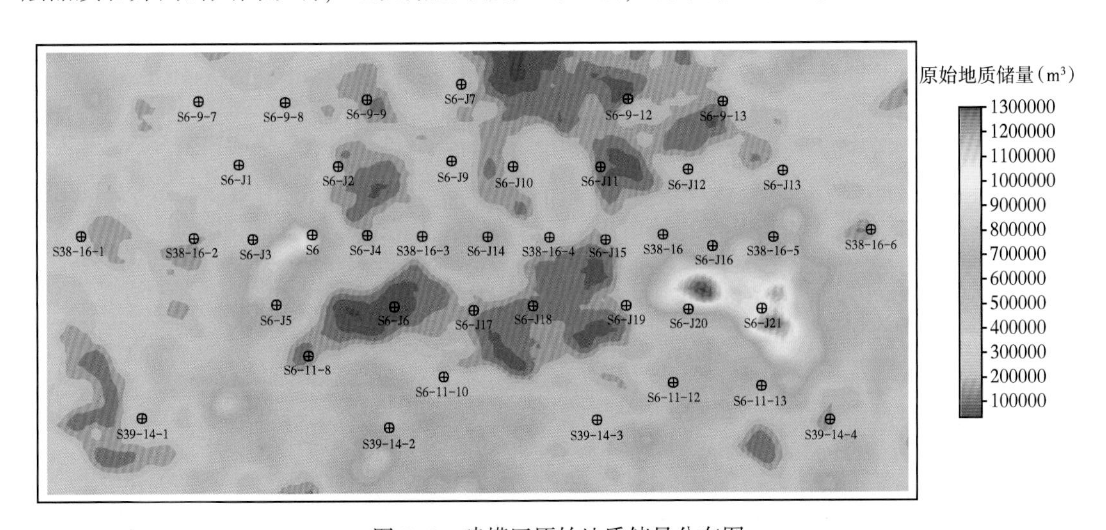

图 5-9　建模区原始地质储量分布图

2. 砂体内阻流带约束型

同一有效砂体，由于内部存在阻流带导致砂体内部储量不能全部动用(图 5-11、图5-12)，主要通过井网加密或水平井侧钻进行储量挖潜。

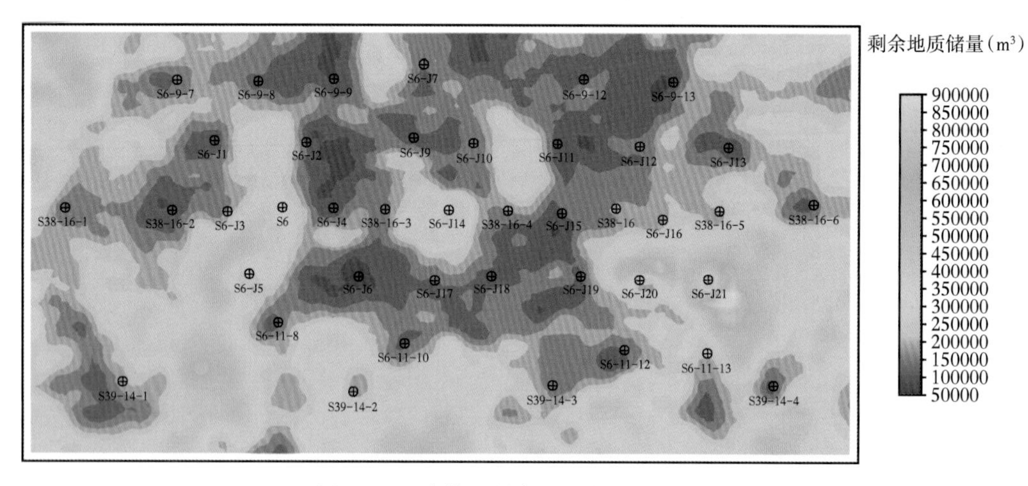

图 5-10　建模区剩余地质储量分布图

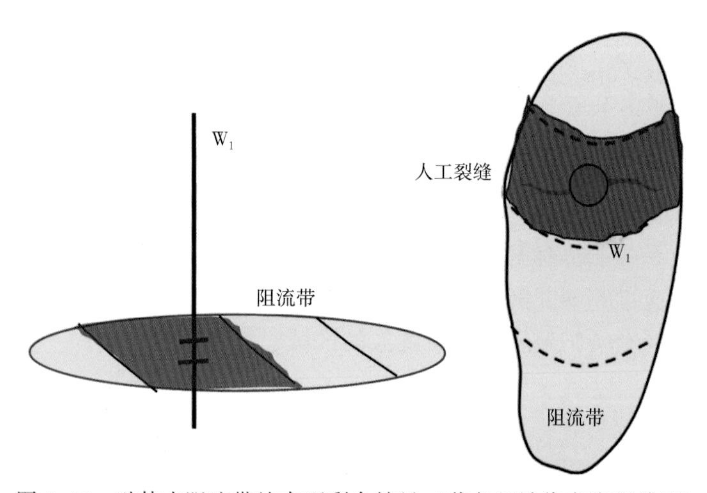

图 5-11　砂体内阻流带约束型剩余储量（紫色区域代表渗流单元）

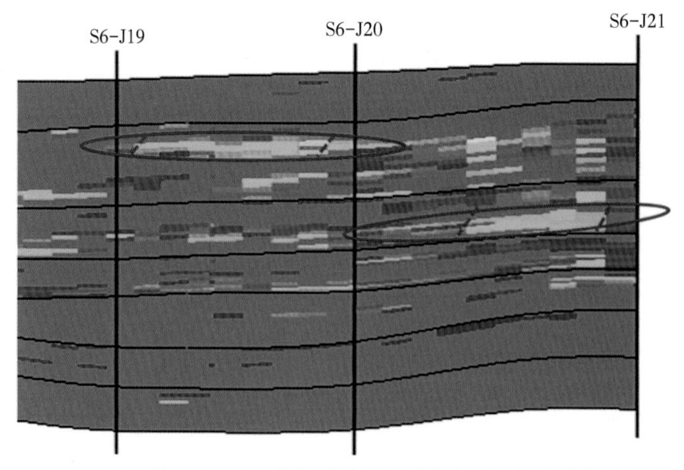

图 5-12　S6-J19 井—S6-J21 井间剩余储量剖面（红色虚线代表阻流带）

3. 射孔不完善型

部分层段由于储层品质差(薄层、差气层),垂向上射孔不完善(图 5-13),造成垂向上部分储量未动用(图 5-14),可通过补充射孔—压裂方式或井网加密方式进行储量挖潜。

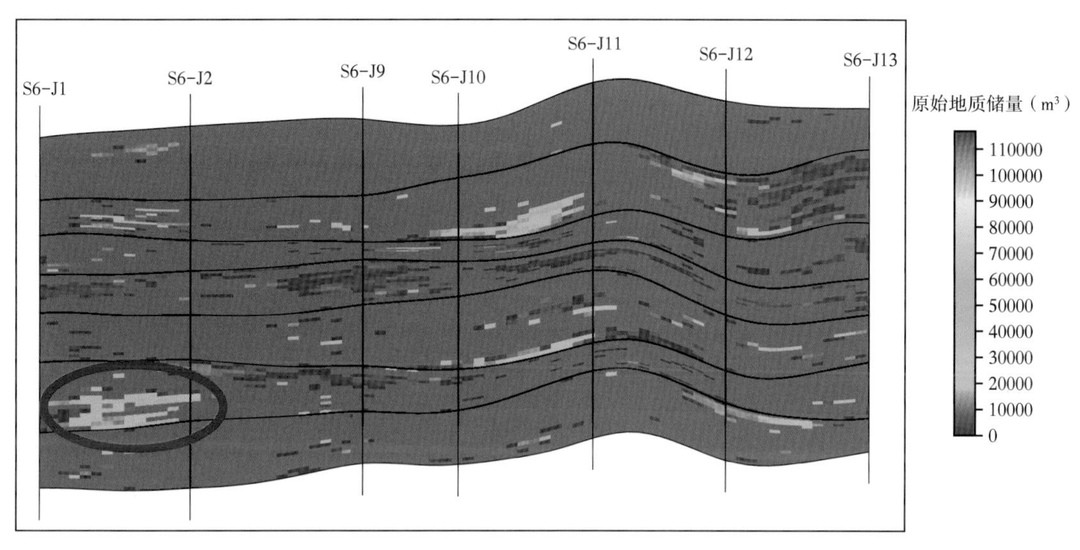

图 5-13 S6-J1 井—S6-J13 井原始地质储量剖面

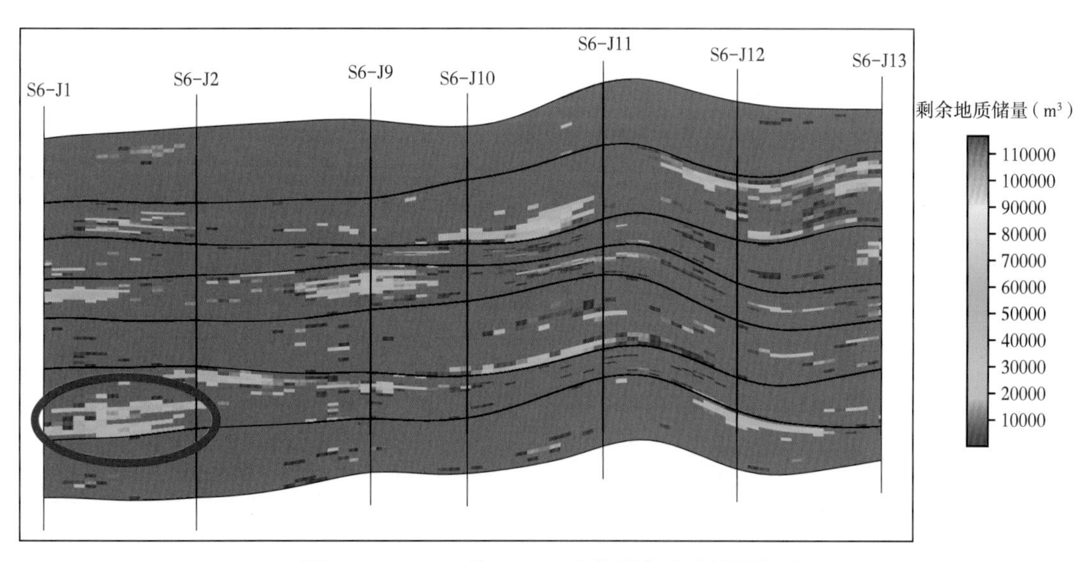

图 5-14 S6-J1 井—S6-J13 井剩余地质储量剖面

三、剩余储量成因分析

储层的强非均质性是造成储量动用程度较低的主要原因。

1. 垂向非均质性

垂向非均质性是造成射孔不完善的主要原因。

苏里格气田有效砂体厚度薄,平均值为 1~5m,呈多层状发育(图 5-15),盒 8 段—

山 1 段 90m 地层发育 6~8 套砂岩，一定范围内砂岩间有较稳定的泥岩隔层，部分薄层未射孔，造成部分储量剩余。

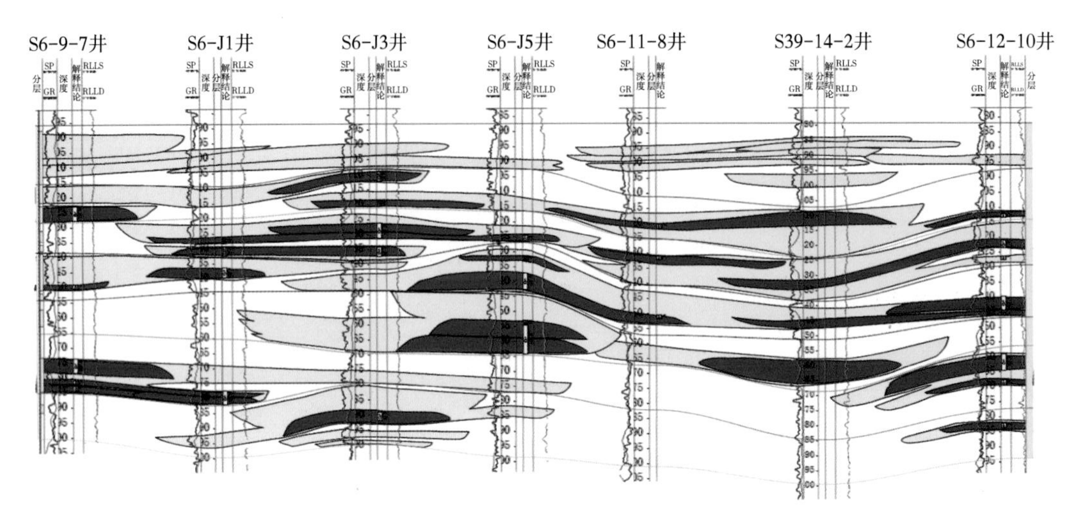

图 5-15　S6-9-7 井—S6-12-10 井砂体、有效砂体连井剖面

2. 平面非均质性影响

平面非均质性是造成井网不完善的主要原因。

(1) 有效砂体规模小，长度一般分布在 400~700m 之间，宽度一般分布在 200~500m 之间，在平面上分布分散，以孤立型分布为主（图 5-16），在现有的 600m×800m 井网下仍

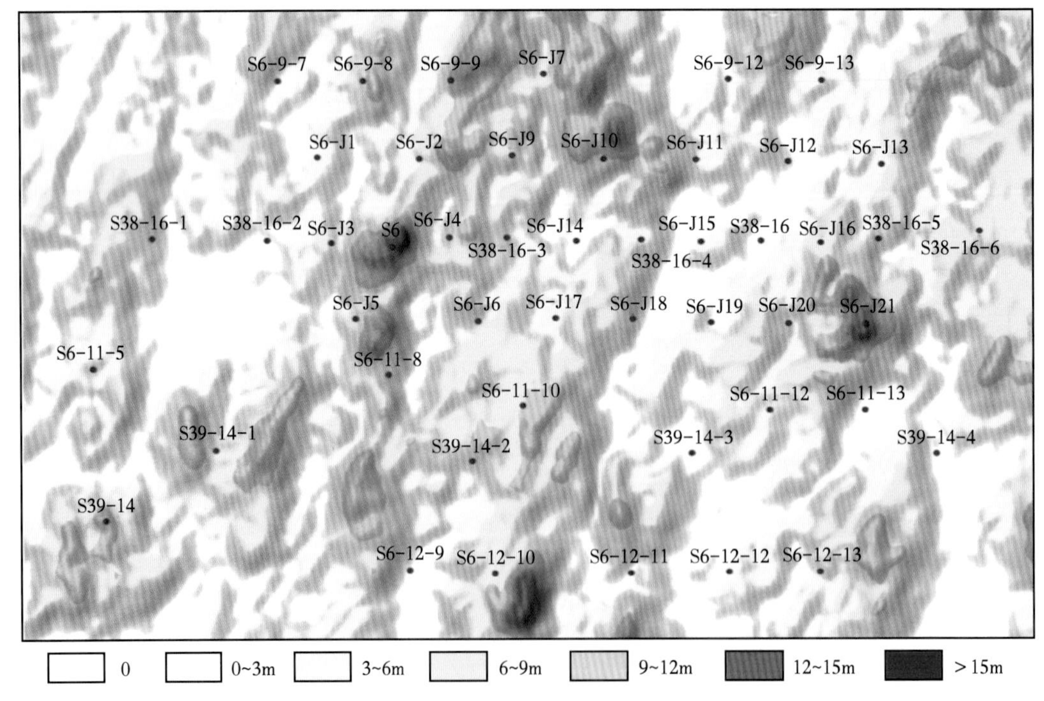

图 5-16　苏 6 加密区盒 8 段下亚段砂体等厚图

有部分小砂体未动用。

(2)阻流带的存在导致有效砂体内部储量动用不完善，水平井剖面揭示，有效砂体内存在非渗透性的“阻流带”。

SP14-7-41H2 井水平段长度 1268m，砂岩长度 1082m，有效砂岩长度 672m，有效储层钻遇率 52.8%，该井水力喷射分段压裂 7 段，试气无阻流量 $113.4\times10^4m^3$，日均产气量 $8.1\times10^4m^3$。从随钻测试的水平段 GR 曲线和 AC 曲线形态可以看出，钻遇的有效砂体内或有效砂体间存在非渗透性的“阻流带”（图 5-17），造成有效砂体内部储量动用不完善。

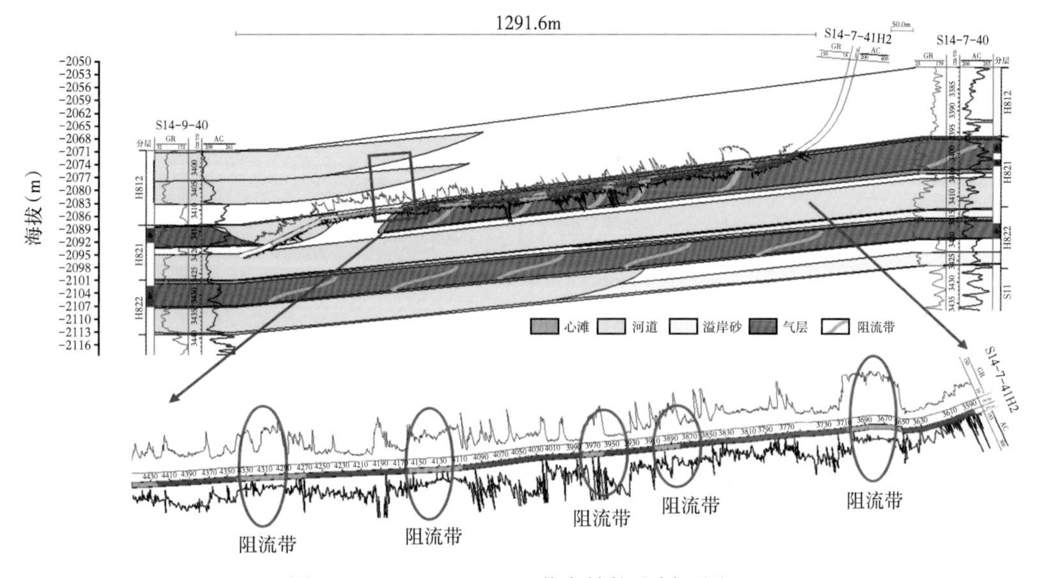

图 5-17 SP14-7-41H2 井实钻轨迹剖面图

第六章　密井网试验区开发评价

鉴于井网未控制型剩余储量占剩余储量的80%以上，井网加密优化是致密气提高储量程度及采收率的重要技术手段。苏里格气田在苏36-11、苏10、苏6及苏东27-36等区块设立了密井网试验区，它们地质条件不同，井网密度不等，开发效果各异，为开展井网优化调整研究提供了宝贵的资料。

第一节　气田井网优化历程

苏里格在开发历程中，经过三轮次井网试验。

一、开发评价阶段，确定600m×1200m早期井网

2003年建立苏6先导性试验区，在原有探井和评价井间部署12口加密试验井，形成井距分别为800m、1600m的2个密井排(图6-1)，钻遇28个含气砂体(图6-2)，其中21个含气砂体宽度小于800m，占比75%。结合地质研究，试井分析、数值模拟等技术手段，确定600m×1200m开发井网，完成苏里格中区$50\times10^8m^3$开发规划，采收率19%。

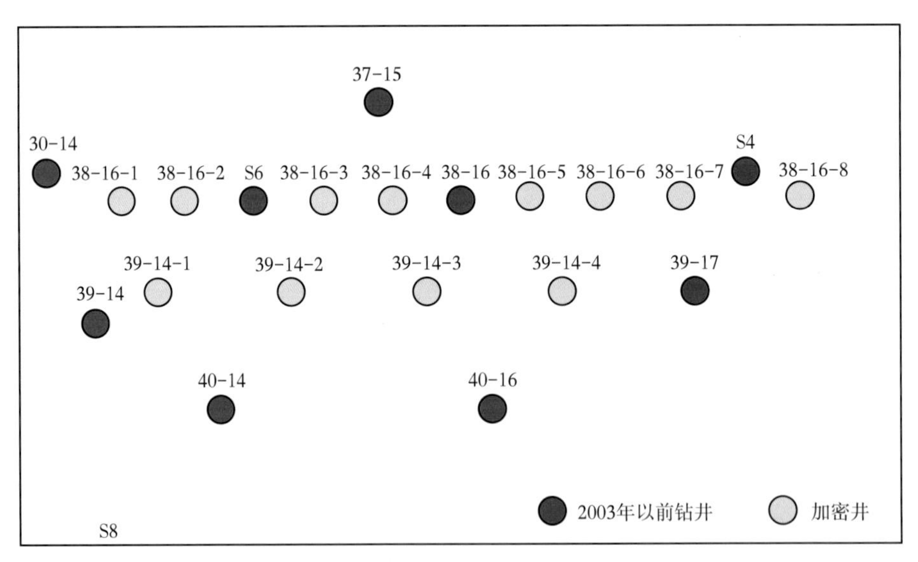

图6-1　气田早期加密井部署图

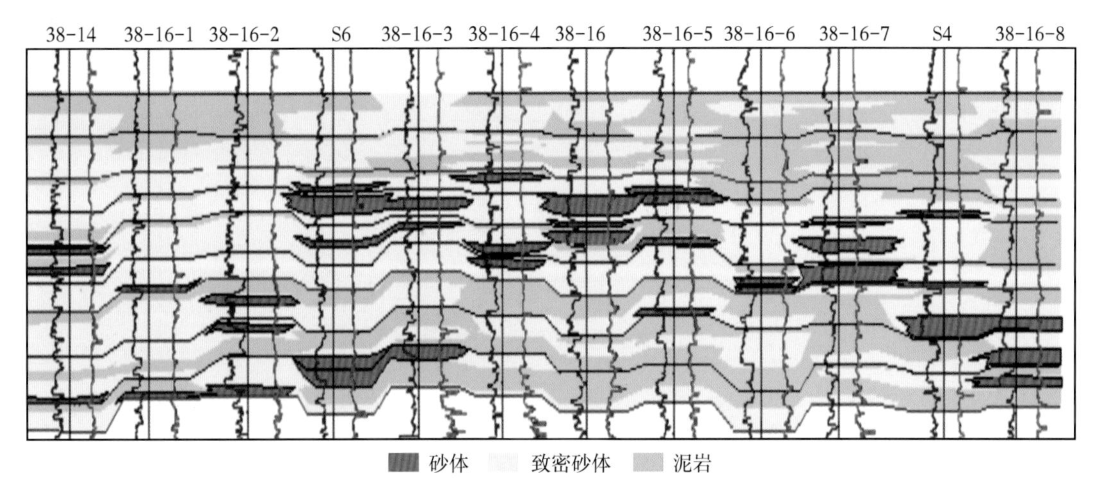

图 6-2　气田早期加密解剖井储层对比剖面

二、建产期形成 600m×800m 基础井网

建产期基于苏 6 和苏 14 两个加密试验区，形成 600m×800m 基础井网，编制气田 100×10^8m^3 开发规划，采收率提升到 30% 以上。其中，苏 6 加密试验区在原有 8 口完钻井井间部署加密井 6 口（S6-J1 井—S6-J6 井），形成（400～600）m×（600～800）m 试验井网；苏 14 加密试验区部署试验井 12 口，开展变井距（300m、400m、500m、600m），变排距（600m、800m）井网试验。

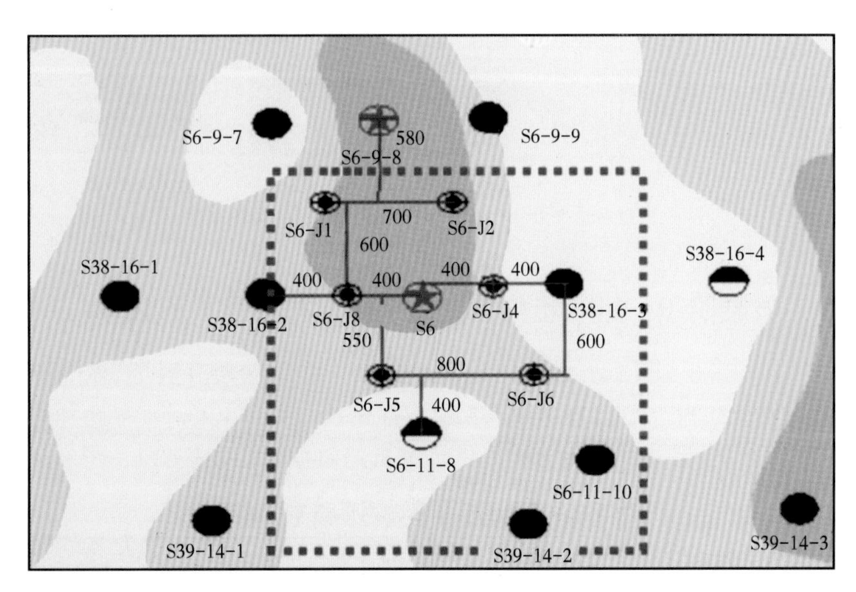

图 6-3　建产期苏 6 区块加密试验部署图

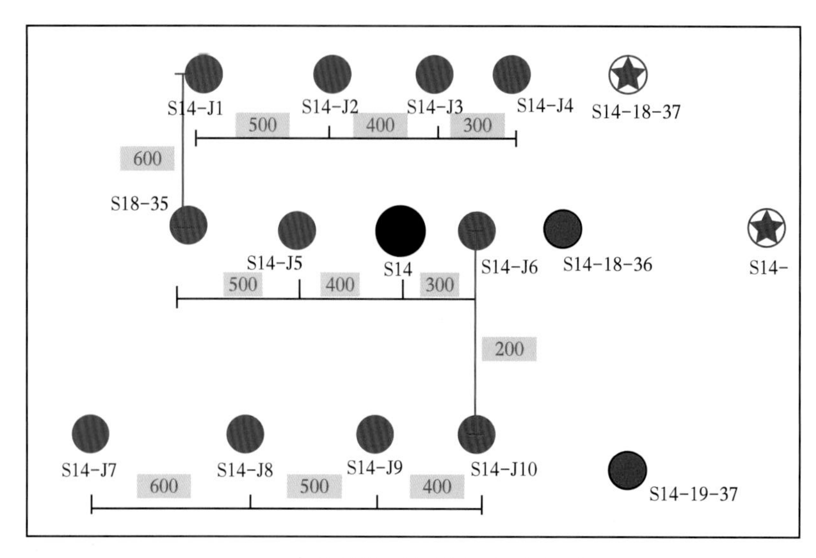

图 6-4　建产期苏 14 区块加密试验部署图

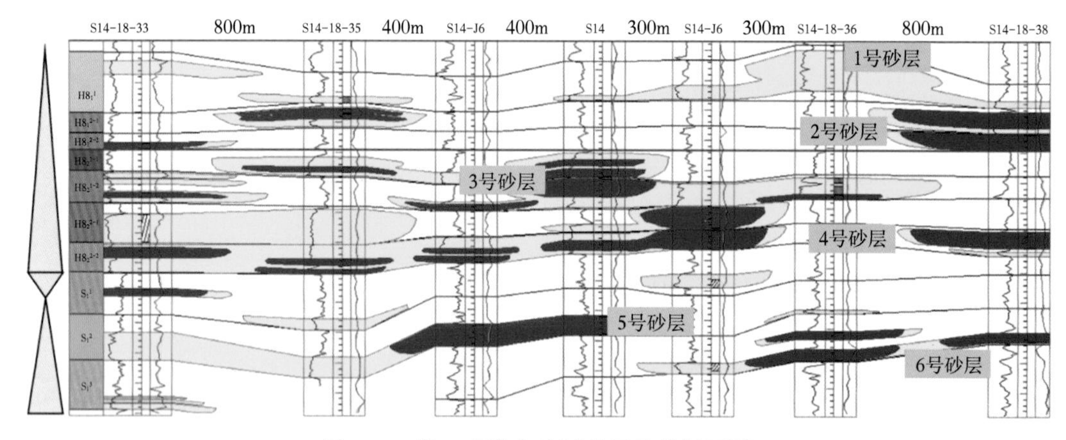

图 6-5　苏 14 区块加密试验区连井剖面图

三、稳定发展阶段，进一步扩大试验范围，开展密井网试验

2008 年以来，苏 6、苏 14、苏 36-11、苏东 27-36 等区块开展了 10 个密井网区的开发试验，储量丰度$(0.96\sim2.08)\times10^8m^3/km^2$，井密度 2～5 口$/km^2$，井距 400～700m，排距 500～800m，为开发展井网优化分析提供了宝贵的数据基础(表 6-1，图 6-6)。

表 6-1　苏里格气田密井网区基本情况表

试验区块	储量丰度 ($10^8m^3/km^2$)	储量区	面积 (km^2)	井数 (口)	井密度 (口/km^2)	井排距 (m×m)
苏 36-11 试验区	2.08	极好富集区	2.60	13	5.0	400×500
苏 14 试验区	1.62	富集区	7.08	20	2.8	500×700

续表

试验区块	储量丰度 ($10^8m^3/km^2$)	储量区	面积 (km^2)	井数 (口)	井密度 (口/km^2)	井排距 (m×m)
苏 10 密井网区	1.56	富集区	35.00	96	2.9	600×600
苏 6 试验区	1.43	富集区	7.30	24	3.7	450×600
苏 14 三维区 A	1.05	低丰度Ⅰ类	3.30	11	3.3	500×600
苏 14 三维区 B	1.08	低丰度Ⅰ类	2.80	8	2.9	500×700
苏 14 三维区 C	0.96	低丰度Ⅰ类	2.90	7	2.4	600×700
苏 14 三维区 D	1.07	低丰度Ⅰ类	2.80	7	2.5	500×700
苏 14 三维区 E	1.86	富集区	3.60	8	2.2	650×700
苏东 27-36 区	1.26	低丰度Ⅰ类	54.00	156	2.9	500×650

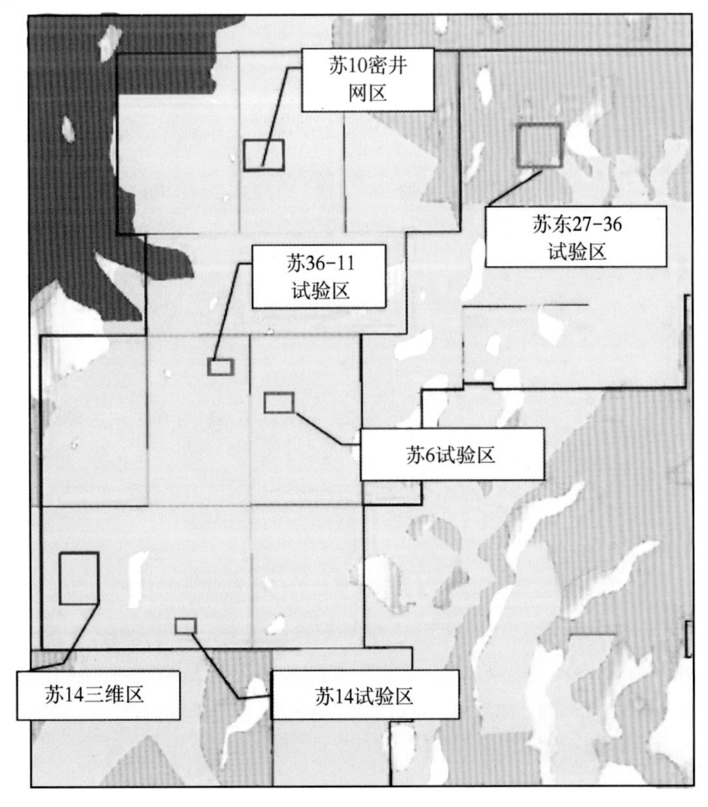

图 6-6 苏里格气田密井网试验区分布图

第二节　密井网区地质条件及生产特征

一、苏 36-11 一期试验区

苏 36-11 试验区面积 12km²，平均储量丰度 $1.66\times10^8m^3/km^2$，分别在 2012 年、2015 年进行了两次加密，气井共 46 口。两期试验区的地质条件、井网密度、开发效果具有一定的差异。一期试验区面积 2.6km²（图 6-7 中红色梯形），储量丰度 $2.08\times10^8m^3/km^2$，区内井 13 口（5 口骨架井和 8 口加密井），井排距为 400m×500m，井密度为 5 口/km²。

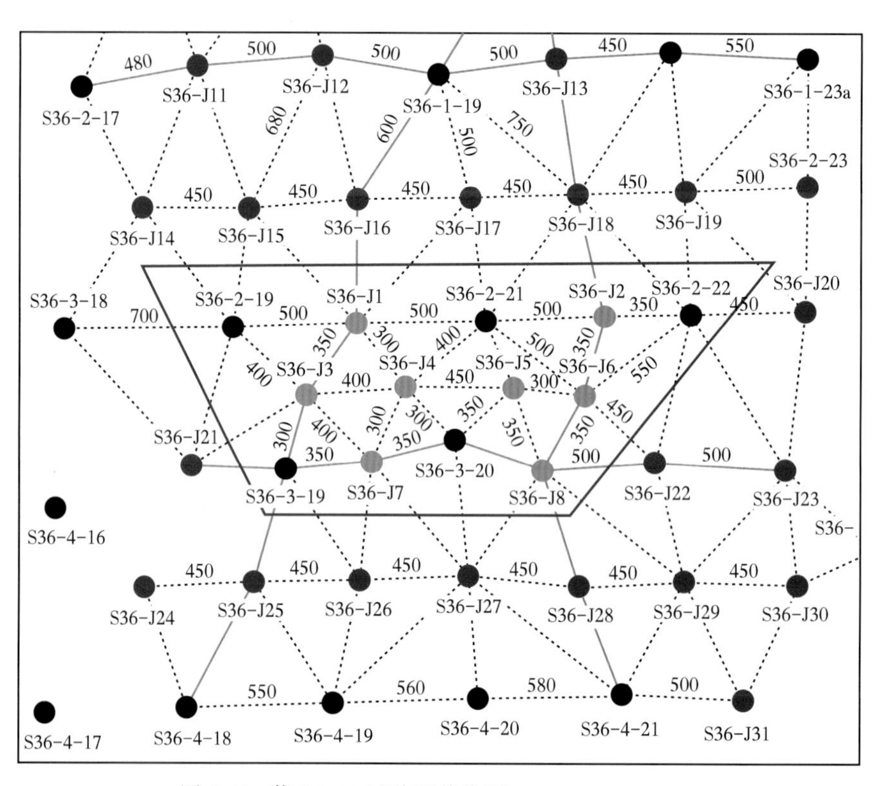

图 6-7　苏 36-11 试验区井位图

1. 储层地质条件

苏 36-11 一期试验区整体位于高能河道带（图 6-8），为 I 类储量区，储层品质好，井均钻遇有效砂体 4.5 个，单层厚 3.52m，累计有效砂体厚度 16m，储量丰度 $2.08\times10^8m^3/km^2$，储层通过侧向搭接连通规模可达 500m 以上（图 6-9、图 6-10）。

2. 干扰试井及压力测试

干扰试验及压力测试均表明，密井和老井间普遍连通。区内 8 口加密井，除 S36-J7 井外均泄压（图 6-11），反映在 400m×500m 井网下，井间储层连通性较强。

3. 气井生产特征

骨架井 5 口，于 2007 年投产，截至 2020 年底，井均日产气 $0.23\times10^4m^3$，井均累计产

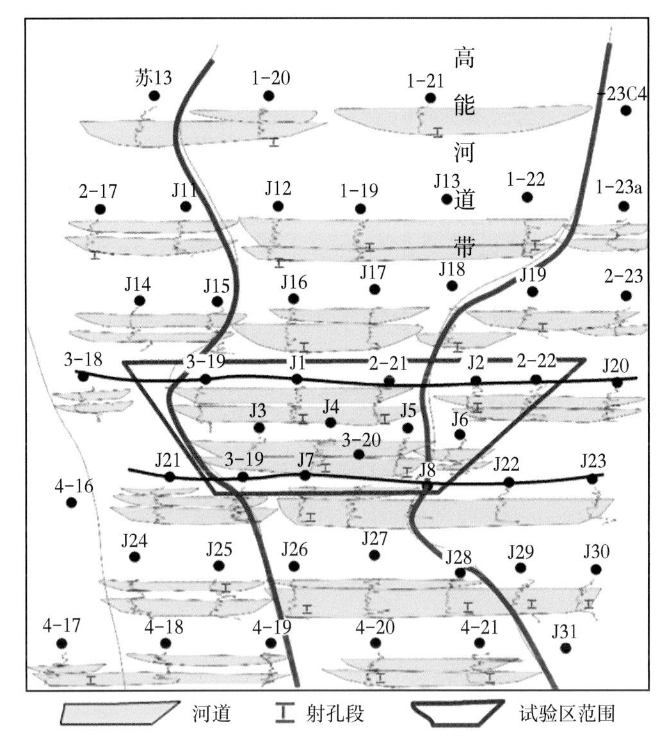

图 6-8　苏 36-11 试验区盒 8 段下亚段 1 小层河道带分布

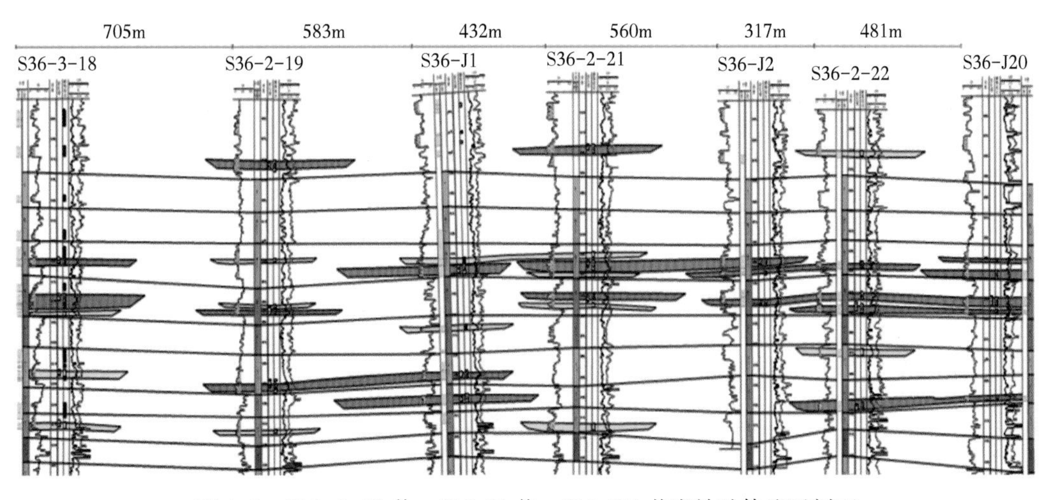

图 6-9　S36-3-18 井—S36-J1 井—S36-J20 井有效砂体连通剖面

气 $3743\times10^4m^3$，加密后 EUR 由为 $4957\times10^4m^3$ 降至 $4553\times10^4m^3$，减少 8.2%，泄气范围 $0.273km^2$。

加密井 8 口，于 2013 年投产，初始套压 15.1MPa，受产量干扰影响，井均累计产量 $1037\times10^4m^3$，井均 EUR$1249\times10^4m^3$，开发效益差，井均泄气范围仅为 $0.076km^2$（表 6-2）。

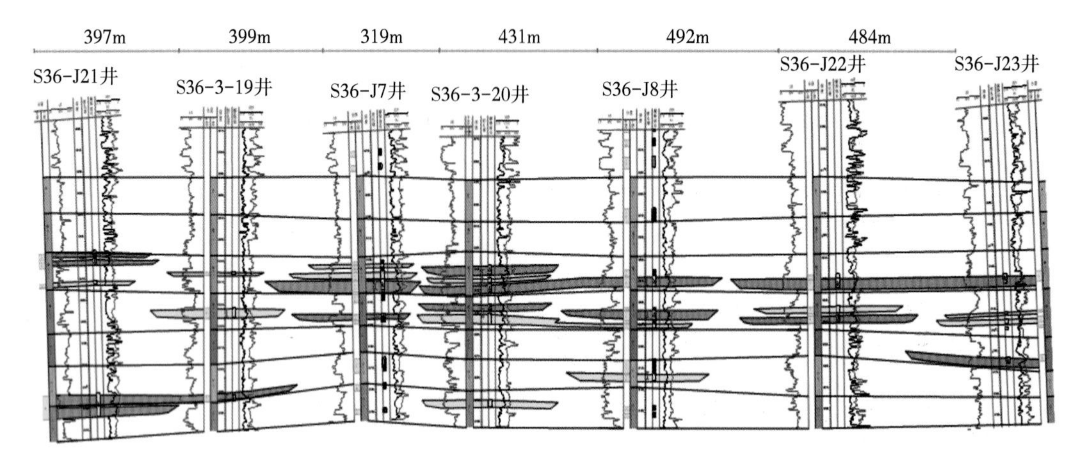

图 6-10　S36-J21 井—S36-J7 井—S36-J23 井有效砂体连通剖面

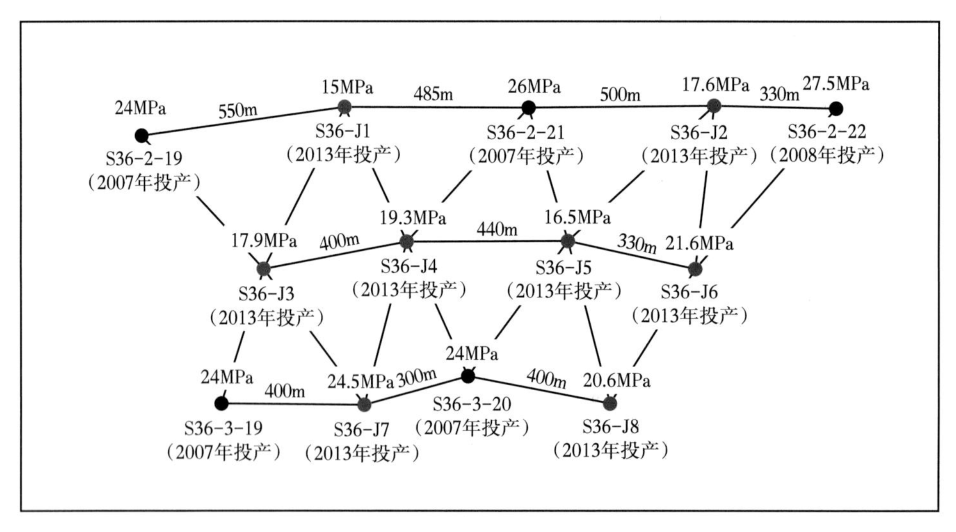

图 6-11　苏 36-11 加密区初始井口套压

表 6-2　苏 36-11 一期试验区骨架井与加密井生产特征

井别	井数（口）	投产时间	投产天数（d）	有效厚度（m）	套压（MPa）		日产量（10^4m^3）	累计产量（10^4m^3）	EUR（10^4m^3）		泄气范围（km^2）
					初始	目前			加密前	加密后	
骨架井	5	2007	3957	16.92	21.6	3.51	0.23	3743	4957	4553	0.273
加密井	8	2013	2345	15.35	15.1	5.37	0.25	1037		1249	0.076

4. 区块开发效果

加密后，区块井数由 5 口增加到 13 口，井密度由 2 口/km^2 增加到 5 口/km^2，井均动储量由 $5908\times10^4m^3$ 降至 $2939\times10^4m^3$，井均 EUR 由 $4957\times10^4m^3$ 降至 $2520\times10^4m^3$。区块储量 $5.408\times10^8m^3$，加密后最终累计产量由 $24785\times10^4m^3$ 增加了 $7974\times10^4m^3$ 达 $32759\times10^4m^3$，采收率由 45.5%升至 60.6%（表 6-3）。

苏 36-11 一期试验区开发表明，在储量丰度大于 $2.0\times10^8m^3/km^2$ 时，加密至 5 口/km^2，采收率可达 60%以上，但加密井效益差。

表 6-3　苏 36-11 试验区加密前后气井产量对比

开发阶段	井均动储量（10^4m^3）			井均 EUR（10^4m^3）			区块最终累计产量（10^4m^3）	采收率（%）
	老井	加密井	所有井	老井	加密井	所有井		
加密前	5908		5908	4957		4957	24785	45.5
加密后	5365	1523	2939	4553	1249	2520	32759	60.6
加密前后变化	-543		-2969	-404		-2437	+7974	15.1
变化率	-9.1%		-50.3%	-8.2%		-49.2%		

二、苏 36-11 二期试验区

苏 36-11 二期试验区 9.4km^2，储量丰度 $1.55\times10^8m^3/km^2$，井数 33 口（11 口骨架井和 22 口加密井），井排距为 500m×650m；井密度为 3 口/km^2，为一期试验区向北和向南的延伸（图 6-12 梯形框外）。

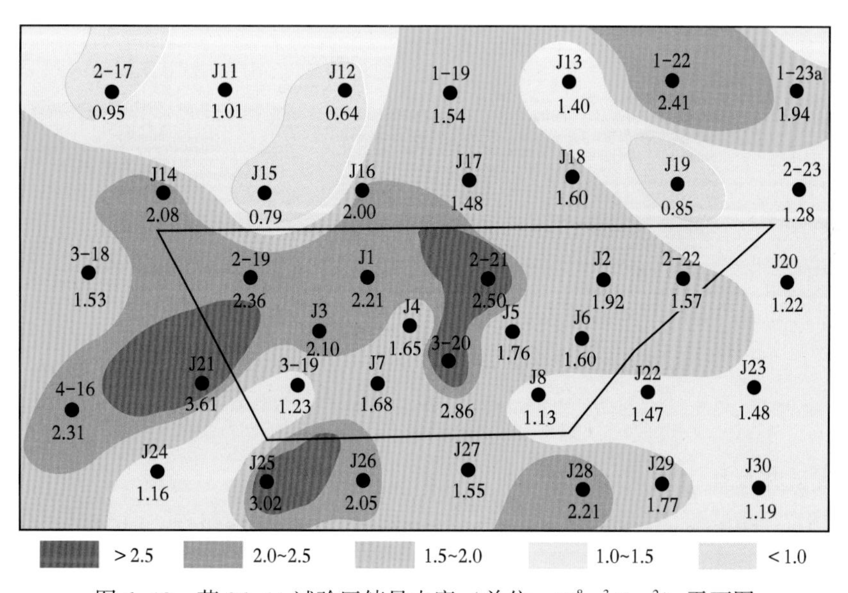

图 6-12　苏 36-11 试验区储量丰度（单位：$10^8m^3/km^2$）平面图

1. 储层地质条件

苏 36-11 二期试验区储层品质与一期试验区相比有所下降，区内主要为Ⅱ类储量，井均钻遇有效砂体 4 个，单层厚度 3.35m，井均累计有效厚度 13.3m，储量丰度 $1.55\times10^8m^3/km^2$（图 6-13、图 6-14）。区内共有 33 口井，包括 11 口骨架井及 22 口加密井，井排距 500m×650m，井密度为 3 口/km^2。

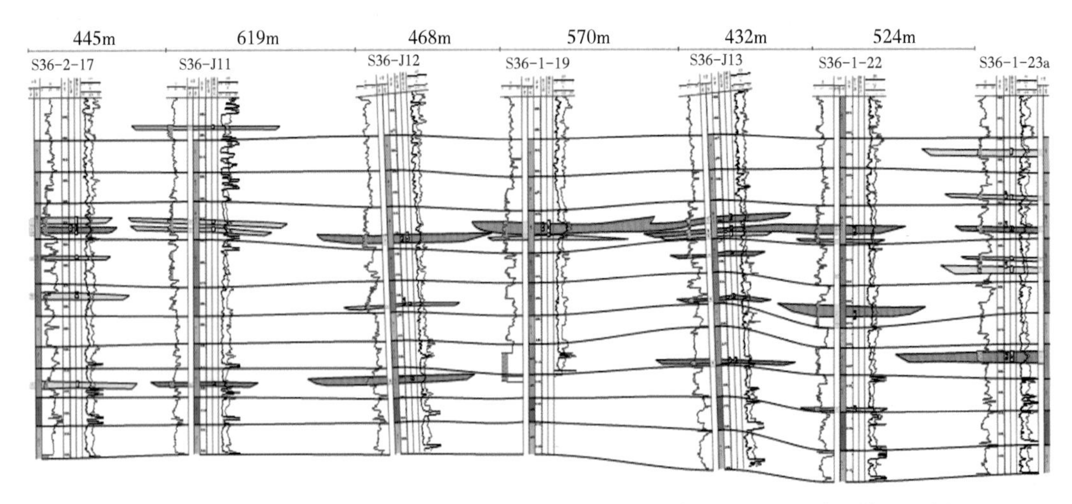

图 6-13　S36-2-17 井—S36-1-19 井—S36-1-23a 井垂直物源方向有效砂体连通剖面

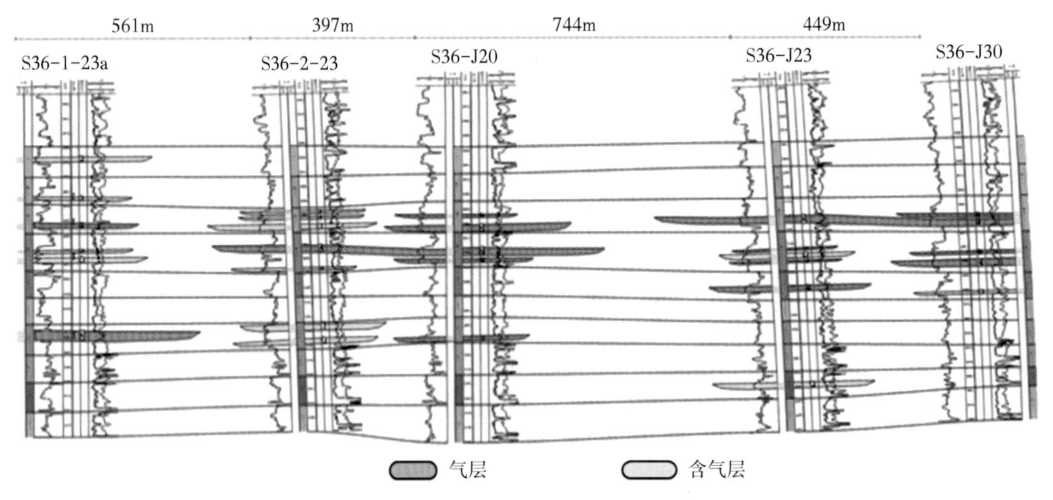

图 6-14　S36-1-23a 井—S36-J20 井—S36-J30 井顺物源方向有效砂体连通剖面

2. 干扰试井及压力测试

苏 36-11 二期试验区加密井 22 口，有 J11 井、J14 井、J21 井、J27 井、2-23 井共 5 口井仅在下古气藏进行了射孔开发，其余 17 口井均存在泄压，其中初始套压小于 15MPa 的井 10 口，占 58.8%，泄压较严重；初始套压为 15~20MPa 的井 7 口，占 41.2%，存在一定的泄压。

苏 36-11 二期试验区以 1-19 井、1-22 井、2-21 井、2-22 井等井为激动井，共开展了 17 组干扰试井，其中见干扰 13 组，井数干扰率达 76.5%，表明井间储层连续性较强，其中井距方向 450~500m 试验 6 井组，见干扰 4 组；排距方向 500~700m 试验 11 井组，干扰 9 组。但选的这 4 口激动井所在区域本身储层条件较好，气井产量较高，因此也缺乏了一定的代表性，它们的平均储量丰度为 $2.01\times10^8m^3/km^2$，井均累计产量 $5227\times10^4m^3$。

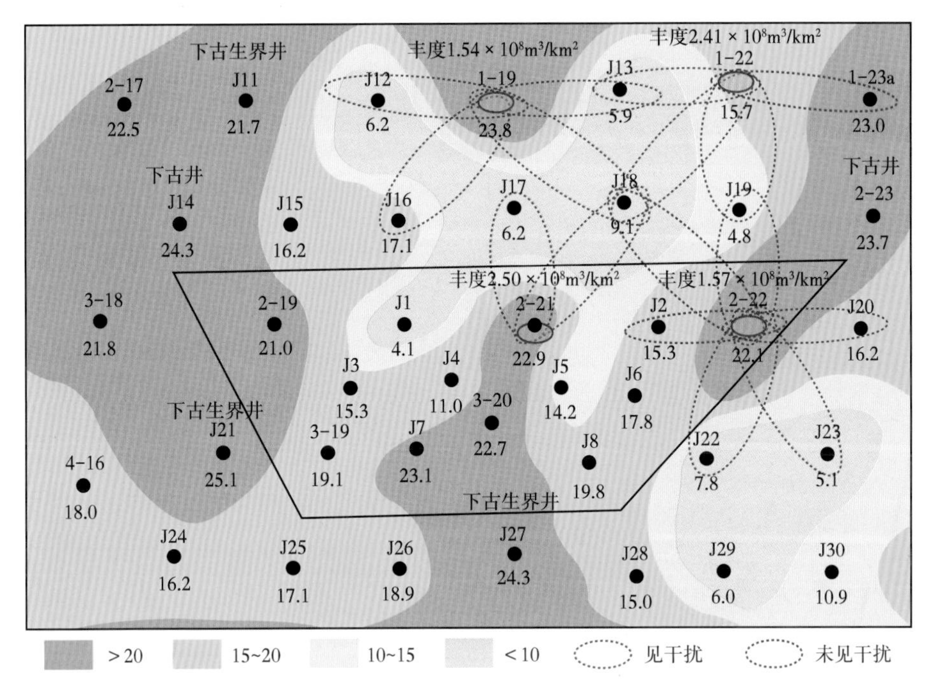

图 6-15　苏 36-11 试验区初始套压(单位：MPa)及干扰试验井组分布平面图

3. 气井及区块开发效果

加密井与骨架井地质条件基本一致，井间干扰严重造成开发效果差异大。

骨架井于 2007—2008 年投产，井均投产天数 3989 天，目前套压 6.7MPa，截至 2020 年底，井均日产气 $0.34 \times 10^4 m^3$，累计产气 $3180 \times 10^4 m^3$，动储量 $3914 \times 10^4 m^3$，EUR 为 $3482 \times 10^4 m^3$，泄气范围 $0.228 km^2$。

加密井有效厚度、丰度与骨架井接近，有效厚度皆为 13～14m，井均储量丰度皆在 $(1.5 \sim 1.6) \times 10^8 m^3/km^2$ 范围内。加密井于 2017—2019 年投产，初始井均套压 12.2MPa，目前套压 8.6MPa，截至 2020 年底，井均累计产气 $552 \times 10^4 m^3$，井均动储量 $1728 \times 10^4 m^3$，EUR 为 $1498 \times 10^4 m^3$，泄气范围 $0.162 km^2$。

28 口井井均累计产气 $1585 \times 10^4 m^3$，EUR 为 $2251 \times 10^4 m^3$，井密度为 3 口/km^2 条件下采收率为 43.6%(表 6-4)。

表 6-4　苏 36-11 二期试验区开发指标

井别	井数(口)	有效厚度(m)	储量丰度($10^8 m^3/km^2$)	初始套压(MPa)	套压(MPa)	日产气量($10^4 m^3$)	累计产量($10^4 m^3$)	EUR($10^4 m^3$)	泄气面积(km^2)
骨架井	11	13.85	1.58	21.30	6.70	0.34	3180	3482	0.228
加密井	17	13.27	1.53	12.20	8.60	0.88	552	1498	0.162
小计	28	13.31	1.55	15.80	7.80	0.67	1585	2251	0.188

三、苏 10 密井网区

针对苏 10 区块优选较规则密井网区，位于区块的西部，面积 35km^2，储量丰度 1.60×10^{8}m^3/km^2，主要位于Ⅱ类储量区，区内 91 口井（86 口直井+5 口水平井），井排距 600m×600m（图 6-16），井密度为 2.9 口/km^2。

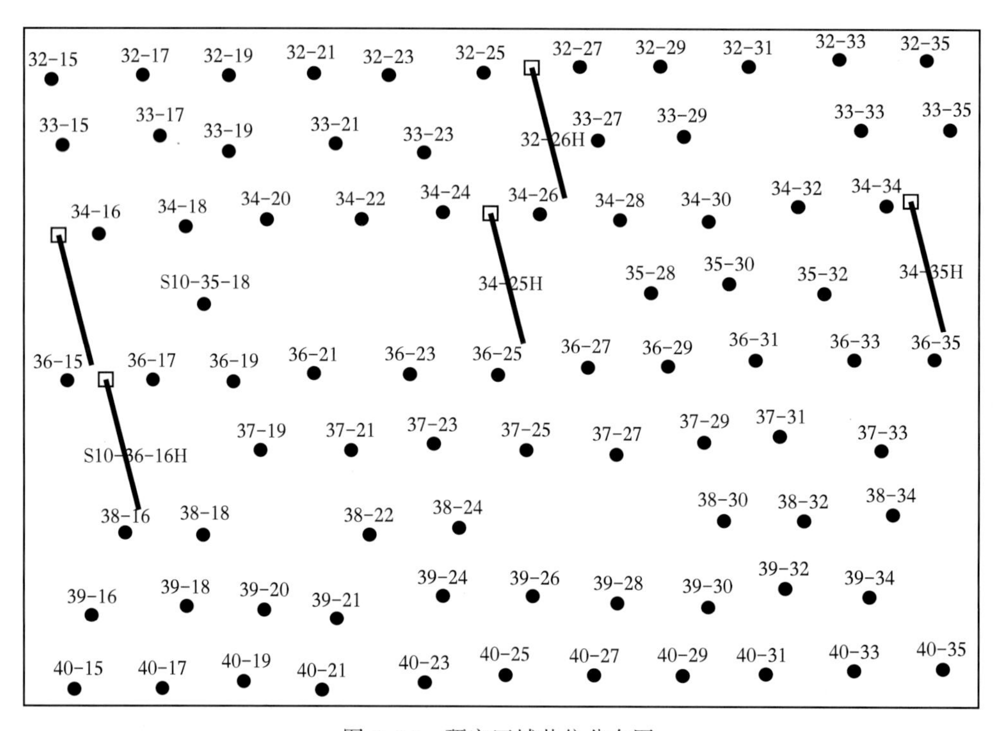

图 6-16　研究区域井位分布图

1. 储层地质条件

从河道沉积微相平面图及剖面图可看出，苏 10 密井网区主河道带储层连续性较强，有效砂体发育（图 6-17 至图 6-19）。根据钻井数据及薄片分析，井均钻遇有效砂层厚度 12.68m，储层平均孔隙度 9.4%，渗透率 0.635mD，含气饱和度 62.2%。

2. 直井生产特征

区内直井按照 600m×600m 井网依次部署，基本不存在骨架井与加密井之分。相比而言，老井地质条件好，且气井产量高。

2010 年以前投产井 48 口，占 56%，井均有效厚度 14.14m，截至 2020 年底，井均套压 3.5MPa，日产气 0.24×10^{4}m^3，累计产气 2063×10^{4}m^3，动储量 2822×10^{4}m^3，井均 EUR 为 2427×10^{4}m^3，泄气面积 0.206km^2。

2010 年以后投产井 38 口，占 44%，井均有效厚度 10.74m，储层条件差于老井，初始套压 20.8MPa，套压 5.3MPa，日产气 0.42×10^{4}m^3，累计产气 1244×10^{4}m^3，动储量 2648×10^{4}m^3，井均 EUR 为 2152×10^{4}m^3，泄气面积 0.185km^2（表 6-5）。

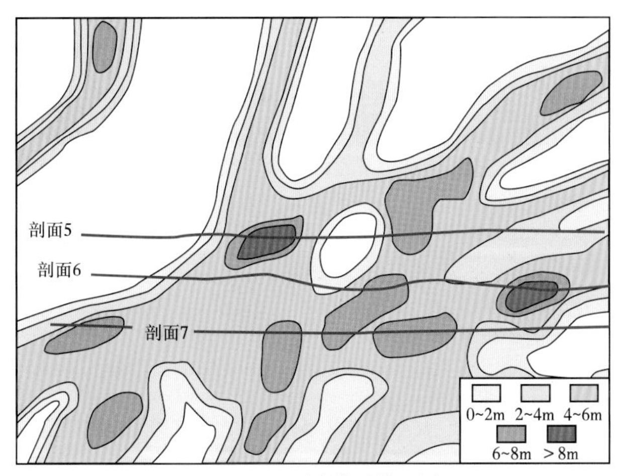

图 6-17　$H8_{下}^{1-1}$单砂体厚度图

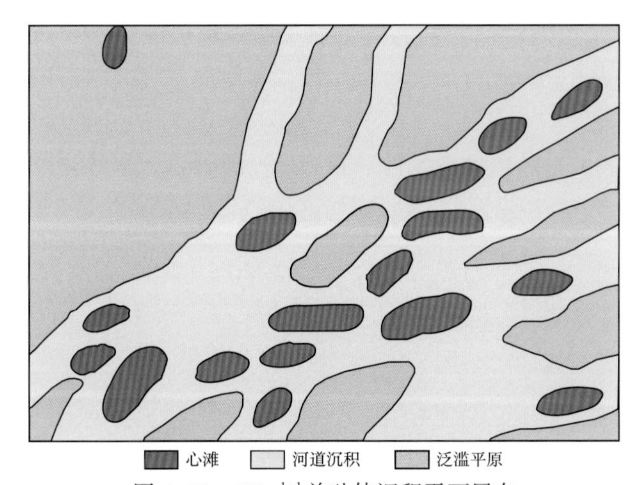

图 6-18　$H8_{下}^{1-1}$单砂体沉积平面展布

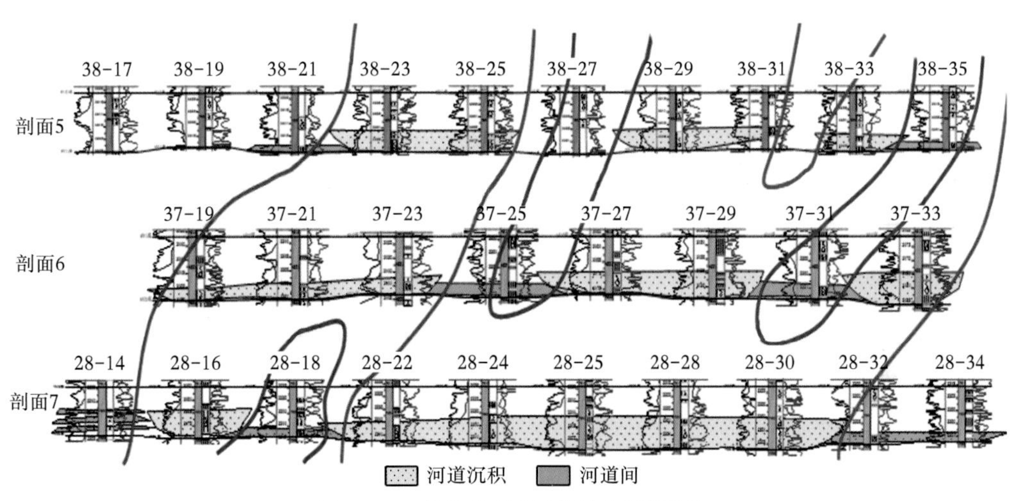

图 6-19　砂体连通剖面及河道带展布

表 6-5 苏 10 密井网区开发动态参数

投产时间	井数（口）	有效厚度（m）	投产天数（d）	初始套压（MPa）	套压（MPa）	日产气量（10^4m^3）	井均累计产气量（10^4m^3）	井均 EUR（10^4m^3）	泄气面积（km^2）
2005-2010	48	14. 14	4597	21. 5	3. 5	0. 24	2063	2427	0. 206
2010-2016	38	10. 74	1848	20. 8	5. 3	0. 42	1244	2152	0. 185
小计	86	12. 68	3362	21. 2	4. 3	0. 32	1709	2306	0. 197

3. 区块开发特征

区内共有直井 86 口，井均投产天数 3362 天，截至 2020 年底，井均套压 4. 3MPa，日产气 $0.32\times10^4m^3$，累计产气 $1709\times10^4m^3$，井均动储量 $2745\times10^4m^3$，井均 EUR 为 $2306\times10^4m^3$，泄气面积 $0.197km^2$。区内共有水平井 5 口，井均投产 3106 天，目前套压 2. 4MPa，日产气 $0.38\times10^4m^3$，累计产气 $4295\times10^4m^3$，井均动储量 $7360\times10^4m^3$，井均 EUR 为 $6330\times10^4m^3$，泄气面积 $0.553km^2$（表 6-6）。

按 1 口水平井等效 3 口直井计算，区内等效直井 101 口，井密度为 2. 9 口/km^2，预测井均 EUR 为 $2277\times10^4m^3$，区块最终累计产量 $22.99\times10^8m^3$，采收率 42. 7%。

表 6-6 苏 10 密井网区开发动态参数

井型	井数（口）	投产天数（d）	套压（MPa）	日产量（10^4m^3）	井均累计产量（10^4m^3）	井均动储量（10^4m^3）	井均 EUR（10^4m^3）	泄气面积（km^2）	区块最终累计产量（10^8m^3）
直井	86	3362	4. 3	0. 32	1709	2745	2306	0. 197	19. 83
水平井	5	3106	2. 4	0. 38	4295	7360	6330	0. 553	3. 17
小计	101（等效直井）					2702	2277	0. 195	22. 99

为了消除地质条件差异造成的影响，在苏 10 密井网区选了一块相对均质的区块，评价该区块开发效果。该区面积 $6.4km^2$（图 6-20），平均储量丰度 $1.63\times10^8m^3/km^2$，与苏 10 密井网区地质条件基本接近，可代表苏 10 密井网区地质情况。

相对均质区内投产井数 15 口，井均有效厚度 12. 28m，井均投产天数 2910 天，井均累计产量 $1701\times10^4m^3$，评价井均动储量为 $2788\times10^4m^3$，井均 EUR 为 $2329\times10^4m^3$，区块最终采收率为 42. 86%，开发指标也与苏 10 密井网区接近。

苏 10 密井网区开发现状表明，在储量丰度 $1.60\times10^8m^3/km^2$、井密度为 3 口/km^2 条件下，气井 EUR 为 $(2200\sim2300)\times10^4m^3$，采收率为 40%~45%。

四、苏 6 试验区

苏 6 试验区核心面积 $7.3km^2$，区内井数 24 口，其中骨架井 5 口，加密井 19 口。密井网区完钻了 3 排较规则的井，井排距为 $(400\sim600)m\times600m$，井密度为 3. 7 口/km^2（图 6-21）。

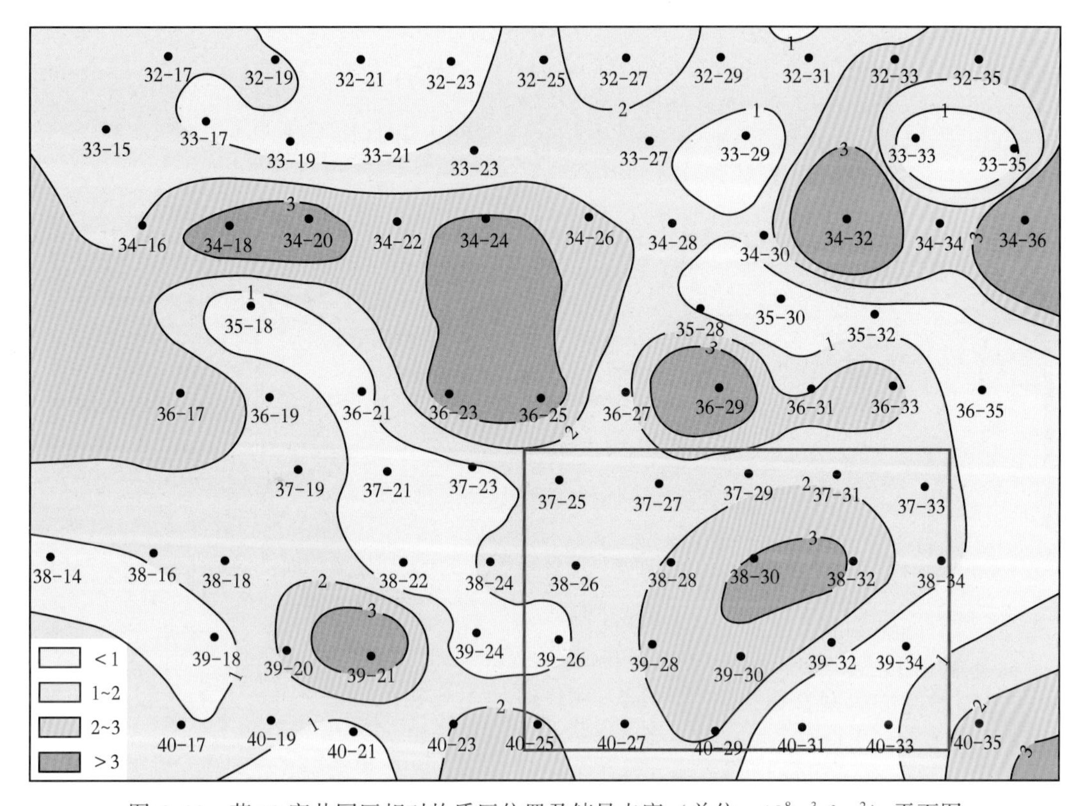

图 6-20　苏 10 密井网区相对均质区位置及储量丰度（单位：$10^8m^3/km^2$）平面图

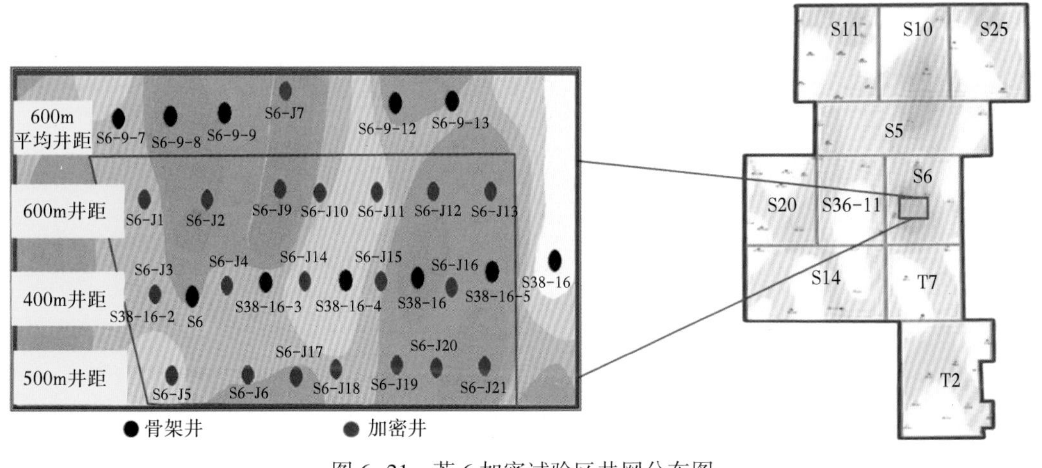

图 6-21　苏 6 加密试验区井网分布图

1. 储层地质条件

苏 6 试验区井均有效厚度 11.53m，储量丰度 $1.43×10^8m^3/km^2$，主要位于Ⅱ类储量区，储层垂向上多层叠置，局部通过侧向搭接具有较好的连续性（图 6-22、图 6-23），可代表苏里格气田中区的基本地质条件。

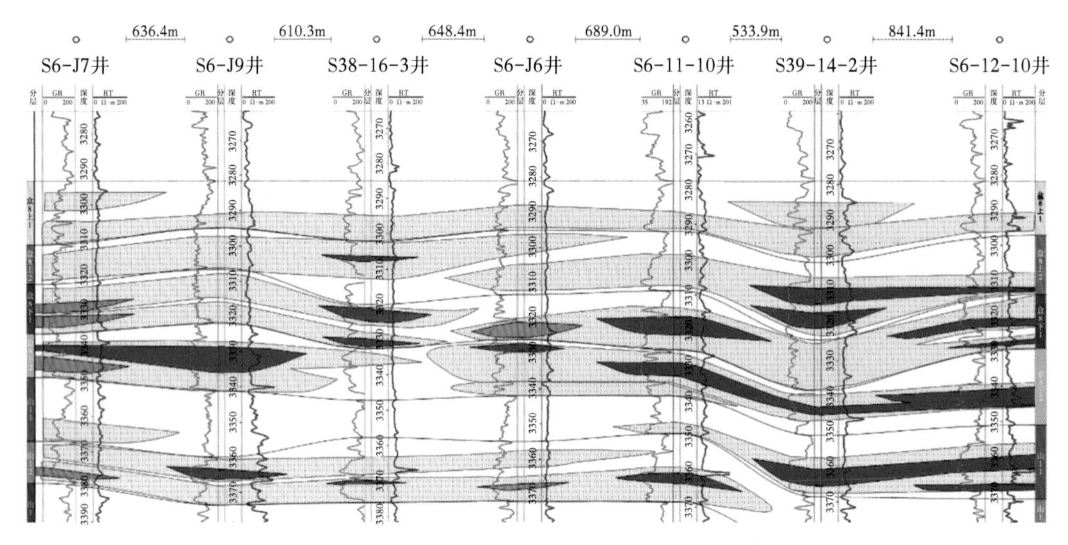

图 6-22　苏 6 加密试验区顺物源方向储层连通剖面

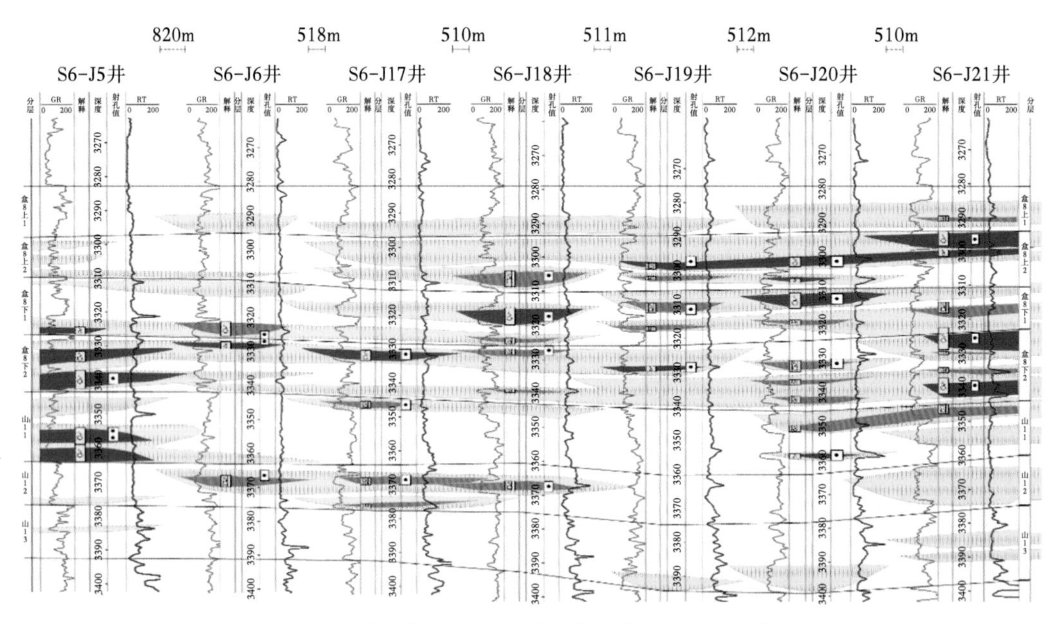

图 6-23　苏 6 加密试验区垂直物源方向储层连通剖面

2. 干扰试验分析

研究区共开展干扰试验 12 组，见干扰 9 组，井数干扰率 75%，而井距 500m、排距 600m 以上未见干扰，反映出复合砂体规模小于 500m×600m。具体来看，井距方向试验 7 组：350~500m 见干扰 6 组，500m 以上试验 1 组，未见干扰。排距方向试验 5 组：500~600m 见干扰 3 组，600m 以上试验 2 组，未见干扰。

3. 气井生产特征

为了消除的外围边界井的影响，单独评价框内区 14 口气井的开发效果（图 6-24）。区块面积 3.78km^2，储量 5.41×10^8m^3，储量丰度 1.43×$10^8m^3/km^2$。

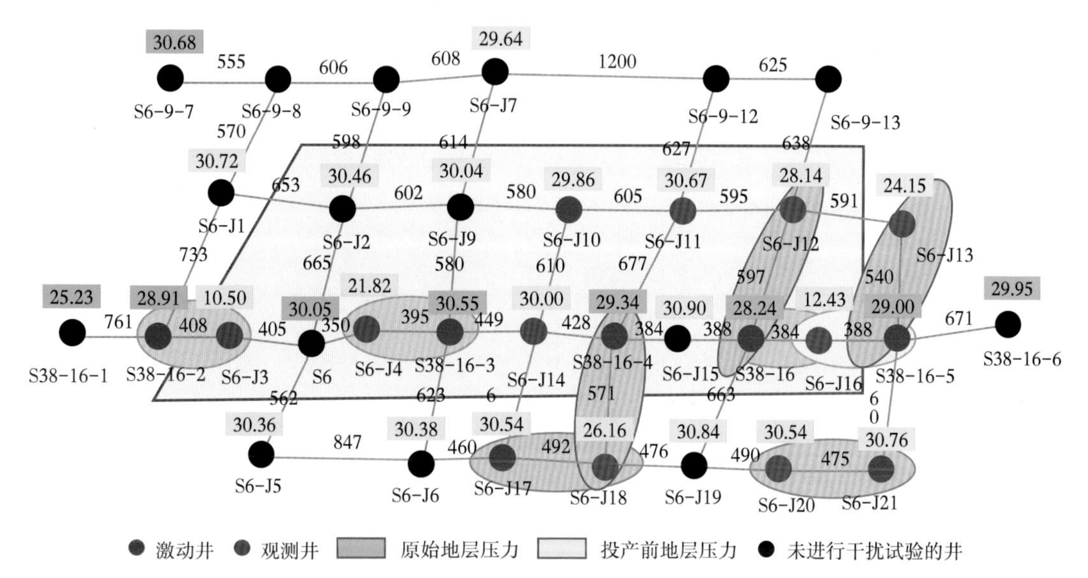

图 6-24　苏 6 密井网区不受外围井影响的范围

骨架井 4 口，于 2002—2006 年投产，井均累计产量 $2505\times10^4m^3$，加密前后 EUR 分别为 $2875\times10^4m^3$、$2600\times10^4m^3$。加密井 10 口，于 2008—2010 年投产，截至 2020 年底，井均累计产量 $1391\times10^4m^3$，预测 EUR 为 $1475\times10^4m^3$（表 6-7）。

表 6-7　苏 6 加密区气井生产指标

井别	井数（口）	有效厚度（m）	储量丰度（$10^8m^3/km^2$）	初始套压（MPa）	套压（MPa）	日产量（10^4m^3）	井均累计产量（10^4m^3）	加密前 EUR（10^4m^3）	加密后 EUR（10^4m^3）	泄气面积（km^2）
骨架井	4	13. 15	1. 69	21. 40	3. 90	0. 11	2505	2875	2600	0. 195
加密井	10	10. 89	1. 33	20. 90	3. 50	0. 08	1391		1475	0. 120
小计	14	11. 53	1. 43	21. 10	3. 60	0. 09	1710		1796	0. 139

14 口井截至 2020 年底，井均平均投产 4300 天，井均套压 3. 6MPa，日产气 $0.09\times10^4m^3$，累计产气 $1710\times10^4m^3$，EUR 为 $1796\times10^4m^3$。试验区投产时间长，气井累计产量接近 EUR。

4. 区块开发效果

加密后，区内井数由 4 口井升至 14 口井，井密度由 1. 0 口/km^2 增加到 3. 7 口/km^2，井均动储量由 $3248\times10^4m^3$ 降至 $2073\times10^4m^3$，井均 EUR 由 $2875\times10^4m^3$ 降至 $1796\times10^4m^3$，降幅约为 10%。最终累计产气量由 $1.150\times10^8m^3$ 增加至 $2.514\times10^8m^3$，增加了 $1.364\times10^8m^3$。区块储量 $5.41\times10^8m^3$，采收率由 21. 26%提高到 46. 47%。

苏 6 试验区开发情况表明，在储量丰度约为 $1.5\times10^8m^3/km^2$ 的条件下，井密度加密至约 4 口/km^2，采收率可达 45%～50%。

表 6-8　苏 6 加密区气井加密前后生产指标对比表

开发阶段	单井平均动储量（10^4m^3）			单井平均预测累计产量（10^4m^3）			区块预测最终累计产量（10^8m^3）	采收率（%）
	老井	加密井	所有井	老井	加密井	所有井		
加密前	3248		3248	2875		2875	1.150	21.26
加密后	2909	1739	2073	2600	1475	1796	2.514	46.47
变化	-339		-1175	-275		-1079	1.364	+25.21
变化率	-10.4%		-36.2%	-9.6%		-37.5%		

五、苏东 27-36 试验区

苏东 27-36 试验区核心面积 54km²，有效厚度 11.14m，储量丰度 $1.26\times10^8m^3/km^2$，主要位于Ⅲ类储量区，可代表气田平均储层条件。区内井数为 132 口，其中有 120 口直井和 12 口水平井，井排距为 500m×650m，井密度为 3 口/km²（图 6-25）。

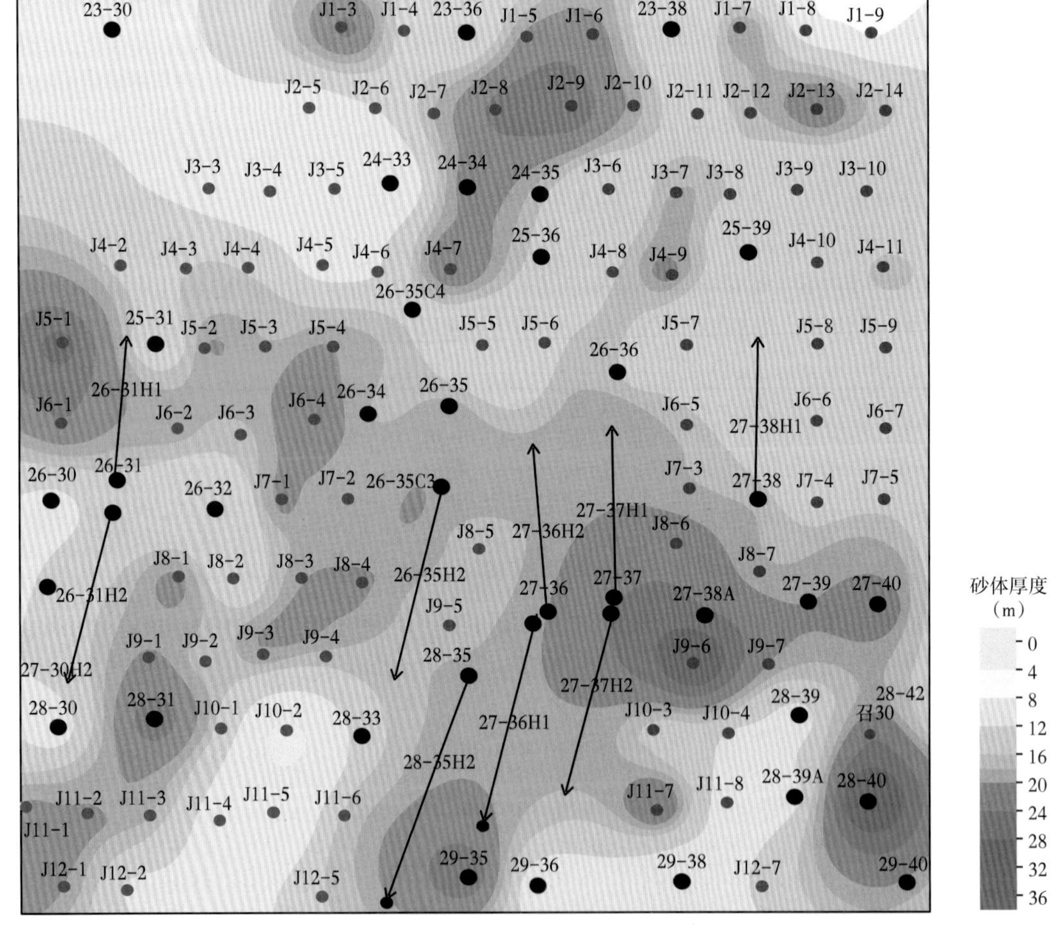

图 6-25　苏东 27-36 密井网试验区气井分布图

1. 储层地质条件

苏东 27-36 试验区与苏里格中区相比，河道变窄，分流间湾分布区域扩大，河道宽 522~2200m，平均值为 1254m（图 6-26 至图 6-28）。受沉积环境影响，储层条件变差，井均钻遇有效砂体厚 11.14m，孔隙度 8.27%，渗透率 0.519mD，含气饱和度 53.8%。

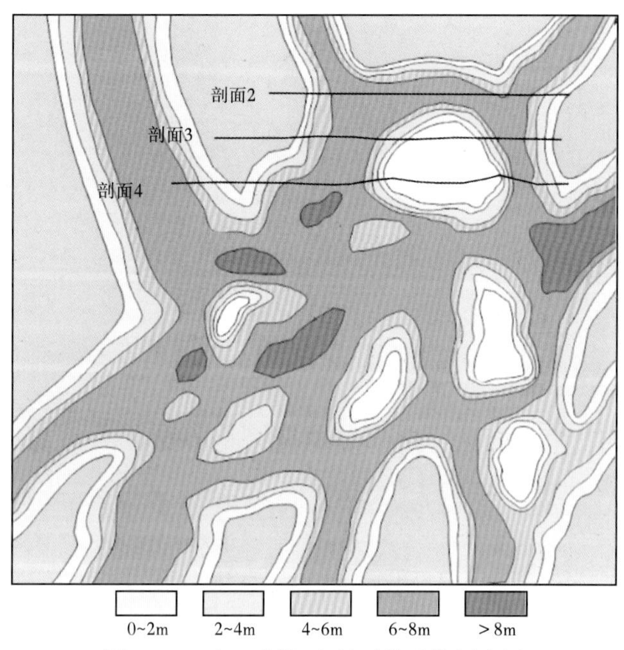

图 6-26　盒 $8_{下}^{1-1}$ 沉积单元单砂体厚度图

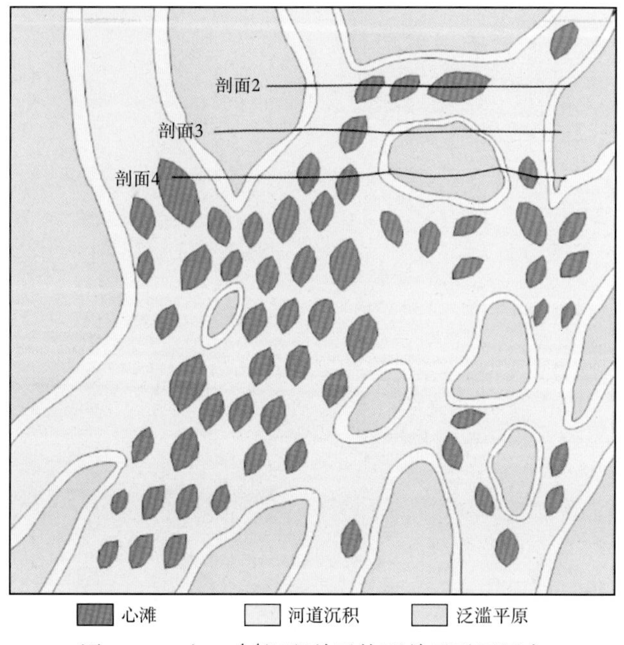

图 6-27　盒 $8_{下}^{1-1}$ 沉积单元构型单元平面展布

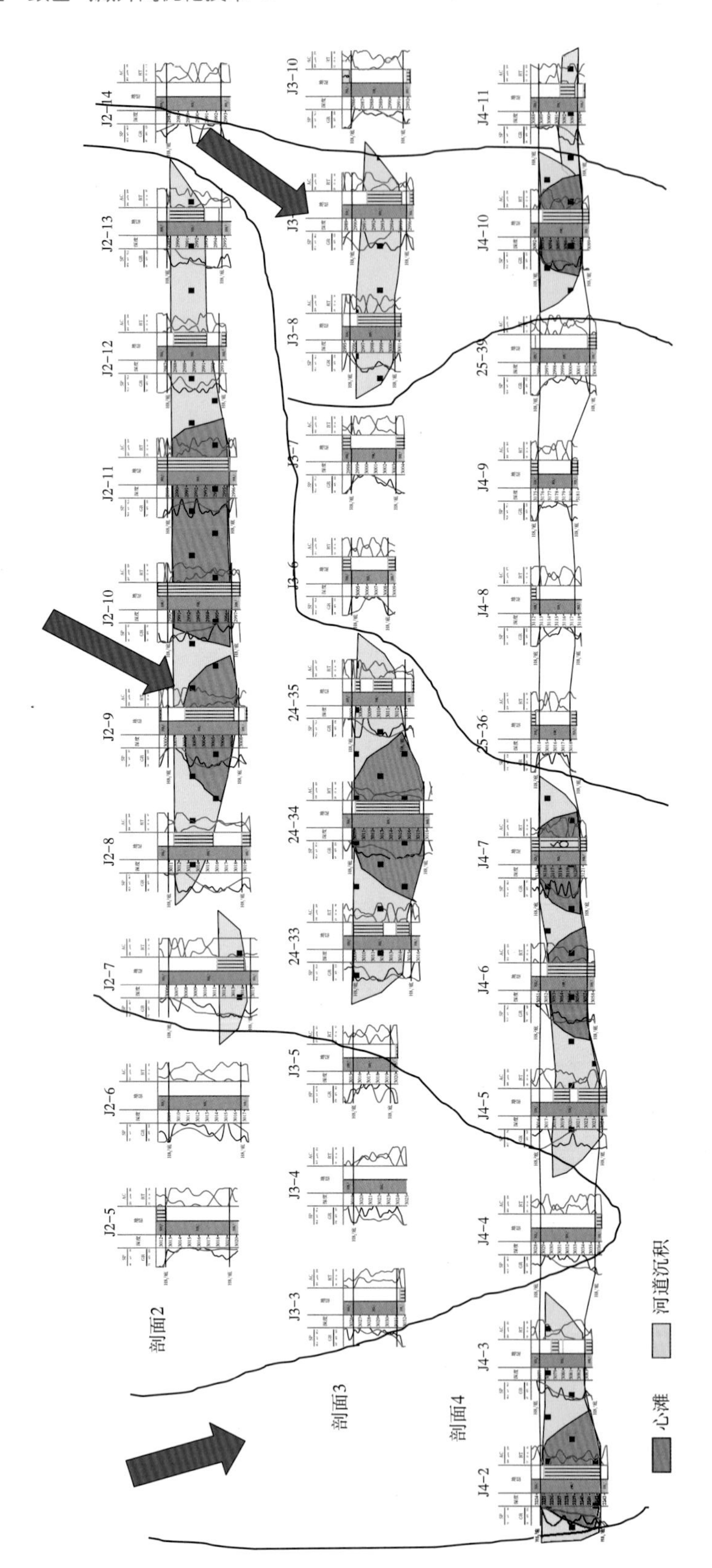

图 6-28 苏东27-36试验区盒$8_{下}^{1-1}$沉积单元构型剖面及平面组合

2. 干扰试验分析

苏东试验区共进行了22井组干扰测试，其中见干扰4井组，反映总体储层连通性较差(图6-29)。井距方向400~600m，测试13组，见干扰2组，井数干扰率15.3%；排距

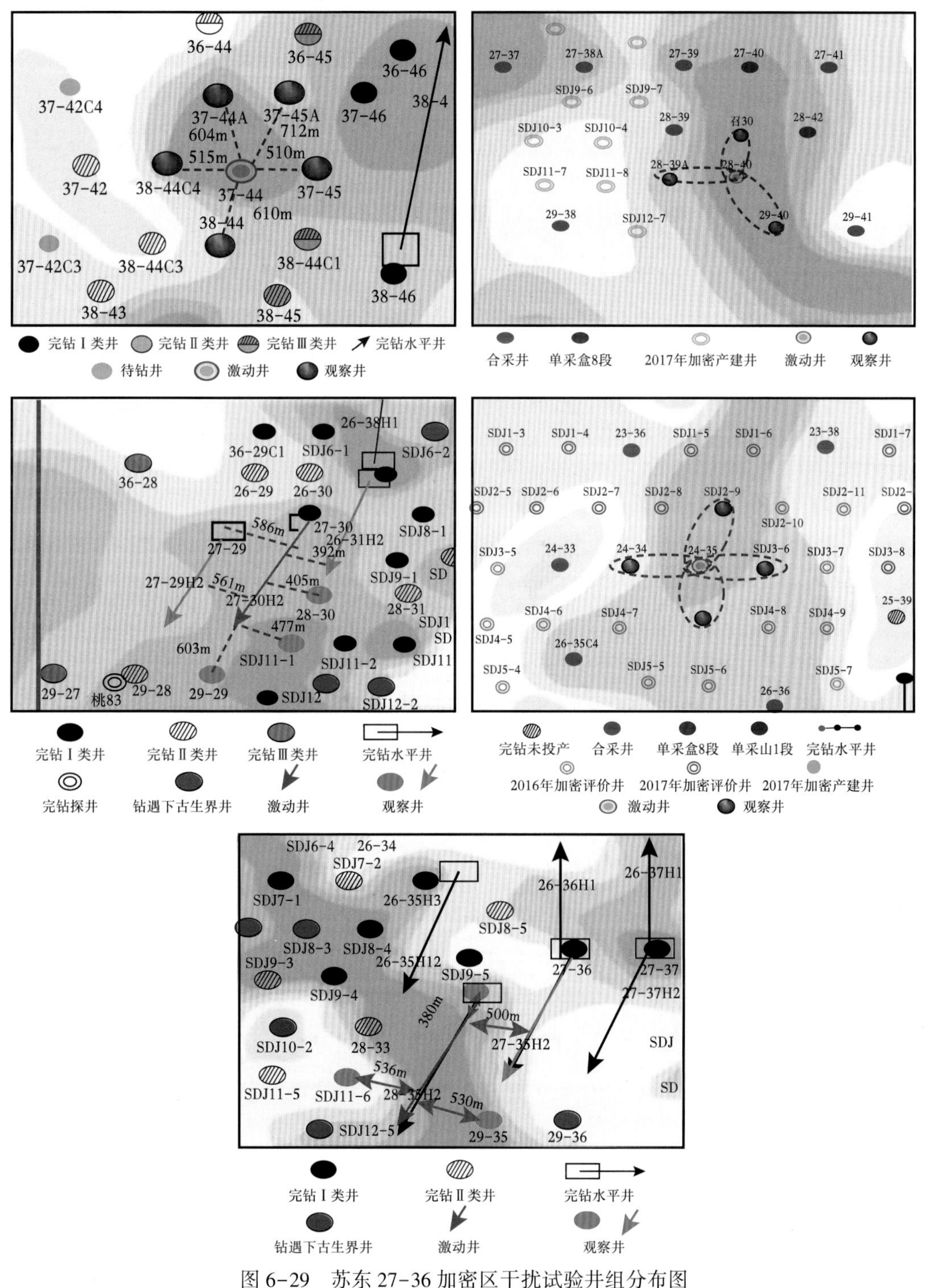

图6-29 苏东27-36加密区干扰试验井组分布图

方向 500~800m，测试 9 组，见干扰 2 组，井数干扰率 22.2%。

3. 直井生产特征

区内共投产直井 120 口，其中骨架井 34 口，加密井 86 口，加密井与骨架井的初始套压基本一致，地质条件不同造成开发效果差异明显(图 6-30)。

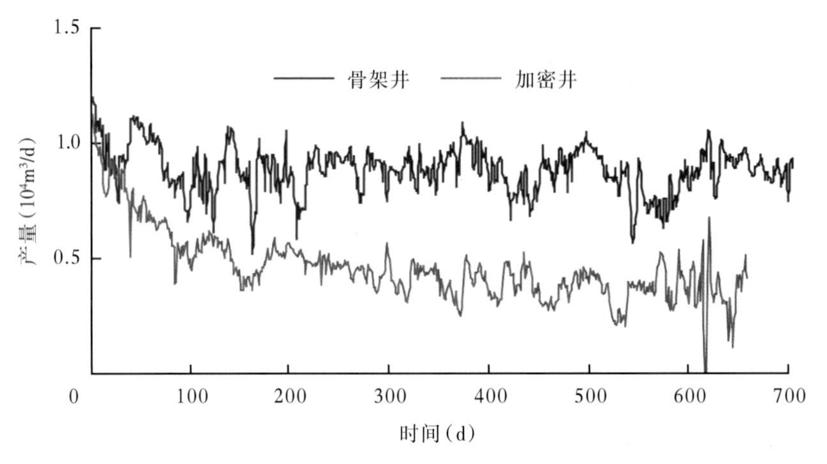

图 6-30 苏东 27-36 研究区投产井产量变化图

骨架井于 2008—2013 投产，截至 2020 年，井均套压 8.2MPa，井均日产气 $0.27\times10^4m^3$，井均累计产气 $1988\times10^4m^3$，预测井均 EUR 为 $2483\times10^4m^3$；加密井于 2017—2018 年投产，初始套压约为 20MPa，与骨架井基本一致，不存在泄压，但地质条件较差，储量丰度 $1.17\times10^8m^3/km^2$，井均有效厚度 9.6m。套压 13.5MPa，井均日产气 $0.52\times10^4m^3$，产量递减快，累计产气 $230\times10^4m^3$，EUR 为 $1156\times10^4m^3$(表 6-9)。

表 6-9 苏东 27-36 试验区骨架井及加密井主要参数

井类型	投产井数(口)	有效厚度(m)	储量丰度($10^8m^3/km^2$)	初始套压(MPa)	套压(MPa)	日产量(10^4m^3)	井均累计产量(10^4m^3)	井均 EUR(10^4m^3)	泄气范围(km^2)
骨架井	34	12.54	1.44	20.2	8.2	0.27	1988	2483	0.188
加密井	86	9.60	1.17	20.1	13.5	0.52	230	1156	0.136

骨架井位于河道主砂带(图 6-31 蓝色井圈)，而加密井位于河道边部，钻遇储层条件差。为了减小地质条件差异大对骨架井和加密井开发指标评价的影响，选取储量丰度分布在$(1\sim1.5)\times10^8m^3/km^2$ 的相对均质区 A 区、B 区评价开发井效果，以这两个区气井的平均开发效果代表整个苏东 27-36 试验区的直井开发指标。

A 区、B 区合计井数有 23 口，井均有效厚度为 10.8m，井均储量丰度为 $1.28\times10^8m^3/km^2$，截至 2020 年，井均套压为 10.9MPa，井均累计产量为 $1003\times10^4m^3$，井均动储量为 $2040\times10^4m^3$，预测 EUR 为 $1619\times10^4m^3$，井均泄气范围为 $0.165km^2$。

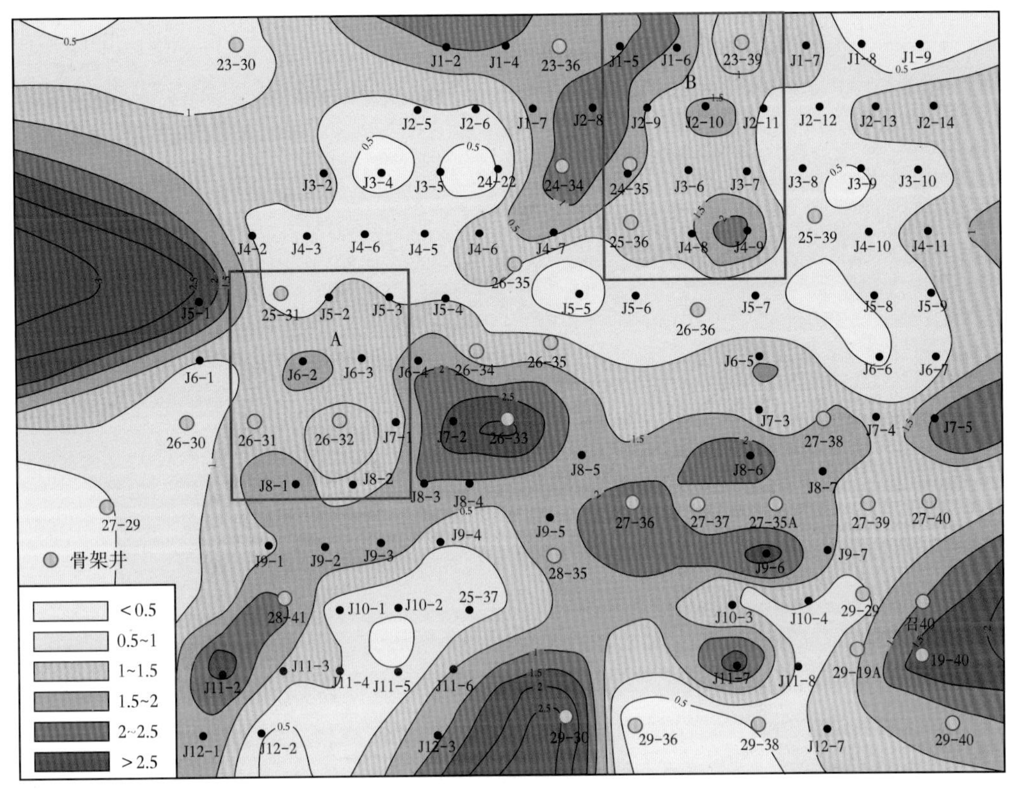

图 6-31 苏东 27-36 试验区储量丰度（单位：$10^8m^3/km^2$）分布图

4. 水平井生产特征

区内水平井 12 口，按照钻遇储层的类型可分为块状厚层、多期叠置、局部连通及孤立分散型(图 6-32 至图 6-35)，井均水平段长 1239m，砂体钻遇率 81%，有效砂体钻遇率 57%，钻遇有效砂体平均厚度为 6.6m。

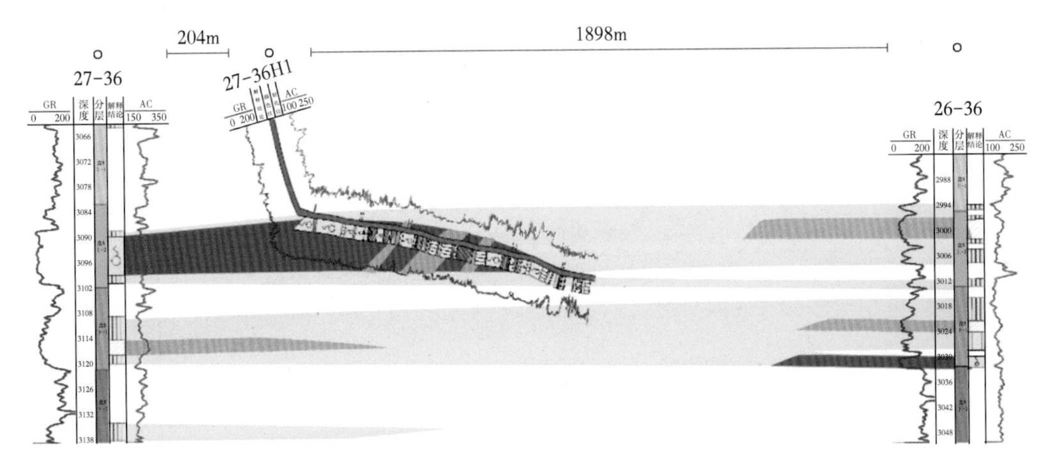

图 6-32 SD27-36H1 水平井钻遇的块状厚层型有效储层

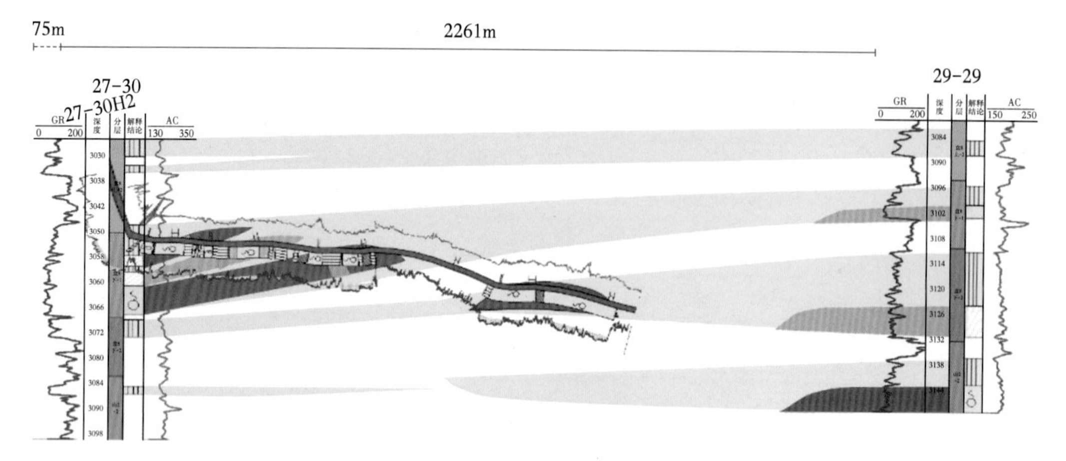

图 6-33　SD27-30H2 水平井钻遇的多期叠置型有效储层

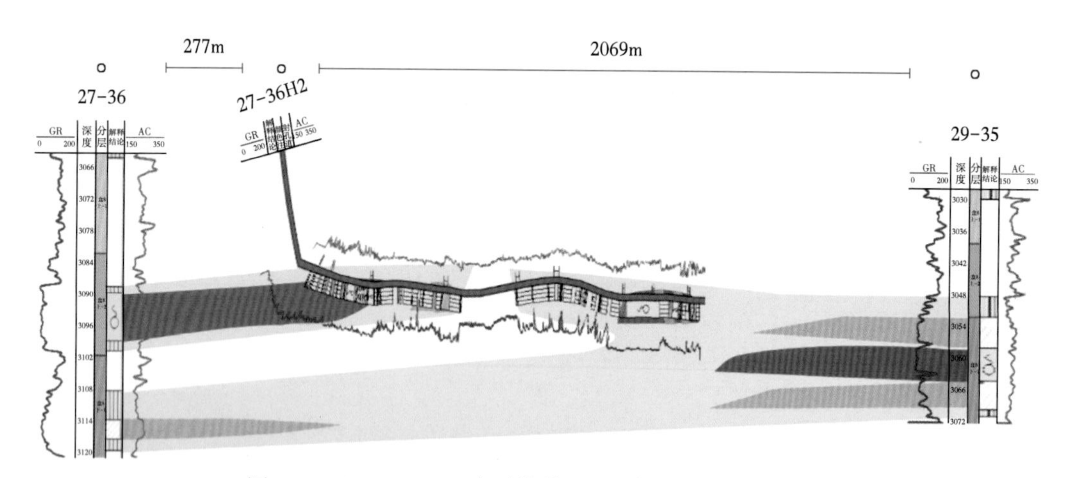

图 6-34　SD27-36H2 水平井钻遇的局部连通型有效储层

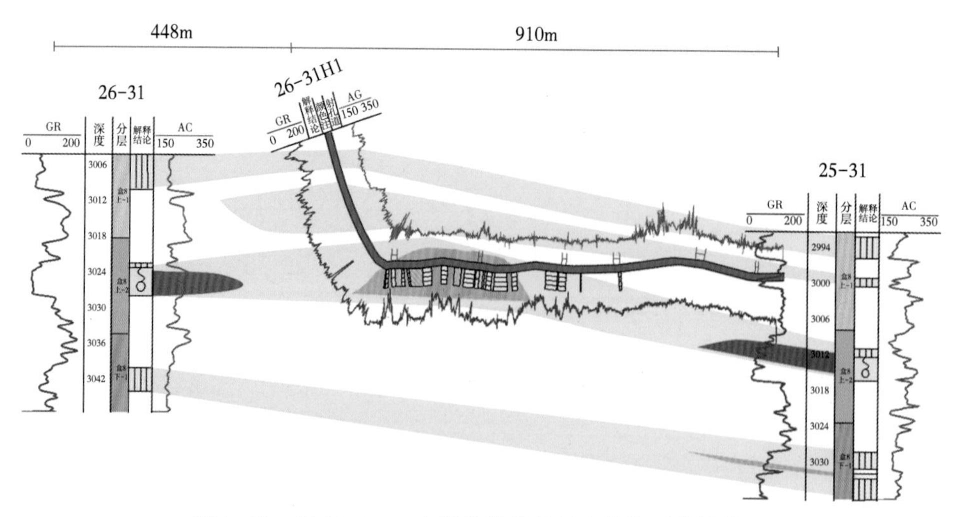

图 6-35　SD26-31H1 水平井钻遇的孤立分散型有效储层

区内水平井于 2012—2015 年投产，截至 2020 年，井均套压 7.1MPa，井均日产气 $0.31\times10^4m^3$，井均累计产气 $3265\times10^4m^3$，井均动储量 $5355\times10^4m^3$，预测 EUR 为 $4552\times10^4m^3$，为相邻直井 $1751\times10^4m^3$ 的 2.6 倍。

5. 区块开发效果

在分别分析苏东 27-36 试验区直井和水平井生产特征的基础上，评价区块开发效果。按 1 口水平井等效 3 口直井折算，区内等效直井总计 156 口，井均 EUR 为 $1592\times10^4m^3$，对应内部收益率大于 12%，泄气面积 $0.159km^2$。试验区储量丰度 $1.26\times10^8m^3/km^2$，地质储量 $68.04\times10^8m^3$，区块最终累计产量为 $24.89\times10^8m^3$，采收率为 36.6%（表 6-10）。

苏东 27-36 试验区开发情况表明，储量丰度在 $(1\sim1.3)\times10^8m^3/km^2$ 范围内，储层连续性略差，但在 3 口/km^2 的井密度下单井仍有效益，区块最终采收率大于 35%。

表 6-10　苏东 27-36 试验区直井及水平井主要开发参数

井类型	井数（口）	泄气范围（km^2）	井均 EUR（10^4m^3）	区块累计产量（10^8m^3）
直　井	120	0.165	1619	19.43
水平井	12	0.421	4552	5.46
小　计	156（等效直井）	0.159	1592	24.89

第三节　不同密井网区综合对比

一、密井网区地质条件对比

1. 储量丰度与有效砂体厚度

苏 36-11—苏 10—苏 6—苏东 27-36 试验区，储量丰度依次降低（图 6-36），有效砂体累计厚度依次减小（图 6-37）。储量丰度由 $2.08\times10^8m^3/km^2$ 降至 $1.26\times10^8m^3/km^2$，井均钻遇有效砂体累计厚度由 15.95m 降至 11.14m，井均钻遇有效砂体差别不大，各试验区范围为 3.96~4.53 个。

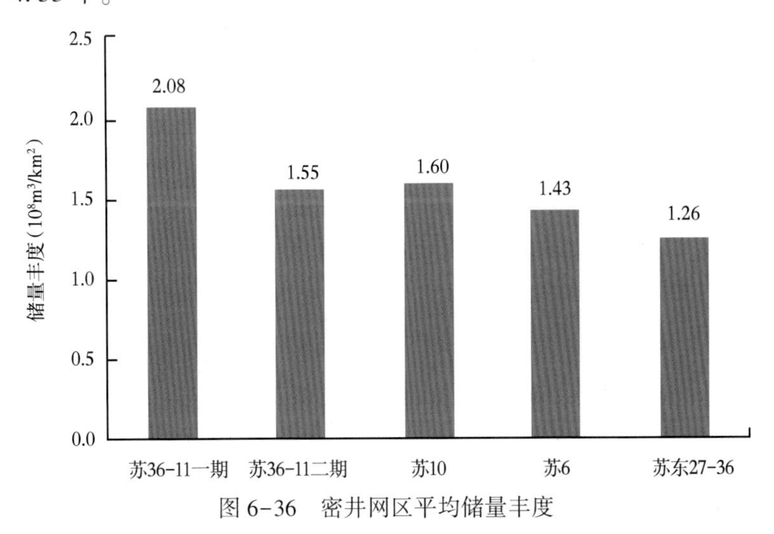

图 6-36　密井网区平均储量丰度

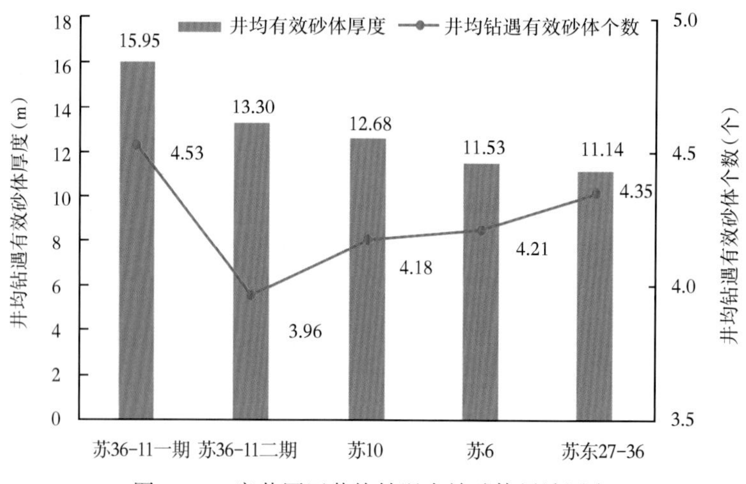

图 6-37　密井网区井均钻遇有效砂体累计厚度

2. 有效单砂体规模

苏 36-11 一期—苏 36-11 二期—苏 10—苏 6—苏东 27-36 试验区，有效单砂体规模减小（表 6-11，图 6-38），发育频率降低（图 6-39），储层分布趋于分散。

表 6-11　各密井网区有效单砂体发育规模与频率对比表

试验区	有效单砂体平均规模				发育频率（个/km^2）
	厚度（m）	宽度（m）	长度（m）	面积（km^2）	
苏 36-11 一期	3. 52	423	647	0. 273	18. 30
苏 36-11 二期	3. 35	386	590	0. 228	17. 66
苏 10	3. 03	370	560	0. 206	19. 14
苏 6	2. 74	350	550	0. 195	22. 22
苏东 27-36	2. 56	330	499	0. 165	29. 38

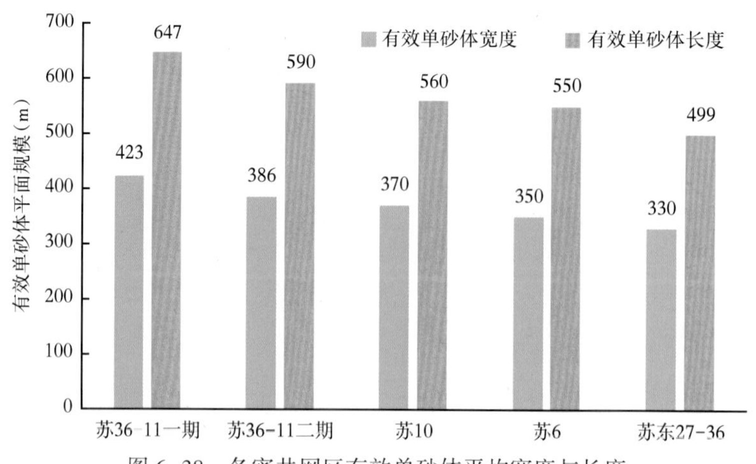

图 6-38　各密井网区有效单砂体平均宽度与长度

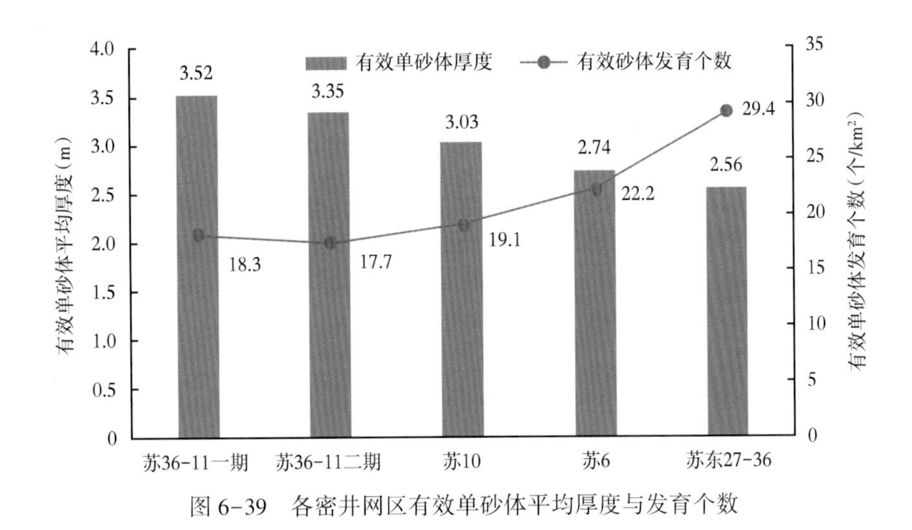

图 6-39 各密井网区有效单砂体平均厚度与发育个数

苏 36-11 一期试验区有效单砂体平均厚度 3. 52m，平均宽度 423m，平均长度 647m，平均面积 0. 273km^2，有效单砂体发育频率 18. 30 个/km^2。

苏 36-11 二期试验区有效单砂体平均厚度 3. 35m，平均宽度 386m，平均长度 590m，平均面积 0. 228km^2，有效单砂体发育频率 17. 66 个/km^2。

苏 10 密井网区有效单砂体平均厚度 3. 03m，平均宽度 370m，平均长度 560m，平均面积 0. 206km^2，有效单砂体发育频率 19. 14 个/km^2。

苏 6 试验区有效单砂体平均厚度 2. 74m，平均宽度 350m，平均长度 550m，平均面积 0. 195km^2，有效单砂体发育频率 22. 22 个/km^2。

苏东 27-36 试验区有效单砂体平均厚度 2. 56m，平均宽度 330m，平均长度 499m，平均面积 0. 15km^2，有效单砂体发育频率 29. 38 个/km^2。

3. 储层物性及含气性

各试验区储层物性差异不大，孔隙度 8%~9%，渗透率 0. 5~0. 6mD（表 6-12、图 6-40）。苏 10 区处在气田北部，距离物源近，物性较好，储层平均含气饱和度达 62. 18%。苏东 27-36 试验区的储层相对致密，含气饱和度 53. 81%（图 6-41），低于其他区块。

表 6-12 各密井网区有效砂体孔隙度、渗透率、含气饱和度对比表

试验区	孔隙度(%)	渗透率(mD)	含气饱和度(%)
苏 36-11 一期	8. 84	0. 585	58. 62
苏 36-11 二期	8. 49	0. 535	59. 25
苏 10	9. 43	0. 635	62. 18
苏 6	8. 64	0. 674	61. 23
苏东 27-36	8. 27	0. 519	53. 81

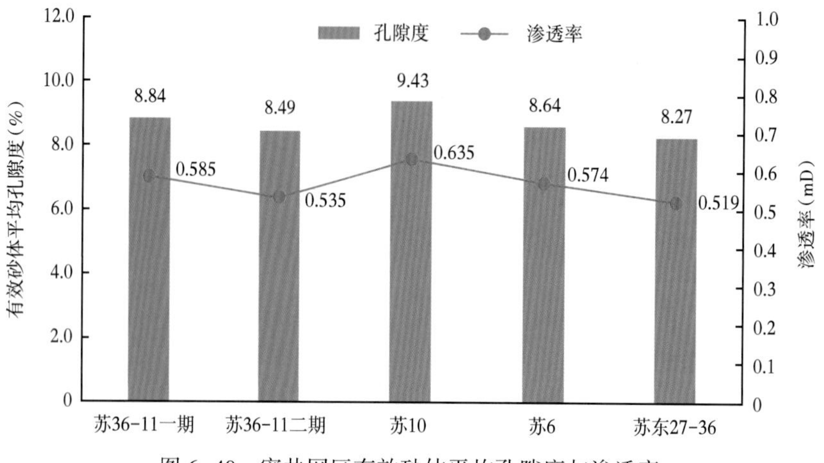

图 6-40　密井网区有效砂体平均孔隙度与渗透率

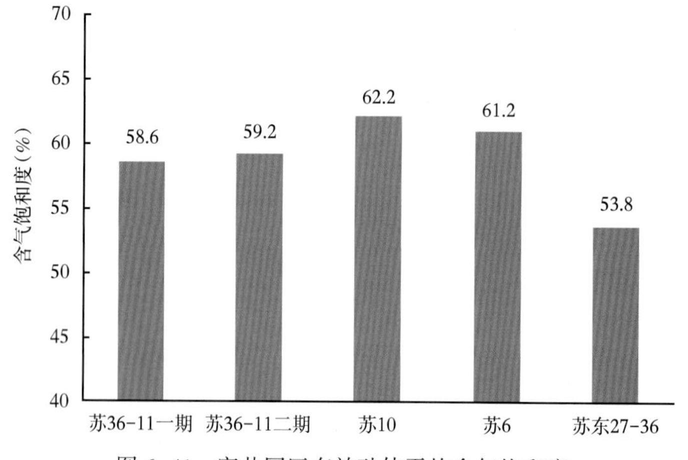

图 6-41　密井网区有效砂体平均含气饱和度

4. 储层钻遇率及储量集中程度

从苏 36-11—苏 10—苏 6—苏东 27-36 试验区，盒 8 段下亚段有效砂体钻遇率降低，储量集中程度依次降低。苏 36-11 试验区盒 8 段下亚段最发育、垂向上储量最集中，苏东 27-36 各层相对均质。

从有效砂体钻遇率来看，盒 8 段下亚段由苏 36-11 一期试验区的 98%降至苏东 27-36 试验区的 84%，盒 8 段上亚段由苏 36-11 一期试验区的 19%升至苏东 27-36 试验区的 52%，山 1 段由苏 36-11 一期试验区的 46%升至苏东 27-36 试验区的 79%（图 6-42）。

从储量集中程度来看，盒 8 段下亚段由苏 36-11 一期试验区的 76.4%降至苏东 27-36 试验区的 46.2%，盒 8 段上亚段由苏 36-11 一期试验区的 6.6%升至苏东 27-36 试验区的 19.5%，山 1 段由苏 36-11 一期试验区的 17.0%升至苏东 27-36 试验区的 34.3%（图 6-43）。

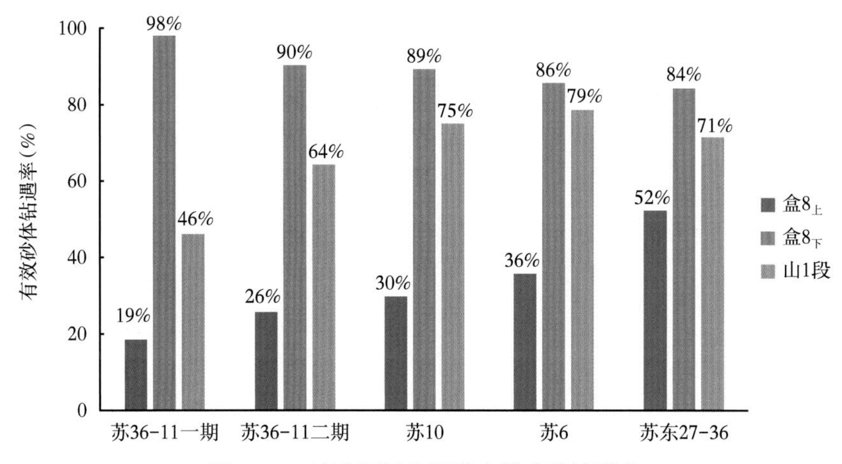

图 6-42 密井网区各层段有效砂体钻遇率

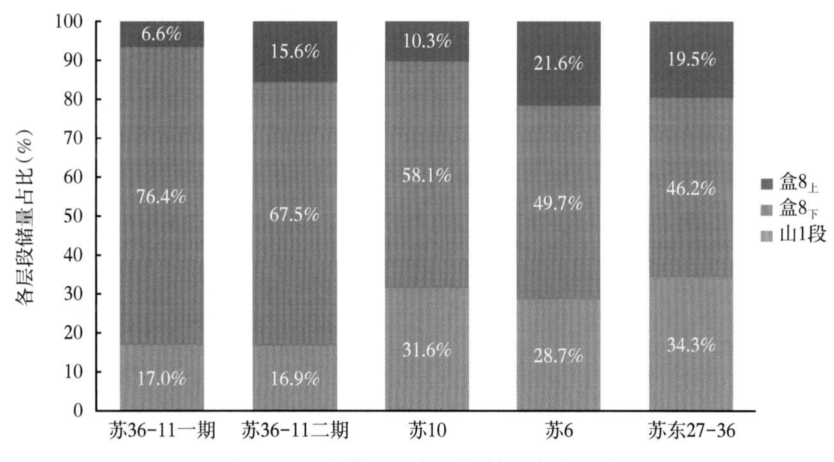

图 6-43 密井网区各层段储量集中程度

二、试验区开发指标对比

1. 套压对比

从初始套压来看，各区块普遍在 20MPa 以上，差别不大；苏东 27-36 试验区位于气田东区，埋深较浅，小于其他区块(图 6-44)。

从目前套压来看，投产时间越长，开发越充分，井均目前套压越小。例如，苏 6 试验区井均投产 4357 天，截至 2020 年，套压 3.6MPa；苏 10 试验区井均投产 3400 天，截至 2020 年，套压 4.3MPa；苏 36-11 一期试验区井均投产 2965 天，截至 2020 年，套压 4.6MPa。

2. 日产气量与累计产气量对比

各试验区初期日产气$(1.1\sim2.1)\times10^4m^3$，与储层品质差异有关，苏 36-11 一期试验区初期日产气量最高，苏东 27-36 试验区初期日产气量最低(图 6-45)。

各区截至 2020 年，日产气$(0.09\sim0.99)\times10^4m^3$，与目前套压关系较好。苏 36-11 二期试验区、苏东 27-36 试验区投产时间较晚，目前套压分别为 7.8MPa、11.6MPa，井均

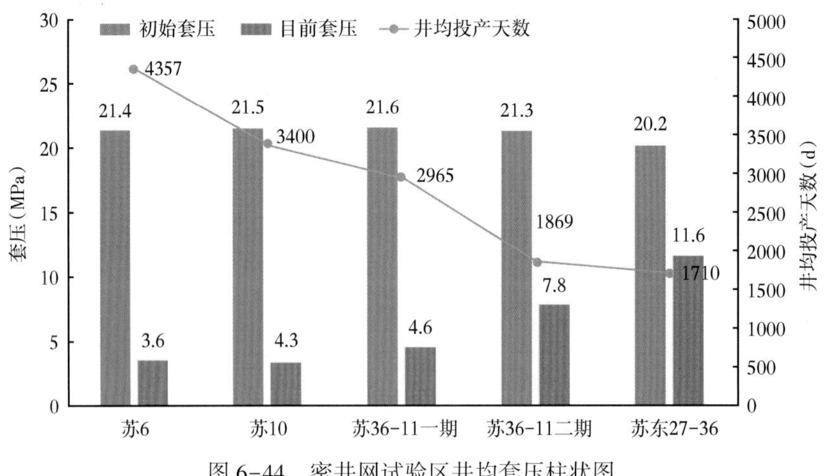

图 6-44　密井网试验区井均套压柱状图

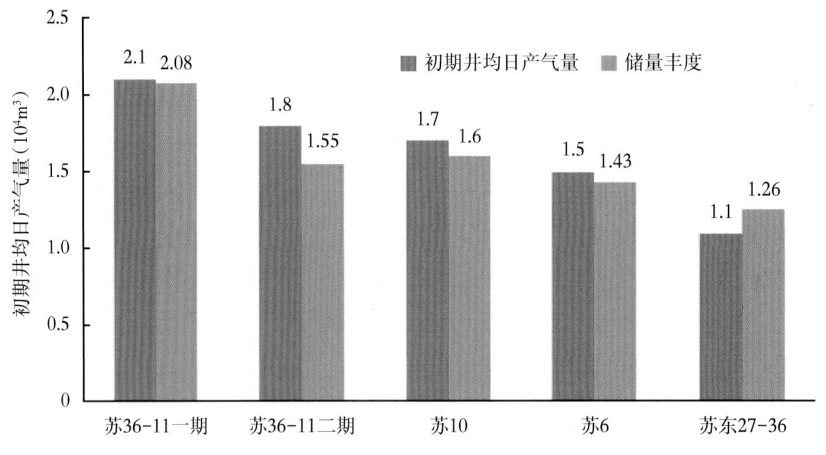

图 6-45　密井网区初期井均日产气量与储量丰度的关系

日产气量分别为 0.99×10^4m^3、0.45×10^4m^3。至于苏 36-11 一期试验区、苏 10 试验区、苏 6 试验区投产时间较早，套压为 3~4MPa，相应的，井均日产气量为（0.09~0.32）×10^4m^3（图 6-46）。

各区井均累计产气（717~2078）×10^4m^3，与投产时间、压降有较好相关性。投产时间越长，储层品质越好，套压降越大，区块的井均累计产气量越大（图 6-47）。

3. 加密前老井动储量与泄气范围对比

加密前老井未产生干扰，其泄气范围与储层品质、连通程度有较好的相关性，其动储量更能反映气井真实生产能力。经计算，苏 36-11 一期、二期试验区，苏 10 试验区，苏 6 试验区，苏东 27-36 试验区老井井均动储量分别为 5908×10^4m^3、3914×10^4m^3、3336×10^4m^3、3248×10^4m^3、2040×10^4m^3（图 6-48），井均泄气范围分别为 0.273km^2、0.228km^2、0.206km^2、0.195km^2、0.165km^2（图 6-49）。

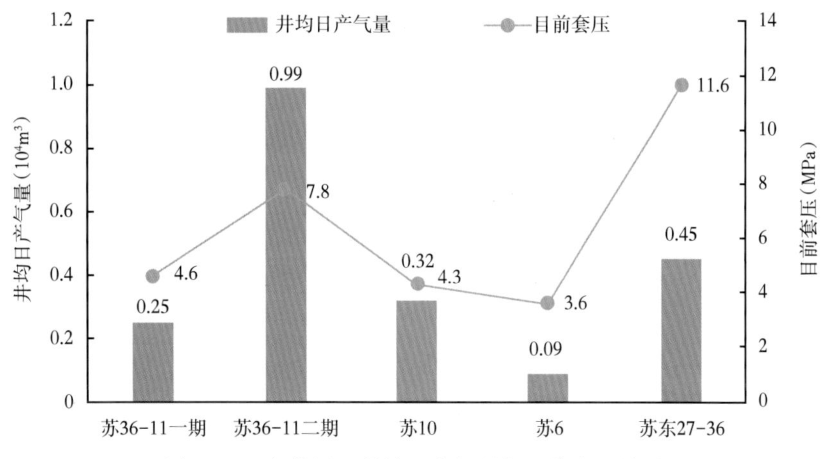

图 6-46 密井网区井均日产气量与目前套压关系

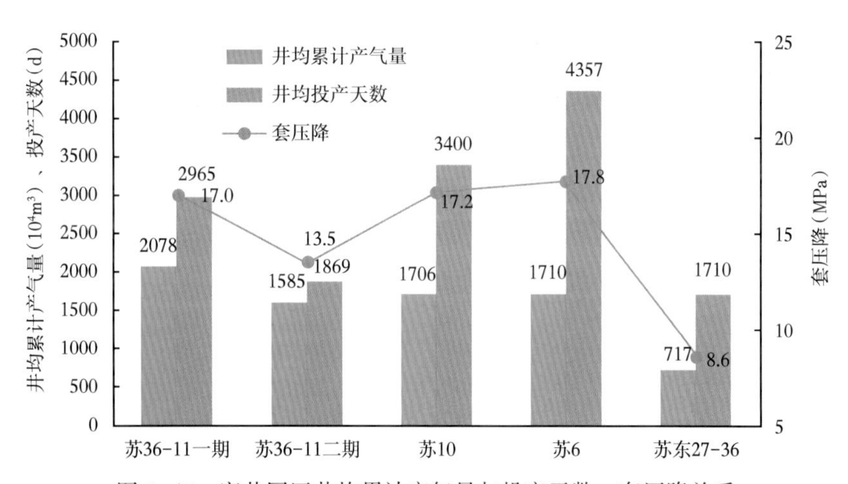

图 6-47 密井网区井均累计产气量与投产天数、套压降关系

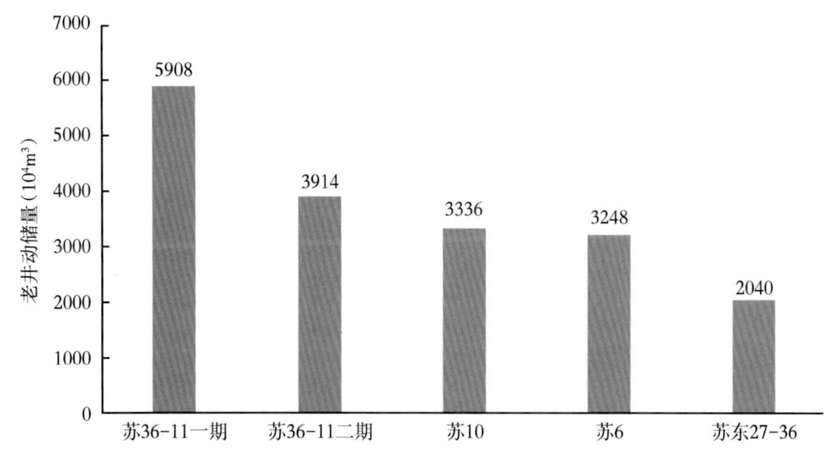

图 6-48 密井网试验区老井动储量分布图

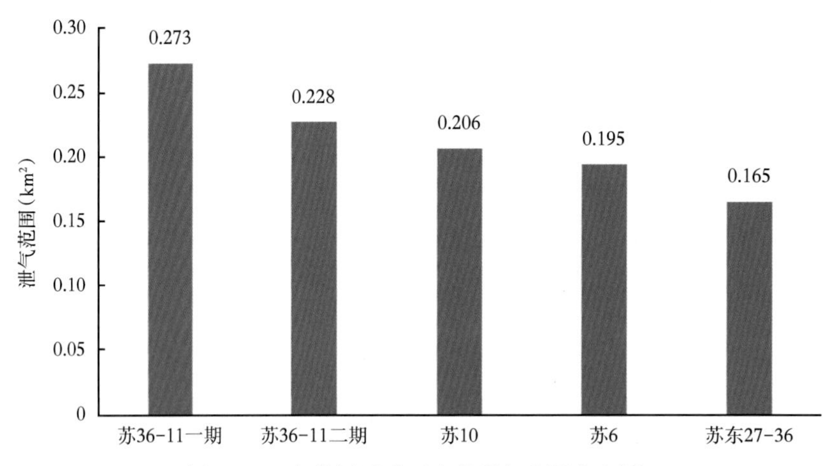

图 6-49　密井网试验区老井泄气范围分布图

4. 老井与新井 EUR 及开发效益对比

分别计算内部收益率为 12%、8%、0 时对应的 EUR 下限，评价各密井网区老井、新井及区块的开发效益（表 6-13）。

表 6-13　动态法计算不同气价下气井经济累计产量

气价（元/10^3m^3）	不同收益率下 EUR 下限（10^4m^3）		
	IRR = 0	IRR = 8%	IRR = 12%
1000	1278	1621	1786
1050	1203	1525	1681
1100	1135	1440	1587
1150	1073	1364	1504
1200	1021	1295	1428
1250	972	1234	1360
1300	928	1178	1298
1350	887	1126	1242

对比各密井网开发效果，可以发现在各自的井密度下，各密井网区老井的内部收益率皆在 12%以上，区块整体的内部收益率也在 12%以上，仅部分区块的新井达不到 12%的收益率标准（表 6-14，图 6-50）。

新井产量一般低于老井，主要有两个原因。一是产量干扰：储层连通性越好，井网密度越大，加密时间越晚，受井间干扰影响，新井产量越低；例如苏 36-11 一期试验区的储层品质好，而加密后井密度又过大，达到 5 口/km^2，加密井投产时间与骨架井相隔 6～7 年以上，导致加密井井均 EUR 仅为 $1249\times10^4m^3$，对应内部收益率 0～8%。二是储层条件变差：按照“先肥后瘦”原则，老井钻在富集区，新井钻在边部，例如苏东 27-36 试验区，也会造成新井产量低，开发效益差。

表 6-14 密井网区老井、新井及区块内部收益率

密井网区	内部收益率（%）		
	老井	新井	区块
苏 36-11 一期	>12	0-8	>12
苏 10	>12	>12	>12
苏 36-11 二期	>12	≈12	>12
苏 6	>12	≈12	>12
苏东 27-36	>12	>12	>12

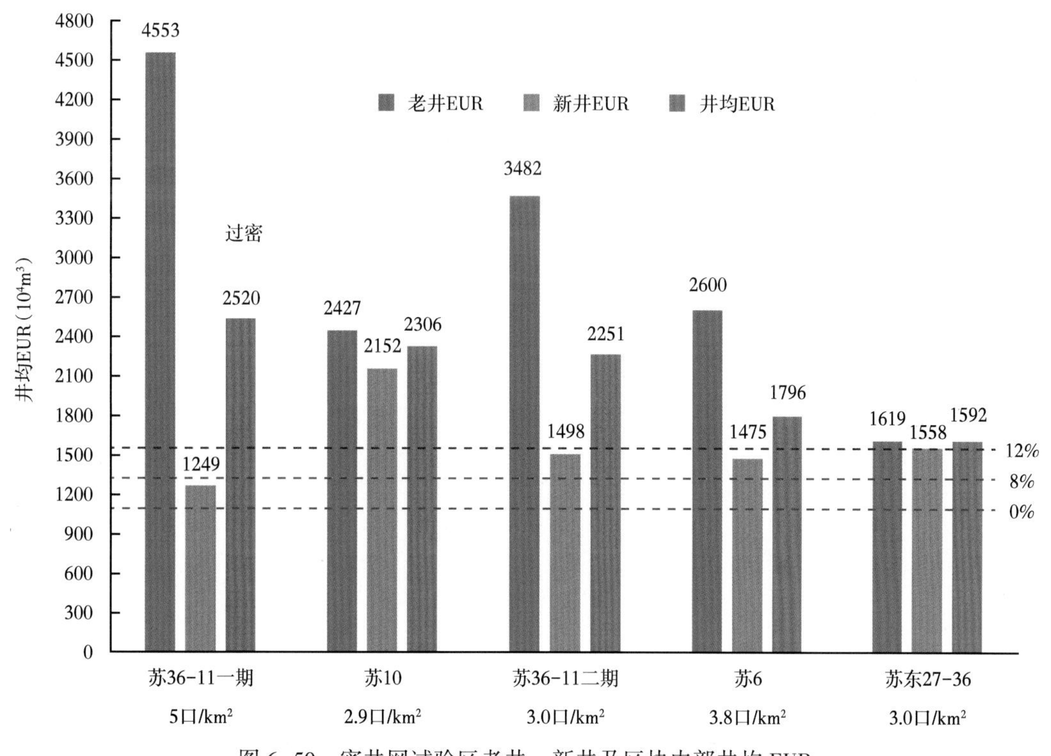

图 6-50 密井网试验区老井、新井及区块内部井均 EUR

5. 采收率对比

根据各密井网区实际开发效果及气井 EUR 评价，基本落实了各类储量区的采收率随井网密度变化的分布区间（图 6-51）。Ⅰ类储量区在 3 口/km^2 的井密度下，采收率大于 50%；在 4 口/km^2 的井密度下，采收率大于 55%；在 5 口/km^2 的井密度下，采收率大于 60%。Ⅱ类储量区在 3 口/km^2 的井密度下，采收率大于 40%；在 4 口/km^2 的井密度下，采收率大于 45%。Ⅲ类储量区在 3 口/km^2 的井密度下，采收率大于 35%（表 6-15）。

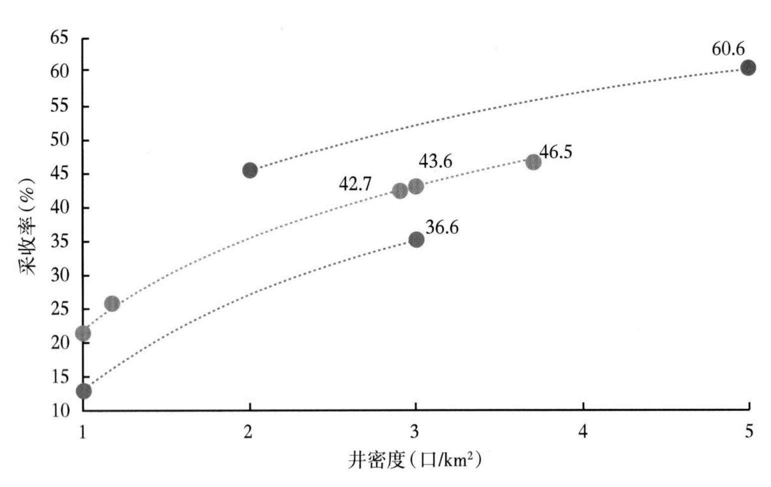

图 6-51　三类储量区基于实际井网的采收率分布图

表 6-15　三类储量区井密度 1~5 口/km² 下的采收率分布区间

井密度(口/km²)	Ⅰ类	Ⅱ类	Ⅲ类
1	20%~25%	15%~20%	10%~15%
2	40%~45%	30%~40%	25%~30%
3	50%~55%	40%~45%	35%~40%
4	55%~60%	45%~50%	
5	>60%		

第七章　井网优化技术对策研究

在评价苏36-11、苏10、苏6、苏东27-36等密井网区地质条件、气井开发指标及区块开发效果的基础上，兼顾开发效益和提高采收率，开展井网优化技术对策研究。通过地质建模和数值模拟研究，落实不同地质条件下的适宜井网密度及采收率指标。

在开发早期，由于对储层认识不准确，造成了井网对储量控制不足，采收率偏低。这里的井网优化研究，是在气田进入稳产及提高采收率阶段，掌握了大量的地质及开发数据后，针对整体未动用储量区，重新考虑一次井网成型的适宜密度。井网优化研究通常需要利用建模、数模手段，对不同井密度下的开发指标分别进行模拟，去逐步逼近那个最适宜的井网密度的点。这里将新井定义为“每平方千米多钻的一口井”，实际上为井网优化数模过程中虚拟的一口井，与传统的“加密”内涵不同。

第一节　井网优化调整原则

多层透镜状致密砂岩气藏井网优化提高采收率，必然要接受一定程度的干扰，这是因为气田垂向上发育多套含气层系，有效单砂体规模小，加密井与骨架井在某一层产生干扰时，加密井可以钻到若干新的单砂体（图7-1），从而提高储量动用程度和采收率。在气田逐步上产和长期稳产的迫切需求下，需要将井网优化调整理念由原先的“保证单井产量和高产井比例，避免任何程度的干扰”转变为“在坚守效益下限的基础上，尽可能地提高采收率”。

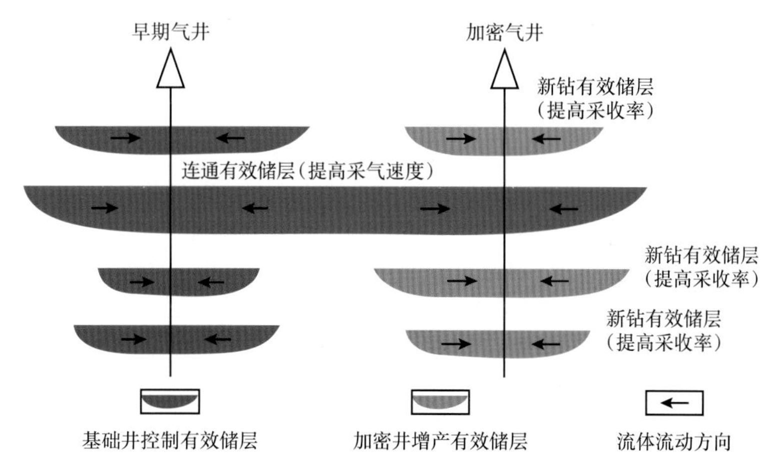

图7-1　加密气井增产气开发示意图

一般来说，随着井网密度增加，井间干扰变得严重，单井平均产量降低，井组产量增加的速度变慢，采收率增加幅度变小。井网过稀，储量得不到有效动用，采出程度低；井网太密，受地质条件和产能干扰，单井累计产量降低，影响开发效益（图 7-2）。井网优化研究，就是在探寻开发效益与采收率的平衡点。分析认为，“产量干扰率”较“井数干扰率”更有意义。将产量干扰率定义为加密后平均单井累计产量减小量与加密前平均单井累计产量的比值（式 7-1）。干扰试验表明，在储量丰度为 $1.5\times10^8\mathrm{m}^3/\mathrm{km}^2$、井密度为 4 口/$\mathrm{km}^2$ 的条件下，50%~60%的气井井数产生干扰，井数干扰率较高，而产量干扰率仅为 10%~20%，在可接受的范围内。

$$产量干扰率（I_{\mathrm{R}}）=\frac{加密前后平均单井累计产量差（\Delta Q）}{加密前平均单井累计产量（Q）}\times100\% \quad (7-1)$$

兼顾开发效益和采收率，明确了井网优化与加密的三条原则：

（1）较大程度地提高采收率，同时避免严重的产量干扰；

（2）区块整体经济有效（内部收益率大于 8%）；

（3）加密井增产气能够覆盖加密井综合成本（收益率大于 0）。

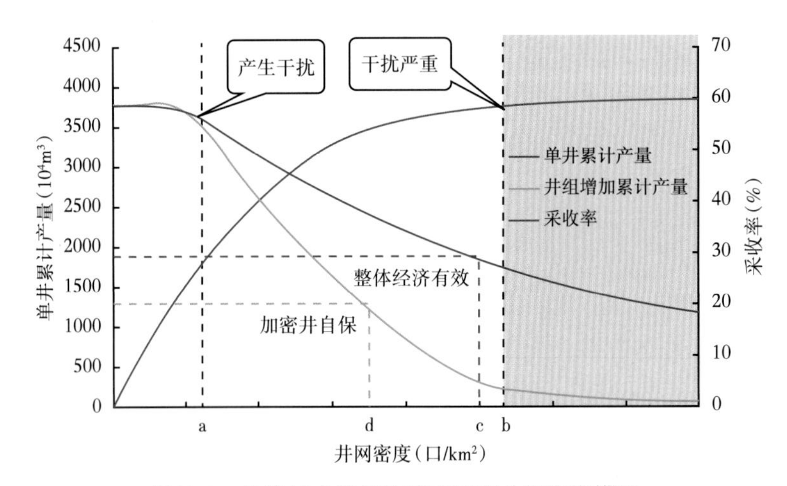

图 7-2　经济技术指标法确定适宜井网密度模型

a—产生干扰时对应的井密度，b—产生严重干扰时对应的井网密度；c—区块内气井整体有效时对应的救赎极限井网密度；d—加密井能自保时对应的极限井网密度

需要指出的是，新井为数模过程中每平方千米新钻的模拟井。“新井增产气”不同于“新井最终累计产气量（EUR）”，只是“新井 EUR”的一部分，是新钻储层内的储量，对于提高采收率更有意义，同时克服了加密时机的影响。而新井 EUR 包括的另一部分为采出的与老井连通储层内的气，本质上是在抢老井的气，只能提高采气速度，不能提高采收率。

第二节　地质建模和数值模拟

基于各密井网区的实际生产数据，同时通过地质建模和数值模拟，预测不同地质条件、不同井密度下的气井及区块开发指标，分储量类型确定适宜的井网密度。

在地质建模方面，针对辫状河相致密砂岩储层非均质性强的特征，提出“多层约束、分级相控”的多步建模方法，主要包括以下步骤(图 4-1)：

(1)结合测井、地震资料，反演伽马场，建立砂岩概率体模型；

(2)基于训练图像，利用多点地质统计学方法建立岩石相模型；

(3)建立岩石相和辫状河体系双重控制下的沉积微相模型；

(4)结合离散型和连续型两种方法建立有效砂体模型。

通过地质认识验证、井网抽稀检验、储层参数对比、储量计算、动态验证等多种方法检验，建立的模型准确度高，可靠性强。相比于常规的建模方法，本建模方法尽可能地加入了先验地质知识增强了井间砂体的可预测性，使建立的模型更符合已有的沉积特征和地质认识，提高了三维地质模型的精度。通过 10 个井组的动（静）态资料对比表明，建立的地质模型与动态资料吻合度达到 82%。

另外，从地质验证的角度，一般认为，地质模型的井间预测精度在 70%以上，模型是基本可靠的。经对比，本次建模方法在 1200m×1800m 井网下精度可达 72.7%，适用于 1200m×1800m 井网；而常规建模方法仅适用 800m×1200m，两者相比，本次建立的模型精度得以较大程度地提高。

利用该建模方法，针对 3 类储量、4 个密井网区分别建立地质模型，网格尺寸 50m×50m×0.5m（表 7-1）。在苏 36-11 试验区优选建模区 3.0km^2，区内储量丰度 2.25×$10^8m^3/km^2$，建模区储量 6.75×10^8m^3，模型网格数 26.6 万个；在苏 10 密井网区优选建模区 10.0km^2，区内储量丰度 1.58×$10^8m^3/km^2$，建模区储量 15.80×10^8m^3，模型网格数 89.25 万个；在苏 6 试验区优选建模区 4.2km^2，区内储量丰度 1.43×$10^8m^3/km^2$，建模区储量 6.01×10^8m^3，模型网格数 37.46 万个；在苏东 27-36 试验区优选建模区 8.0km^2，区内储量丰度 1.26×$10^8m^3/km^2$，建模区储量 10.08×10^8m^3，模型网格数 71.36 万个(图 7-3)。

表 7-1　建模区基本参数

储量类型	密井网区	储量丰度（$10^8m^3/km^2$）	建模区面积（m^2）	建模区储量（10^8m^3）	网格数（万个）
Ⅰ类	苏 36-11	2.25	3.0	6.75	26.6
Ⅱ类	苏 10	1.58	10.0	15.80	89.25
Ⅱ类	苏 6	1.43	4.2	6.01	37.46
Ⅲ类	苏东 27-36	1.26	8.0	10.08	71.36

在地质模型的基础上，通过大型数模软件，模拟井密度为 2～8 口/km^2 范围内的气井开发指标和生产期末采收率(图 7-4)。变更井网密度时，先将老井抽离，重新布新井，打井的位置也就发生了变化。由于模拟是基于实际地质模型，储层非均质极强，井网密度改变前后即使没有井间干扰，单井的最终累计产量也可能发生变化。

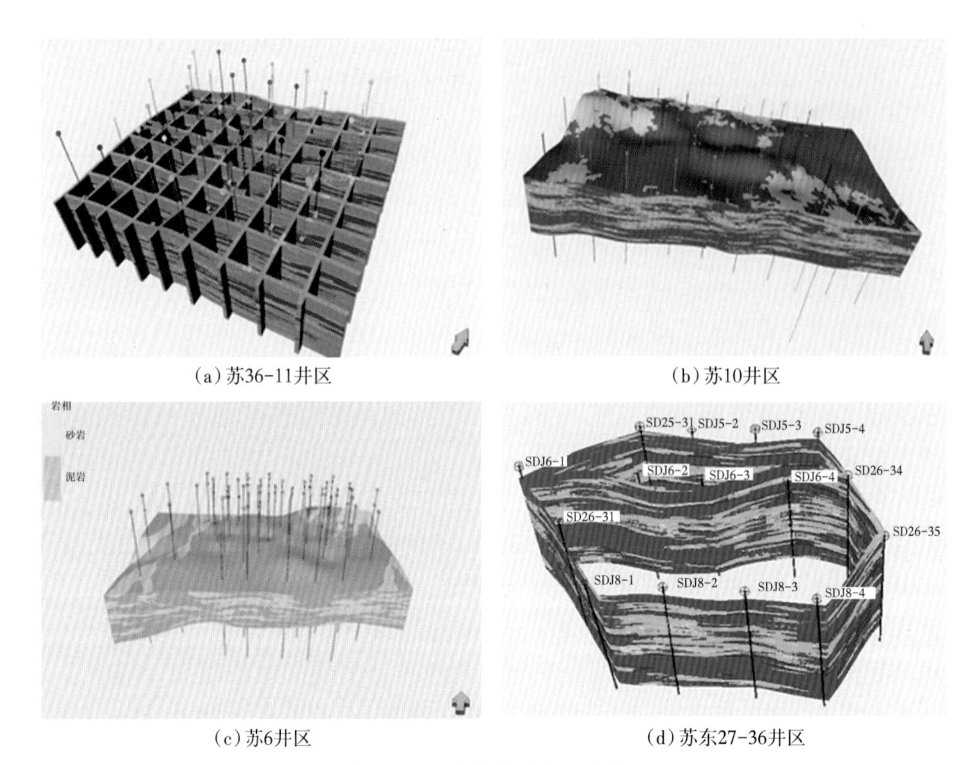

(a)苏36-11井区　(b)苏10井区

(c)苏6井区　(d)苏东27-36井区

图 7-3　密井网区地质建模

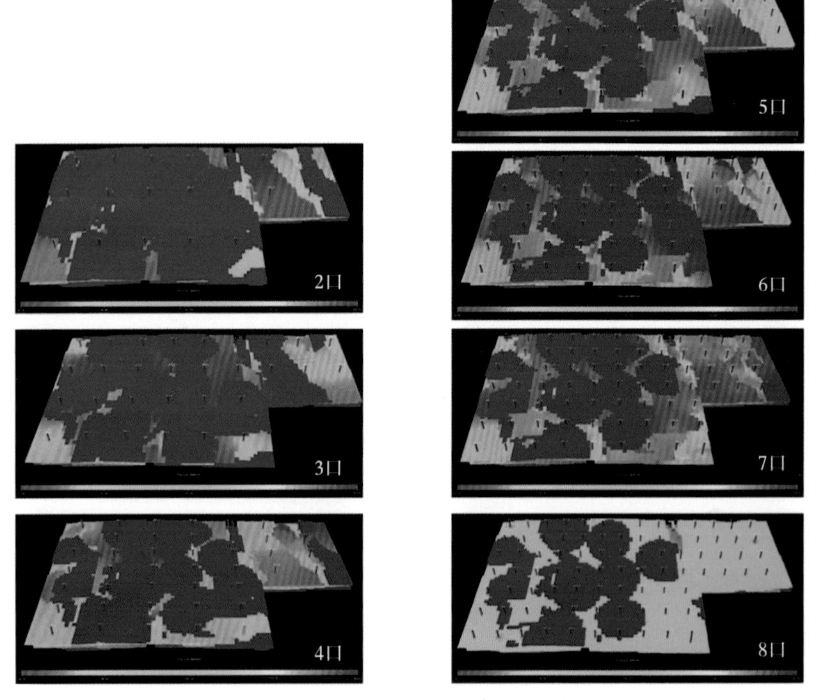

图 7-4　不同井网密度数值模拟模型

第三节　不同类型储量适宜井密度

一、Ⅰ类储量适宜井密度

Ⅰ类储量储层品质好，单井产量相对高，井密度加密至 8 口/km^2，井均 EUR 为 1862×10^4m^3（图 7-5），区块仍然整体有效。另一方面，储层连续性好，井密度无须太大即能有效控制储层，在井密度为 3 口/km^2 时，采收率达 50%以上（图 7-6），出现拐点。当井网密度进一步增大，井密度大于 4 口/km^2 后，新钻井为无效井（图 7-7），产量干扰率大于 30%，加密井增产气量小于 1075×10^4m^3（图 7-8）。根据加密原则，综合多因素考虑，Ⅰ类储量区适宜井密度为 3 口/km^2。

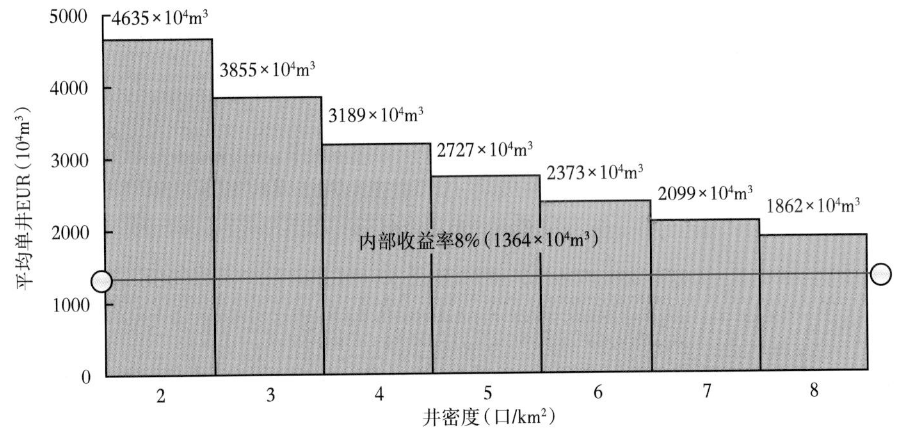

图 7-5　Ⅰ类储量单井平均 EUR 与井密度

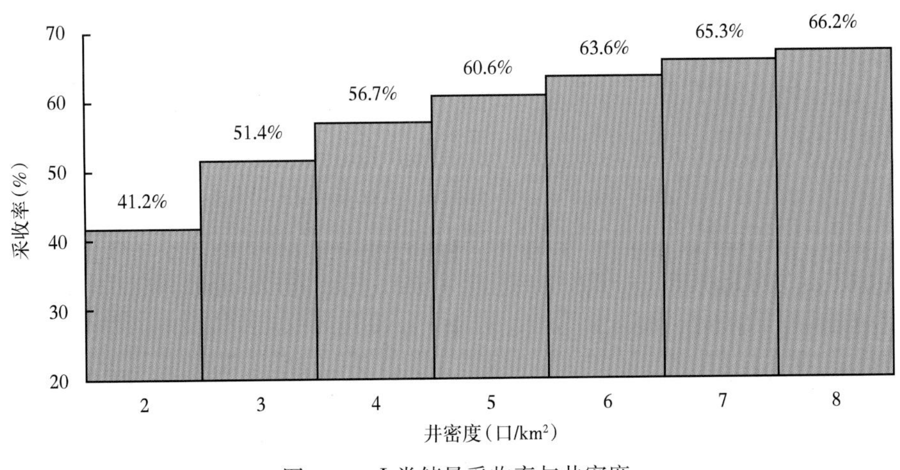

图 7-6　Ⅰ类储量采收率与井密度

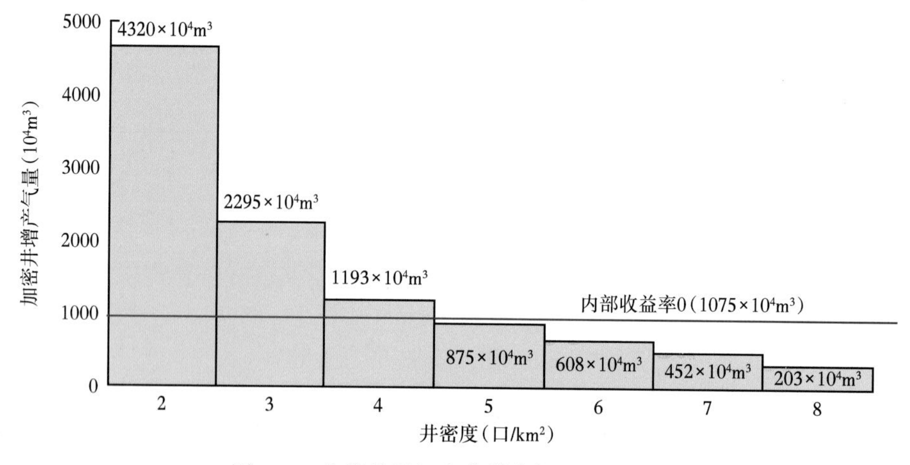

图 7-7 Ⅰ类储量加密井增产气量与井密度

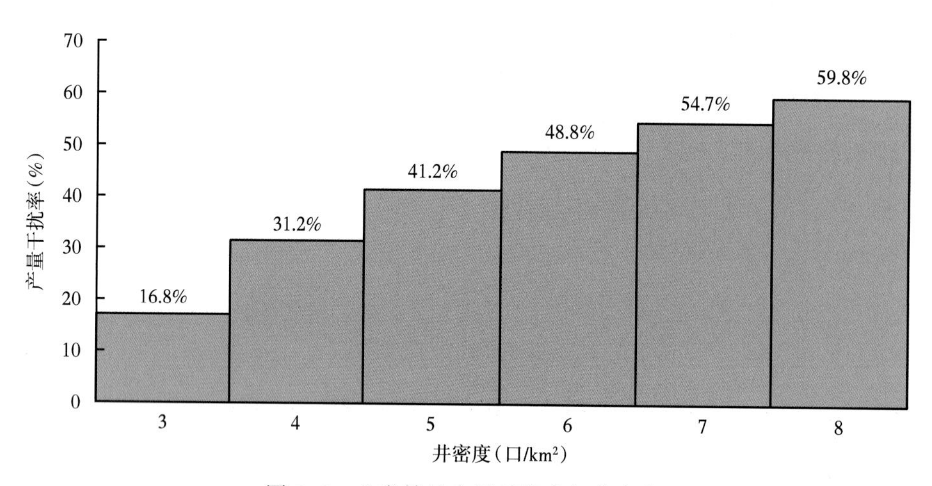

图 7-8 Ⅰ类储量产量干扰率与井密度

二、Ⅱ类储量适宜井密度

Ⅱ类储量区储量丰度范围为（1.3～1.8）×$10^8m^3/km^2$，储层品质较好，井密度加密至 7 口/km^2，井均 EUR 为 1349×10^4m^3，区内整体收益率约为 8%（图 7-9）。井密度达 4 口/km^2，加密井产量 1088×10^4m^3，收益率大于 0（图 7-10），进一步加密，新井没有效益，此时对应采收率约为 50%（图 7-11），产量干扰率 21.9%（图 7-12）。综合考虑，Ⅱ类储量区适宜井密度为 4 口/km^2。

三、Ⅲ类储量适宜井密度

Ⅲ类储量区（苏东 27-36 井区）储量丰度为（1～1.3）×$10^8m^3/km^2$，储层品质较差，有效砂体在空间基本呈孤立状分布，开发效益较低。区块井密度整体加密至 4 口/km^2，井均 EUR 为 1465×10^4m^3，收益率大于 8%（图 7-13）。而井密度达 4 口/km^2 时，虽然产量干扰

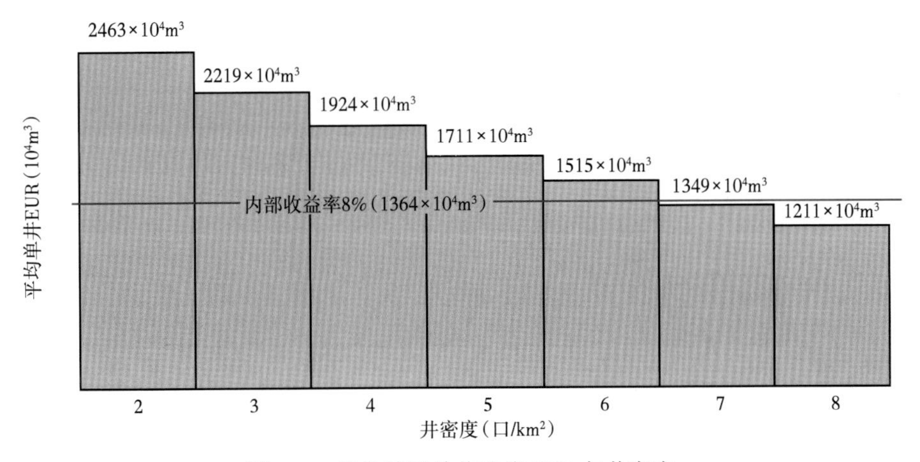

图 7-9 Ⅱ类储量单井平均 EUR 与井密度

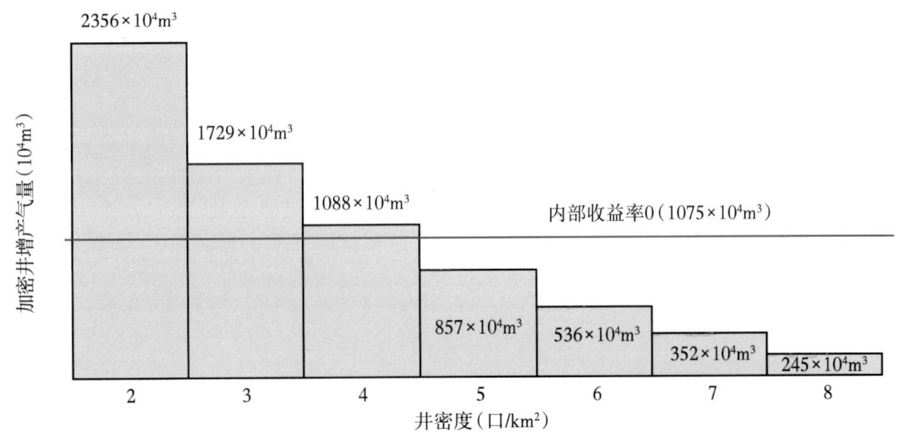

图 7-10 Ⅱ类储量加密井增产气量与井密度

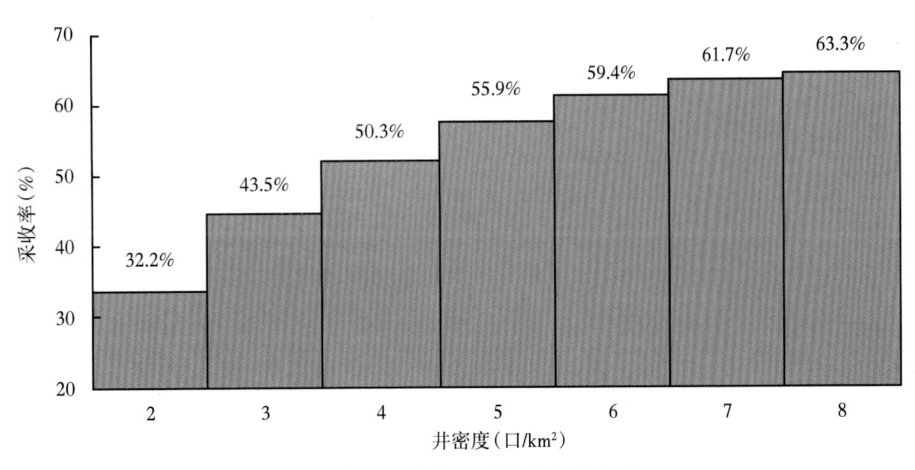

图 7-11 Ⅱ类储量采收率与井密度

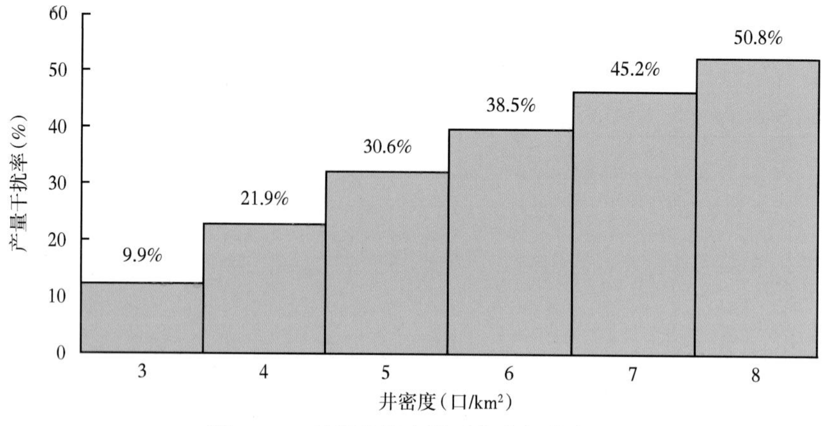

图 7-12 Ⅱ类储量产量干扰率与井密度

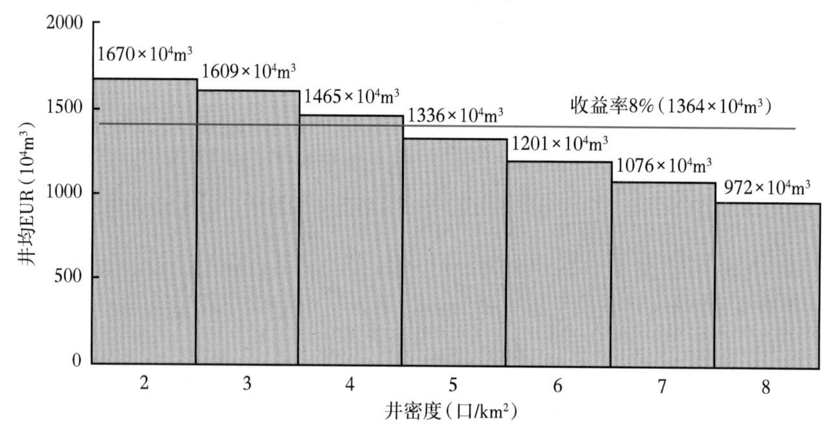

图 7-13 Ⅲ类储量单井平均 EUR 与井密度

率仅为 11.9%(图 7-14)，但加密井增产气量仅为 $1033\times10^4m^3$(图 7-15)，收益率小于 0，加密井没有效益。因此，Ⅲ类储量区适宜井密度为 3 口/km^2，区块最终采收率约为 38%(图 7-16)。

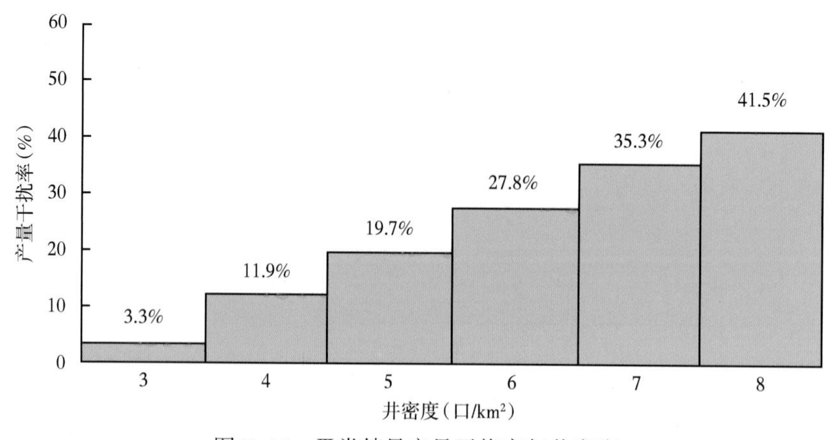

图 7-14 Ⅲ类储量产量干扰率与井密度

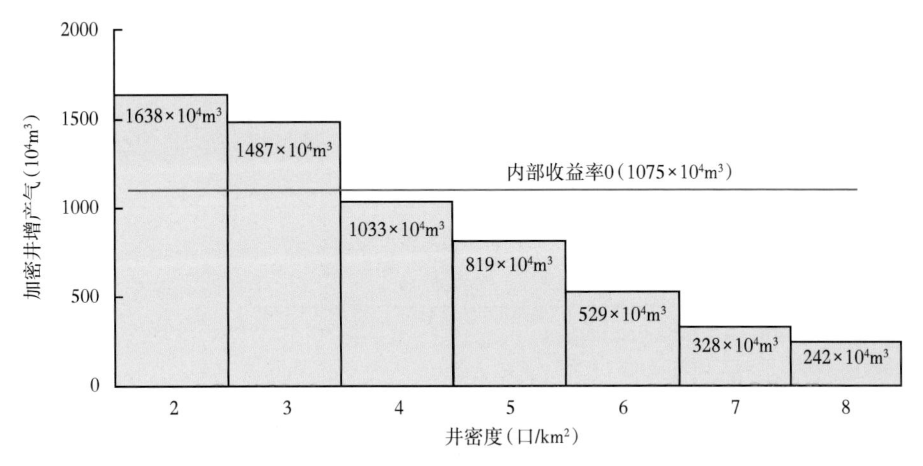

图 7-15　Ⅲ类储量加密井增产气量与井密度

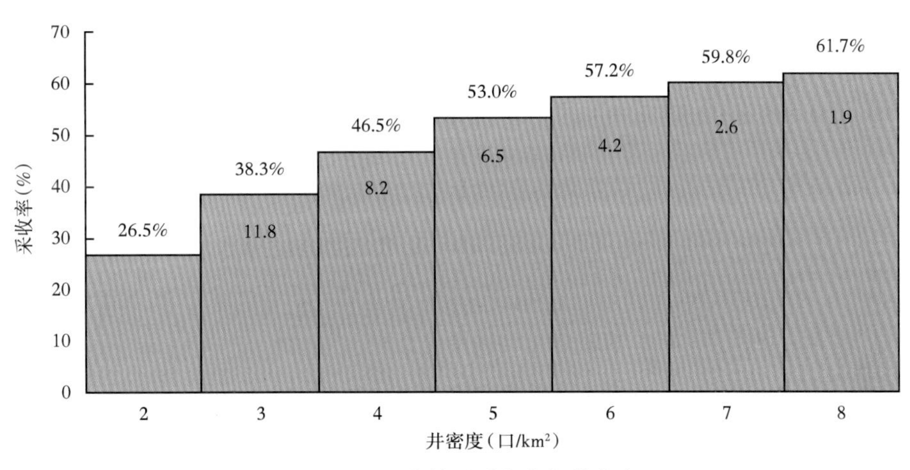

图 7-16　Ⅲ类储量采收率与井密度

第四节　井网整体优化技术流程

根据井网优化原则，从气井泄气范围、采收率增幅拐点、区块整体有效、加密井自保等方面综合确定不同类型储量适宜井网密度。在此基础上，提出了致密气井网优化调整流程，论证了井网优化的四个阶段和合理的技术井网、经济井网区间。

一、适宜井密度确定方法

1. 根据泄气范围推算极限井网

气藏多层含气，同时气井控压生产，井下安装节流器，不便分层计量产液量，泄气范围为垂向上多层动用储量的叠合范围，具有两个主要特征：一是形状、边界不规则，难以准确地用数学公式表达，二是计算值介于单层最大动用范围和最小动用范围间，例如图

7-17 中，计算的气井泄气半径 $r>r_2$ 并且 $<r_1$、r_3。在实际应用中，可根据气藏工程方法近似计算泄气范围并由此推算极限井网，Ⅰ类储量区、Ⅱ类储量区、Ⅲ类储量区气井平均泄气范围分别为 0.273km^2、0.210km^2、0.165km^2（图 7-18），对应极限井密度分别为 3.7 口/km^2、4.8 口/km^2、6.1 口/km^2。

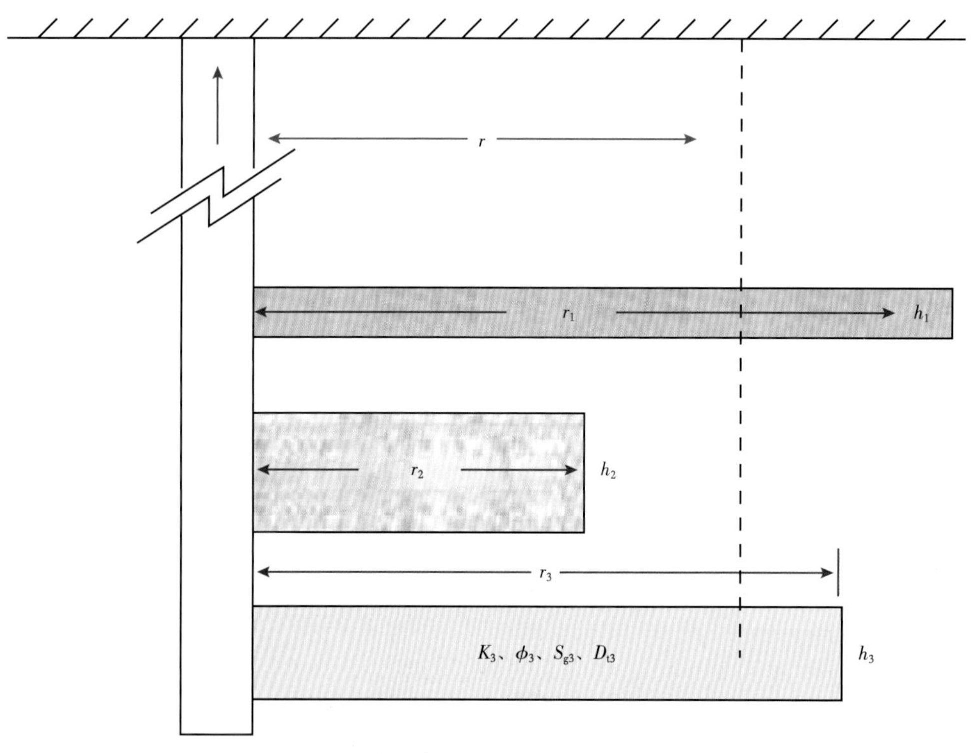

图 7-17　多层合采气井分层产量拟合模型

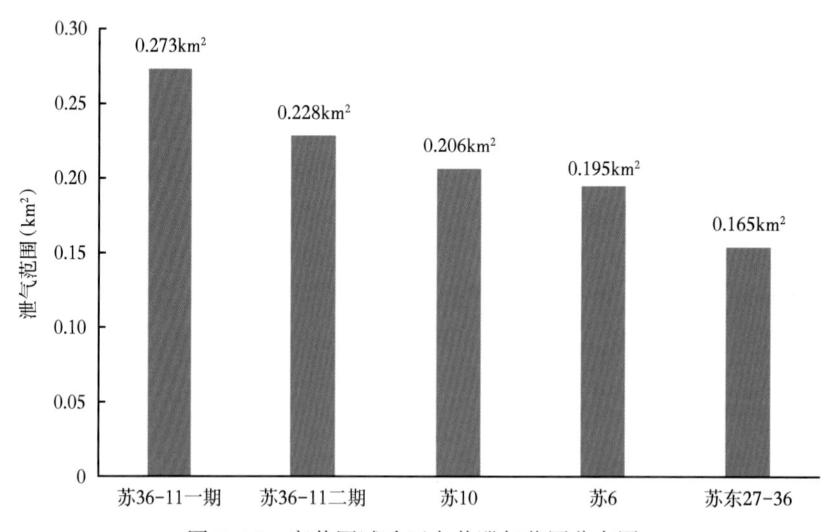

图 7-18　密井网试验区老井泄气范围分布图

2. 采收率增幅拐点

采收率随井网增加而不断增大，前期井间干扰小，增幅大，后期井间干扰严重，增幅小。采收率增幅拐点意味着井间干扰开始变得严重。随着储量丰度降低、储层连续性变差，采收率增幅的拐点不断向井网密度变大的方向偏移，Ⅰ类储量区、Ⅱ类储量区、Ⅲ类储量区的采收率增幅拐点对应井网密度分别为2.8口/km^2、3.5口/km^2、4.2口/km^2（图7-19）。

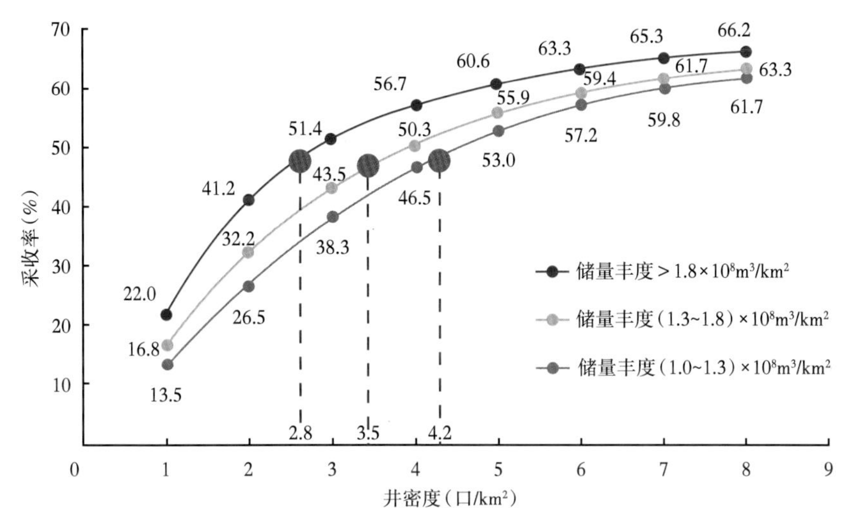

图7-19　各类储量采收率随井密度变化关系

3. 区块整体有效

在当前的技术及经济条件下，按照内部收益率8%对应气井EUR下限为标准，对比各类储量区整体有效的极限井网。储层品质越好，开发效果越好，对应的整体经济有效的极限井网密度越大。据计算，Ⅰ类储量区、Ⅱ类储量区、Ⅲ类储量区经济极限井网分别为9.5口/km^2、6.9口/km^2、4.8口/km^2（图7-20）。

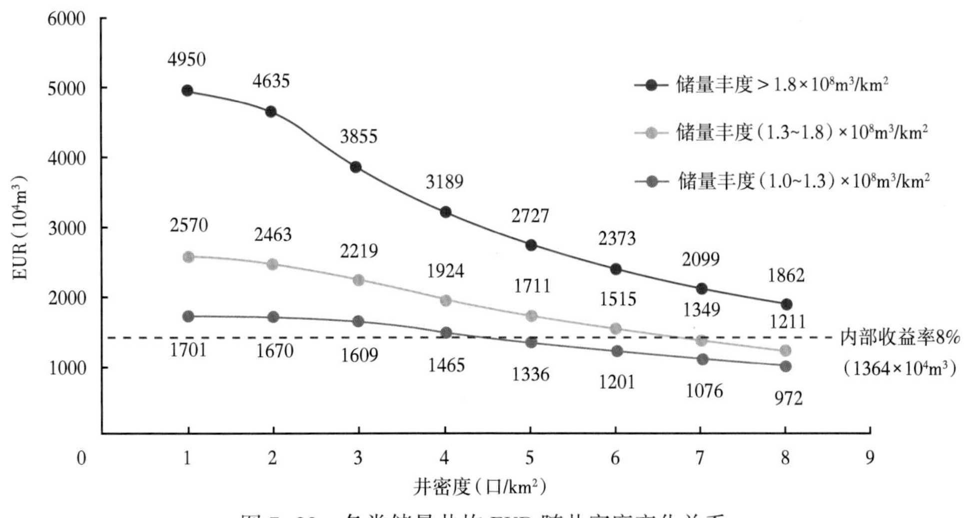

图7-20　各类储量井均EUR随井密度变化关系

4. 加密井有效

在井密度处于3~4口/km^2区间时，气井平均产量干扰率为10%~20%(图7-21)，整体在可接受的范围。从加密井增产气能够覆盖加密井自身综合成本的角度，以内部收益率0%(加密井增产气$1075\times10^4m^3$)为下限，对比不同储量区加密井有效的极限井网，则Ⅰ类储量区、Ⅱ类储量区、Ⅲ类储量区加密井有效对应极限井密度为4.3口/km^2、4.1口/km^2、3.8口/km^2(图7-22)。

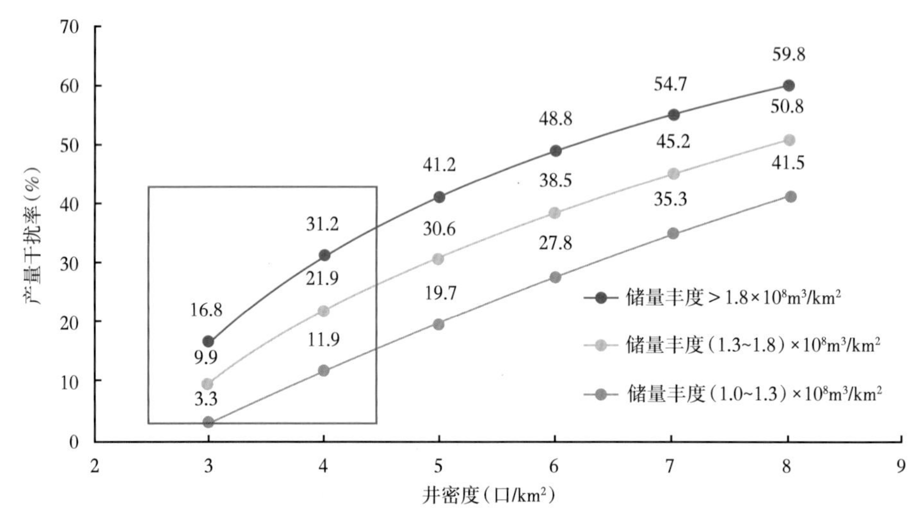

图7-21　各类储量区产量干扰率随井密度变化关系

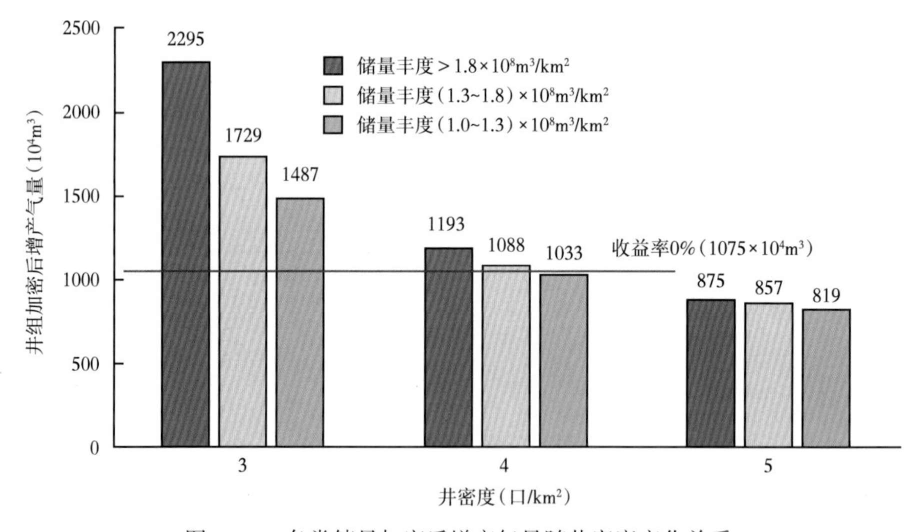

图7-22　各类储量加密后增产气量随井密度变化关系

储层品质好，连续性强，井密度无须太大就能有效控制储层，进一步加密，采收率增幅小，开发效益降低。储层品质差，非均质性强，一次部署井密度过大，宜造成实际情况与地质预判差异大的问题，开发风险大。根据泄气范围评价，结合大幅提高采收率、区块整体有效、加密井自保三条原则，提出Ⅰ类储量区、Ⅱ类储量区、Ⅲ类储量区适宜井密度分别为 3 口/km^2、4 口/km^2、3 口/km^2（表 7-2），相应井网下井均 EUR 分别为 $3855\times10^4m^3$、$1924\times10^4m^3$、$1609\times10^4m^3$，采收率分别为 51.4%、50.3%、38.3%。

这里有一个值得注意的现象：气田中等储层品质的Ⅱ类储量区适宜井密度可达 4 口/km^2，而储层品质更好的Ⅰ类储量区、储层品质更差的Ⅲ类储量区适宜井密度皆为 3 口/km^2。

表 7-2　各类储量区适宜井网密度综合评价（井密度单位：口/km^2）

储量类型	大幅提高采收率	区块整体有效	加密井有效	泄气范围法	综合判断
Ⅰ类储量	2.8±0.5	≤9.5	≤4.3	<3.7	3
Ⅱ类储量	3.5±0.5	≤6.9	≤4.1	<4.8	4
Ⅲ类储量	4.2±0.5	≤4.8	≤3.8	<6.1	3

二、井网优化调整的 4 个阶段

总的来看，井网加密优化调整是开发效益与采收率指标互相平衡、不断优化的结果。井网稀，单井效益高，但储量得不到有效动用，采收率低；井网密，采收率高，开发效益低。将采收率随井密度的变化划分为 4 个阶段（图 7-23）。

第一阶段：井密度小于 1.5 口/km^2，井间基本未产生干扰，采收率随井密度增加线性提高。

第二阶段：井密度处在 1.5~4.5 口/km^2 范围内，井间出现一定的干扰，采收率随井密度增大而大幅提高。

第三阶段：井密度为 4.5~8.5 口/km^2，井间干扰严重，加密井增产气减小，采收率增幅越来越小。

第四阶段：井密度大于 8.5 口/km^2，加密井基本钻不到新的储层，采收率不再上升。

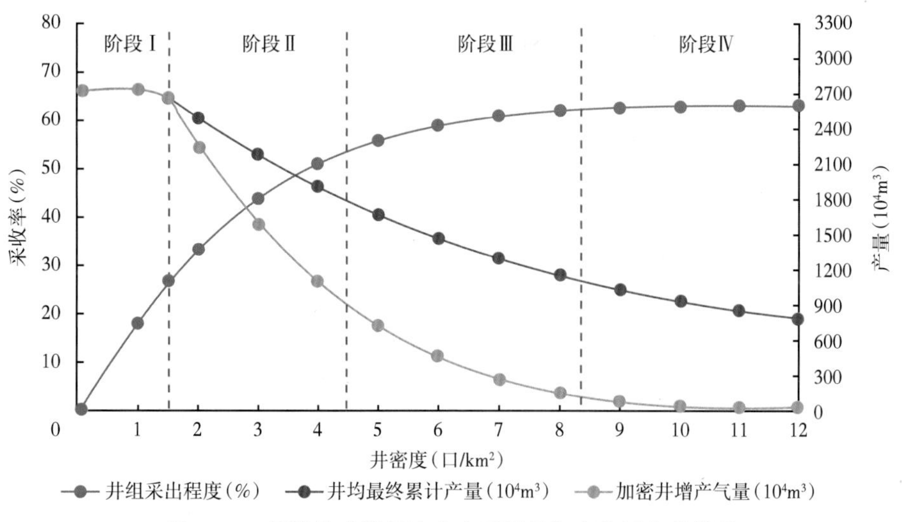

图 7-23　经济技术指标法确定可调整加密井网密度模型

综合分析表明，在现有的经济及技术条件下，苏里格致密气田井密度 1.5～8.5 口/km^2 为技术加密区间，井密度 2～5 口/km^2 为经济加密区间。未来随着开发技术的进步、气价的上涨，适宜井密度可能会发生改变。

第五节 井网局部加密分析

本研究的井网优化主要是针对井密度小于 1 口/km^2 的井网不完善区整体成型一次布井。对于目前井密度大于 3 口/km^2、开发时间较长的储量基本全部动用区，井网已没有加密空间，后期可通过查层补孔、改变生产制度、排水采气等措施在一定程度上提高采收率。而对于井密度为 1～2 口/km^2、开发有一段时间的储量部分动用区，则应该在单独评价加密井效益的基础上，在局部区域打加密井。本节重点评价井网局部加密。

一、不同加密方式对比

苏 6 试验区中心区域井网较密（图 7-24），储层认识更清晰，外围井网较稀，储层认识有待深入，因此，本次模拟分析主要以井网较密区域的预测模型为基础。模拟研究区域面积 7.76km^2，储量 $10.7\times10^8m^3$，储量丰度 $1.38\times10^8m^3/km^2$，垂向上剩余储量相对分散的地方采用直井加密，相对集中的地方采用水平井加密。

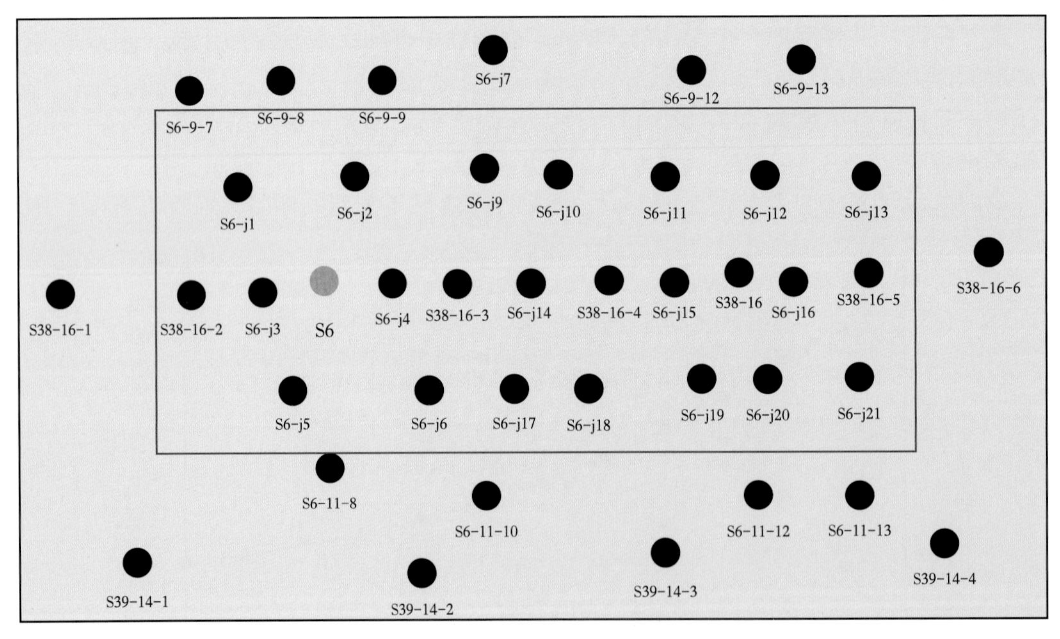

图 7-24 苏 6 区块建模区井位分布图

在苏里格气田 600m×800m 的井网背景下采用直井或水平井加密，可设计 4 种井网加密方式使井密度达到 4 口/km^2（图 7-25）：（1）对角线中心直井加密；（2）排距上直井加密；（3）井距上直井加密；（4）沿对角线水平井加密。

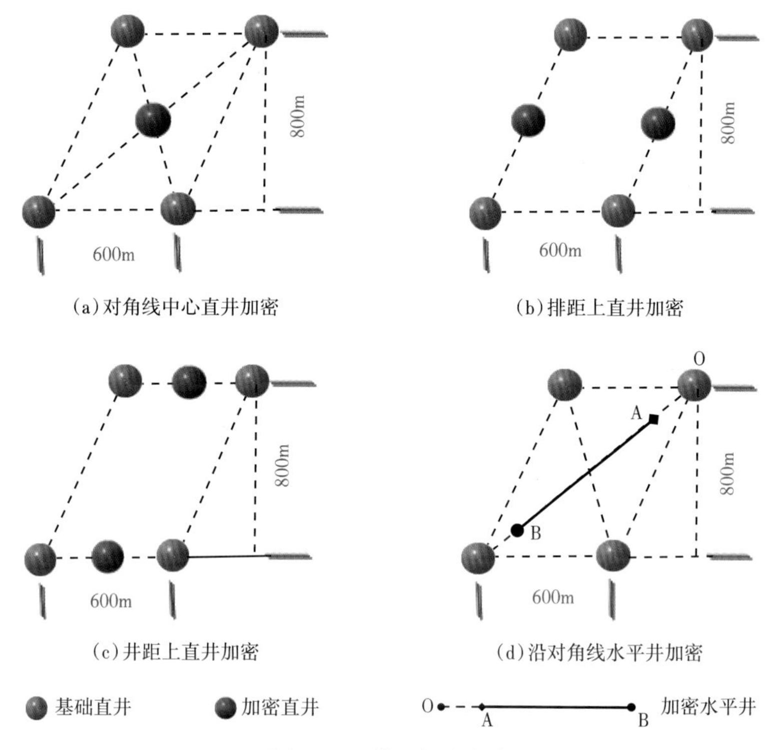

图 7-25 井网加密方式

其中，井距加密条件下，井距缩小到 200m 左右，排距 800m 不变，不符合地质认识，不是合理的井网加密方式。在模拟研究区域内首先抽稀成 600m×800m 井网，然后分别采用图 7-25 所示的 4 种加密方式进行整体加密部署，计算不同加密方式、不同裂缝长度条件下的单井平均累积产量和区块最终采出程度。

目前模拟研究区内的井密度已小于 2 口/km^2，通过抽稀得到 600m×800m 的井网，抽稀后有 19 口基础井。井位部署如图 7-26 所示，单井累计产量及采出程度预测见表 7-3，图 7-27 为区块累计产量预测图。

表 7-3 单井累计产量及采出程度预测

井网 / 半缝长	累计产量（井密度约 2 口/km^2）		最终采出程度（%）
	基础井产量（10^4m^3）	基础井平均产量（10^4m^3）	
96m	42245	2223	33.5

1. 对角线中心直井加密

模拟研究区内在 600m×800m 井网基础上对角线中心整体加密直井 10 口，共有直井 29 口，井密度约为 4 口/km^2，井位部署如图 7-28 所示，单井累计产量及采出程度预测见表 7-4，图 7-29 为区块累计产量预测图。评价最终采出程度 55%左右，且新加井和所有井的平均单井累计产量均大于目前单井经济极限累计产量。

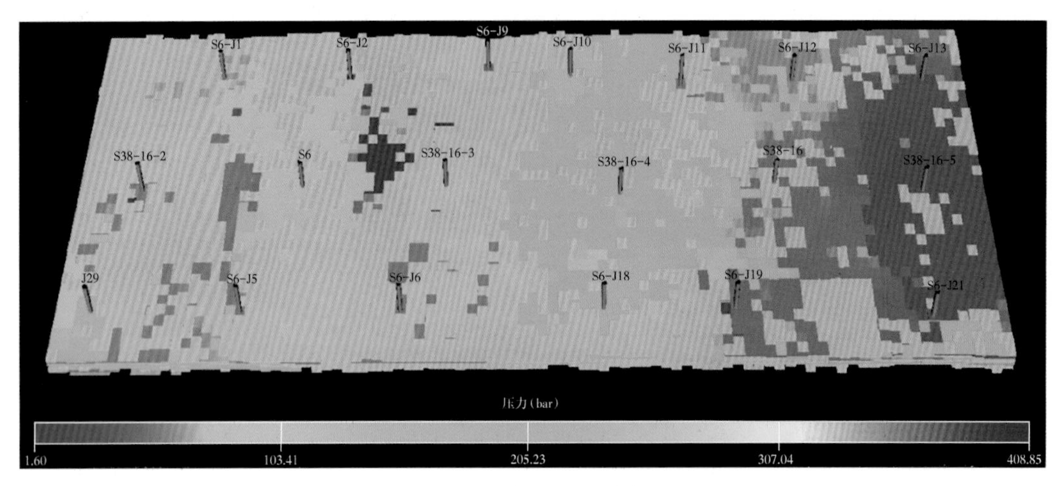

图 7-26　抽稀后的井位部署

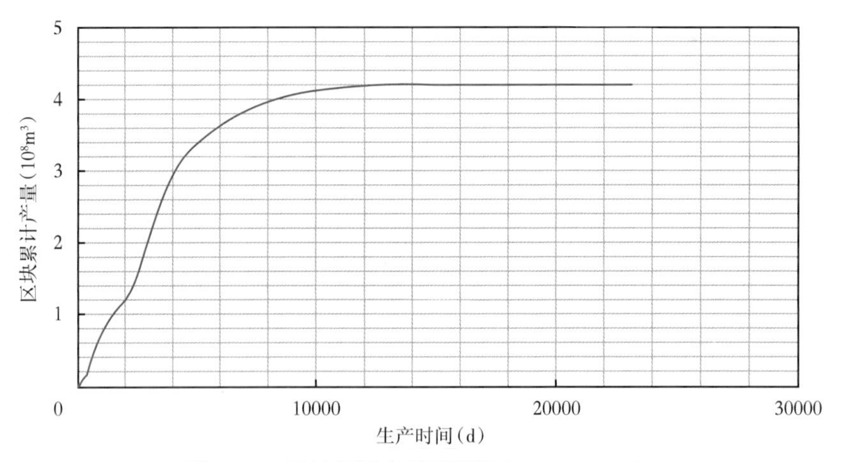

图 7-27　区块累计产量预测图(600m×800m)

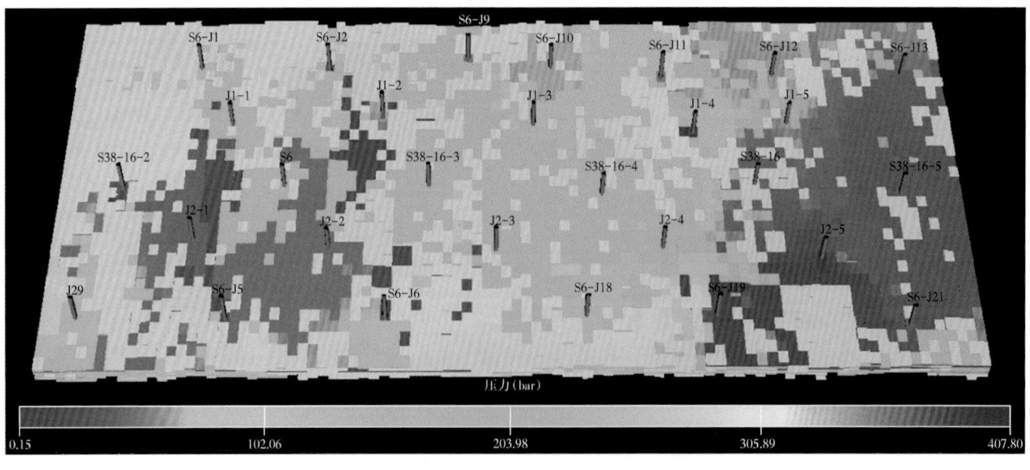

图 7-28　对角线中心直井加密后的井位部署

表 7-4　单井累计产量及采出程度预测

半缝长 \ 井网	累计产量（井密度约为 4 口/km^2）			最终采出程度（%）
	新加井平均产量（10^4m^3）	基础井平均产量（10^4m^3）	所有井平均产量（10^4m^3）	
100m	1538	1989	1833	55. 4
50m	1460	1976	1798	54. 3

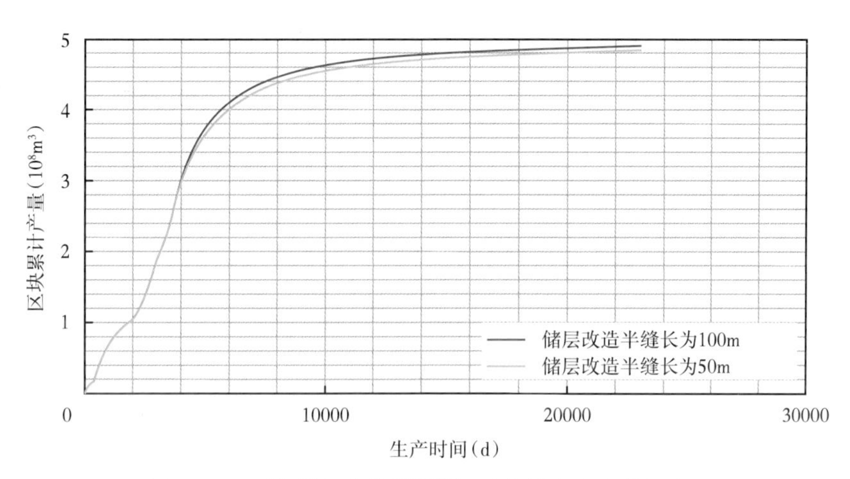

图 7-29　区块累计产量预测图（对角线中心直井加密）

2. 排距上直井加密

模拟研究区内在 600m×800m 井网基础上排距上整体加密直井 12 口，共有直井 31 口，井密度约为 4 口/km^2，井位部署如图 7-30 所示，单井累计产量及采出程度预测见表 7-5，图 7-31 为区块累计产量预测图。评价最终采出程度 50. 5%左右，所有井平均单井累计产量大于目前单井经济极限累计产量，新加井累计产量略低于经济极限。

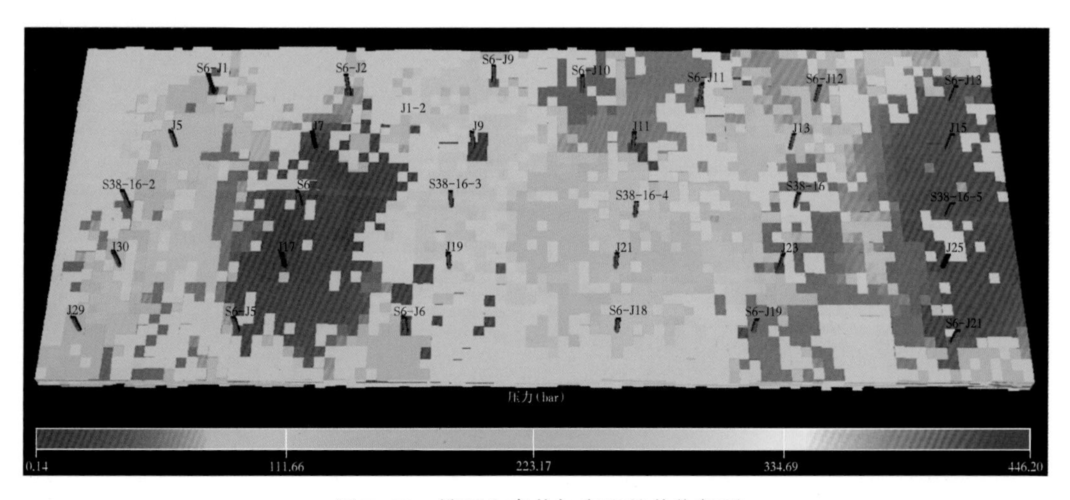

图 7-30　排距上直井加密后的井位部署

表 7-5　单井累计产量及采出程度预测

井网 / 半缝长	累计产量(井密度约为 4 口/km²)			最终采出程度(%)
	新加井平均产量(10^4m^3)	基础井平均产量(10^4m^3)	所有井平均产量(10^4m^3)	
100m	1445	1828	1680	50.7
50m	1364	1849	1661	50.2

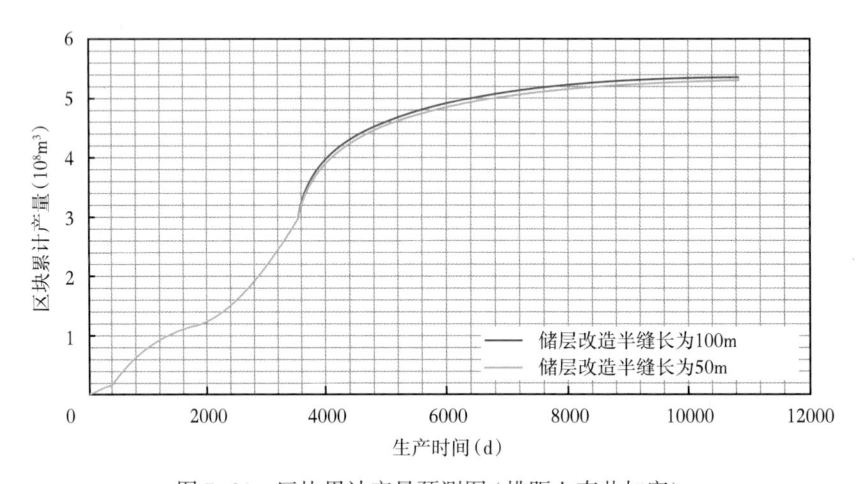

图 7-31　区块累计产量预测图(排距上直井加密)

3. 井距上直井加密

模拟研究区内在 600m×800m 井网基础上井距上整体加密直井 14 口，共有直井 33 口，井密度约为 4 口/km²，井位部署如图 7-32 所示，单井累计产量及采出程度预测见表 7-6，图 7-33 为区块累计产量预测图。评价最终采出程度 47.5%左右，所有井平均单井累计产量大于目前单井经济极限累积产量，新加井累计产量低于经济极限。

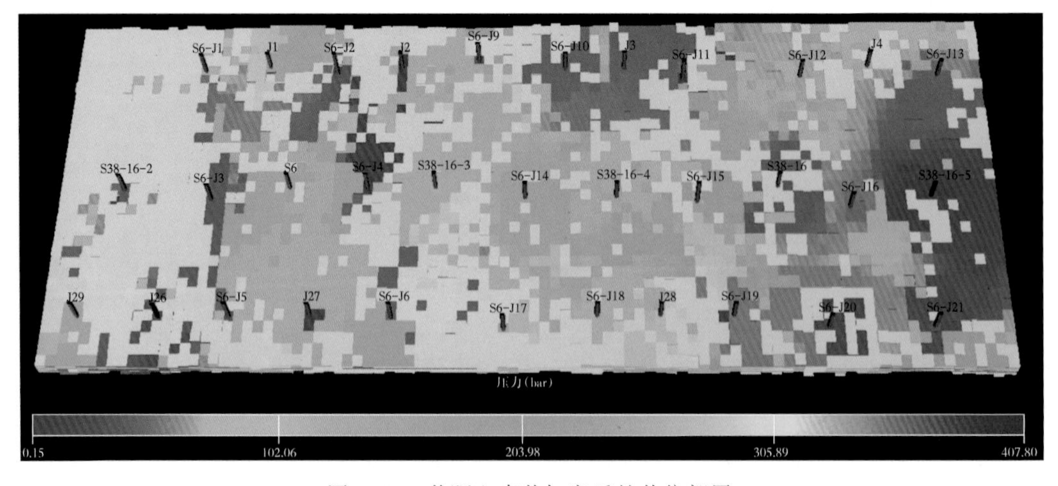

图 7-32　井距上直井加密后的井位部署

表 7-6 单井累计产量及采出程度预测

井网 半缝长	累计产量（井密度约为 4 口/km^2）			最终采出程度（%）
	新加井平均产量（10^4m^3）	基础井平均产量（10^4m^3）	所有井平均产量（10^4m^3）	
100m	1175	1874	1577	47.7
50m	1148	1870	1564	47.2

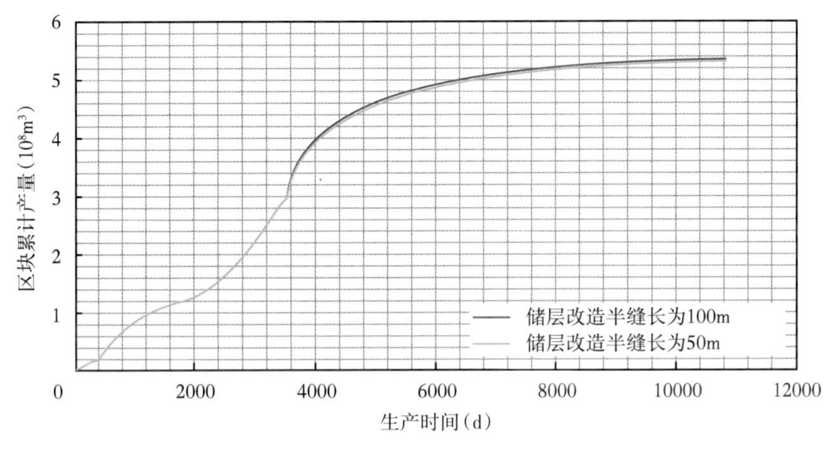

图 7-33 区块累计产量预测图（井距上直井加密）

4. 对角线水平井加密

模拟研究区内在 600m×800m 井网基础上对角线加密水平井 6 口，原有直井 19 口，井位部署如图 7-34 所示，单井累计产量及采出程度预测见表 7-7，图 7-35 为区块累计产量预测图。评价最终采出程度为 56.5%左右，按投资折算，1 口水平井相当于 3 口直井，新加水平井和所有井折合平均单井累计产量均小于目前单井经济极限累计产量。

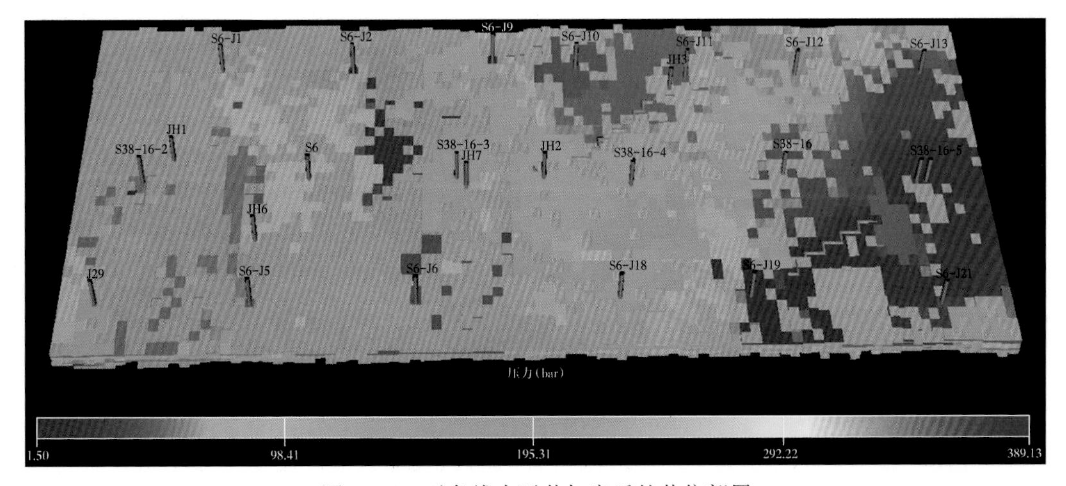

图 7-34 对角线水平井加密后的井位部署

表 7-7 单井累计产量及采出程度预测

井网 / 半缝长	累计产量(中心加密水平井)			最终采出程度(%)
	新加水平井平均产量(10^4m^3)	基础井平均产量(10^4m^3)	所有井折合直井产量(10^4m^3)	
100m	1589	1955	1270	56.8
50m	1555	1941	1258	56.2

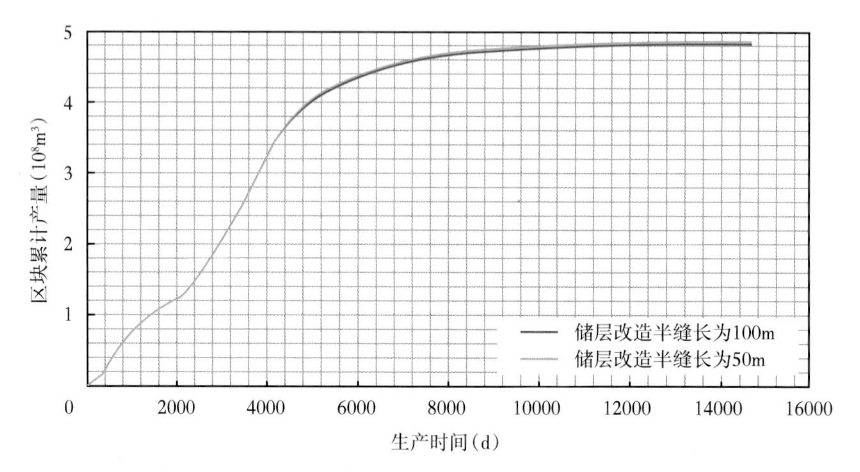

图 7-35 区块累计产量预测图(对角线水平井加密)

五种整体加密布井方式的计算结果表明(表 7-8):目前经济条件下,600m×800m 的井网对角线中心直井加密最优,加密后井密度约为 4 口/km^2,最终采出程度 55.4%。

表 7-8 五种整体加密方式评价结果(裂缝半长 100m)

加密方式	井密度(口/km^2)	新加井平均累计产量(10^4m^3)		井均累计产量(10^4m^3)	采出程度(%)	评价结果	
		直井	水平井			经济效益最大化	采出程度最大化
现有井网	3			1765	41.2	/	/
600m×800m	2			2223	33.5	/	/
对角线中心加密	4	1538		1833	55.4	√	√
排距直井加密	4	1445		1680	50.7	×	√
井距直井加密	4	1175		1577	47.7	×	√
对角线水平井加密			1589	1270	56.8	×	×

二、加密时机

对于井密度为 1~2 口/km^2 的已动用储量区,考虑加密井经济效益,加密井应在骨架井投产 3~5 年内投产为宜。这是因为,气井泄气范围在不同开发时期增速不同,0~5 年内增长快,5 年后增长慢。根据富集区气井泄气半径随投产时间变化典型图版(图 7-36),投产

3 年末，Ⅰ+Ⅱ类储层内井平均泄气半径可达 190m，即 380~400m 井距内不再需要布新井；投产 5 年末，Ⅰ+Ⅱ类储层内气井平均泄气半径可达 230m，即 460~500m 井距内不建议布新井。另一方面，若储层品质好，连通性强，加密井相比于骨架井投产时间较晚，产量往往较低，EUR 为$(1000\sim1200)\times10^4m^3$，对应内部收益率小于 8%，开发效益较差。加密时间过晚会造成加密井没有效益。这里与一次成型布井没有矛盾，例如，在Ⅰ类储层内一次布井密度为 3 口/km^2 时，每口井都有效益；但是先部署井密度为 2 口/km^2、5 年后再部署井密度为 1 口/km^2 时，新部署的那 1 口井就没有效益，若不部署那 1 口井，则会造成优质储量的遗留，后期挖潜难度大。在地质认识较清楚的情况下，尽可能地一次井网成型布井。

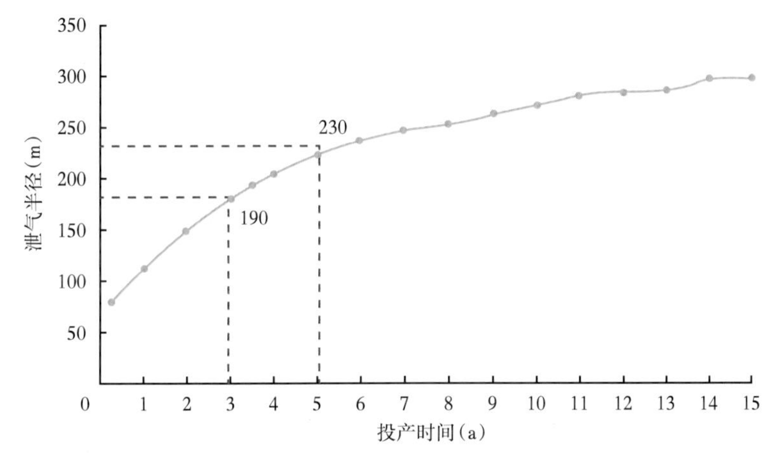

图 7-36 Ⅰ+Ⅱ类储层气井泄气半径随投产时间变化典型图版

第八章　混合井网设计与指标论证

第一节　水平井开发与直井开发效果分析

为了分析直井与水平井层间储量动用程度差异，针对前文划分的三个类型的砂层组：单期厚层孤立型、多期垂向叠置泛连通型、多期分散局部连通性，开展了4个模拟井组：苏36-8-21井组（单期厚层块状型）、苏10-38-24井组（多期垂向叠置泛连通型）、苏14井组和苏6-J16井组（多期分散局部连通型）的直井600m×800m井网、水平井600m×1600m井网的数值模拟研究，并预测了开发指标。

一、模拟井组地质模型建立

为了深入分析不同组合模式的水平井剖面储量采出程度及不同开发方式下的开发指标，针对四个典型井组进行了地质建模。

1. 沉积相模型

对4个模拟井组分小层统计了心滩的规模尺度。苏36-8-21井组的心滩砂体平均宽度100~400m，平均长度600~1600m；苏10-38-24井组的心滩砂体平均宽度100~300m，平均长度400~1400m；苏14井组的心滩砂体平均宽度100~300m，平均长度700~1300m；苏6-J16井组的心滩砂体平均宽度100~200m，平均长度400~900m。

按照分级建模的思路，以砂体骨架模型为基础，以地质知识库为指导，模拟心滩的三维分布，建立沉积相模型（图8-1）。

2. 储层参数模型

在沉积相模型的基础上，根据各井组不同相带下储层参数（孔隙度、渗透率、含水饱和度）的统计特征，拟合变差函数，利用序贯高斯模拟方法建立了储层参数三维模型。

从地质模型图上反映出孔隙度、渗透率、含水饱和度的分布受相控明显（图8-2），心滩微相是主要的天然气储集场所，具有相对高孔隙度、高渗透率的特点。

3. 储量计算

根据模拟好的孔隙度、含水饱和度、净毛比等三维模型，计算模型的地质储量（表8-1）。苏36-8-21井组面积4.94km^2，地质储量9.48×10^8m^3；储量丰度1.919×$10^8m^3/km^2$。苏10-38-24井组面积6.01km^2，地质储量8.06×10^8m^3，地质储量丰度1.581×$10^8m^3/km^2$；主要分布在盒8段下亚段2小层（合计61.63%），储量分布比较集中。苏6-J16井组面积3.08km^2，地质储量6.63×10^8m^3，地质储量丰度2.1536×$10^8m^3/km^2$；主要分布在$H8_1^2$、$H8_2^1$、$H8_2^2$三个小层，储量分布比较集中。苏14井组面积2.84km^2，地质储量5.56×

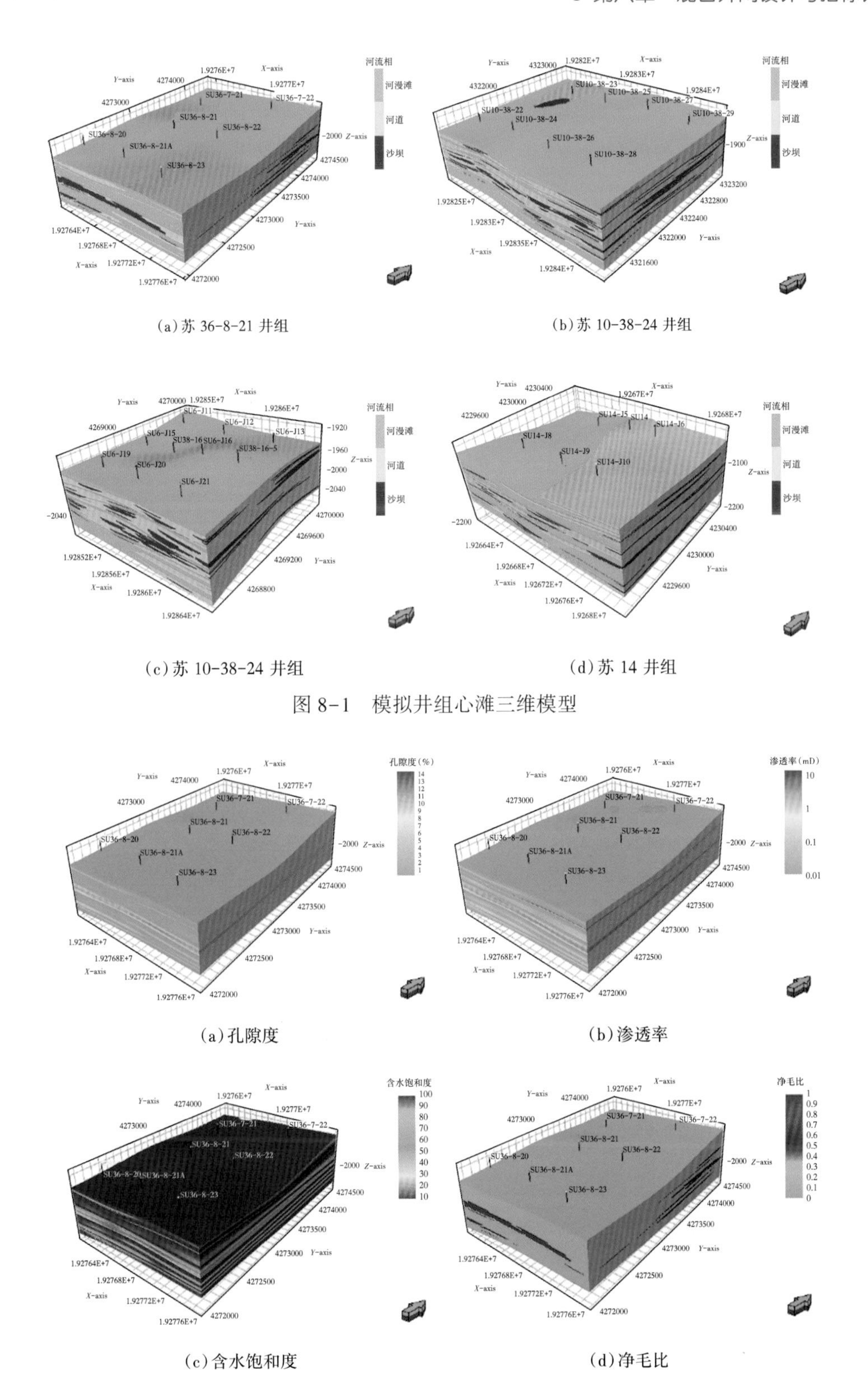

(a)苏 36-8-21 井组

(b)苏 10-38-24 井组

(c)苏 10-38-24 井组

(d)苏 14 井组

图 8-1 模拟井组心滩三维模型

(a)孔隙度

(b)渗透率

(c)含水饱和度

(d)净毛比

图 8-2 苏 36-8-21 井组储层参数模型

10^8m^3，地质储量丰度 $1.9578×10^8m^3/km^2$；主要分布在 $H8_2^1$、$H8_2^2$、$S1_2$ 三个小层，小层储量之间不连续，分布相对分散。

表 8-1　4 个井组地质储量计算结果表（单位：10^8m^3）

小层	苏 36-8-21 井组	苏 10-38-24 井组	苏 6-J6 井组	苏 14 井组
$H8_1^1$	0.84	0.57	0.21	
$H8_1^2$		0.19	2.43	0.16
$H8_2^1$		1.35	2.02	2.10
$H8_2^2$	7.59	5.85	1.10	1.40
S_1^1	0.29	1.3	0.50	0.06
S_1^2	1.25	0.3	0.17	1.32
S_1^3	0.35	0.13	0.19	0.53
合计	10.32	9.5	6.63	5.56

二、数值模拟方案设计与开发指标预测

1. 数值模拟方案设计

为了系统分析直井与水平井层间储量动用程度差异，对 4 个模拟井组开展了数值模拟研究，预测开发指标开展对比分析。

投资相同时（1 口水平井替代 3 口直井），水平井与直井的层内储量动用程度基本相当，以此为基准设计布井方案对比井组采收率，研究层间储量动用情况。

直井开发按照布井密度 3 口/km^2 补充新钻完善井网，预测单井累计产量和区块采出程度。在建立的地质模型基础上，把直井全部替换掉，按照 600m×1600m 的井网整体部署水平井，通过数模预测单井累计产量和井组采出程度。

根据上述方案设计，按照不同井网井控面积折算，确定了不同模拟井组的新钻井数（表 8-2）。

表 8-2　模拟井组方案新钻井数

模拟井组	面积（km^2）	已有井数（口）	新钻井数	
			直井开发（600m×800m）	水平井整体开发（600m×1600m）
苏 36-8-21	4.94	7	8	5
苏 10-38-24	6.01	8	10	6
苏 6-J16	3.08	7	2	3
苏 14	2.84	6	3	3

2. 模拟井组历史拟合

历史拟合，就是用录取的地层静态参数来计算油气藏开发过程中主要动态指标变化的历史，把计算的结果与所观测到的油气藏或油气井的主要动态指标（例如压力、产量、气油比、含水率）等进行对比，如果发现两者之间有较大差异，而使用的数学模型又正确无误，则说明模拟时所用的静态参数不符合油气藏的实际情况。这时，就必须根据地层静态参数与压力、产量、气油比、含水率等动态参数的相关关系，来对所使用的储层静态参数作相应的修改，然后用修改后的储层参数再次进行计算并进行对比。历史拟合是模拟研究中十分重要的环节，基本上是一个证实模型的过程。

本次拟合采取的工作制度为定气量和最小井底流压控制，拟合的主要指标为储量、采气量、压力。

1）储量拟合

储量拟合是历史拟合的第一步。在拟合储量时，主要拟调参数有气层厚度、孔隙度和含气饱和度。模型中的饱和度模型是根据测井电阻率曲线建模所得，应根据气田生产动态进一步修正，主要修正气藏边部无井控制区域含水饱和度，同时拟合过程中，对气层有效厚度和孔隙度也做了适当调整。

2）压力拟合

对压力进行历史拟合，首先要分析哪些气层物性参数对压力变化敏感。实践表明，对压力变化有影响的气层物性参数是很多的。一般与流体在地下的体积有关的参数如孔隙度、厚度、饱和度等数据都对压力计算值的大小有影响。气层综合压缩系数的改变对气层压力值的影响也比较大。与流体渗流速度有关的物性参数（如渗透率及黏度等）则对气层压力的分布状况有较大的影响。

通过调节井组参考深度、参考压力、渗透率等参数，使得每口井井底流压观测值与模拟值较为吻合，经过历史拟合后的地质模型基本能够用来反映地下的实际状况（图 8-3）。

3. 模拟井组开发指标预测

以苏 36-8-21 井组为例，对比 600m×800m 井网开发与 600m×1600mm 水平井整体开发的效果。

按照井控面积折算，苏 36-8-21 井组需要部署 2 口新井以达到 600m×800m 的直井井网。根据平面及剖面上储量分布特征，以及目前井网井位部署情况，部署了 2 口直井，井位图及井轨迹剖面如图 8-4、图 8-5 所示。

目前该井组已累计产气 $25817\times10^4m^3$，井均产气 $3688.1\times10^4m^3$；数值模拟预测井均累计产量 $7124.14\times10^4m^3$，配产数据表见表 8-3。苏 36-7-21 井、苏 36-8-21 井为该井组内部署的两口直井，其累计产量均可达到 10^8m^3 以上（图 8-6、图 8-7）。

表 8-3 苏 36-8-21 井组直井配产及累计产量数据表

井号	配产（$10^4m^3/d$）	目前累计产量（10^4m^3）	累计产量（10^4m^3）
S36-7-21	3.62	5832	11030
S36-7-22	2.02	2739	6885
S36-8-20	2.52	3636	6348

续表

井号	配产($10^4m^3/d$)	目前累计产量(10^4m^3)	累计产量(10^4m^3)
S36-8-21	3.43	5619	10691
S36-8-21A	3.03	4425	6149
S36-8-22	0.8	3298	1036
S36-8-23	2.33	268	7730
W1	1.2		3309
W2	1.6		3400
合计		25817	56578

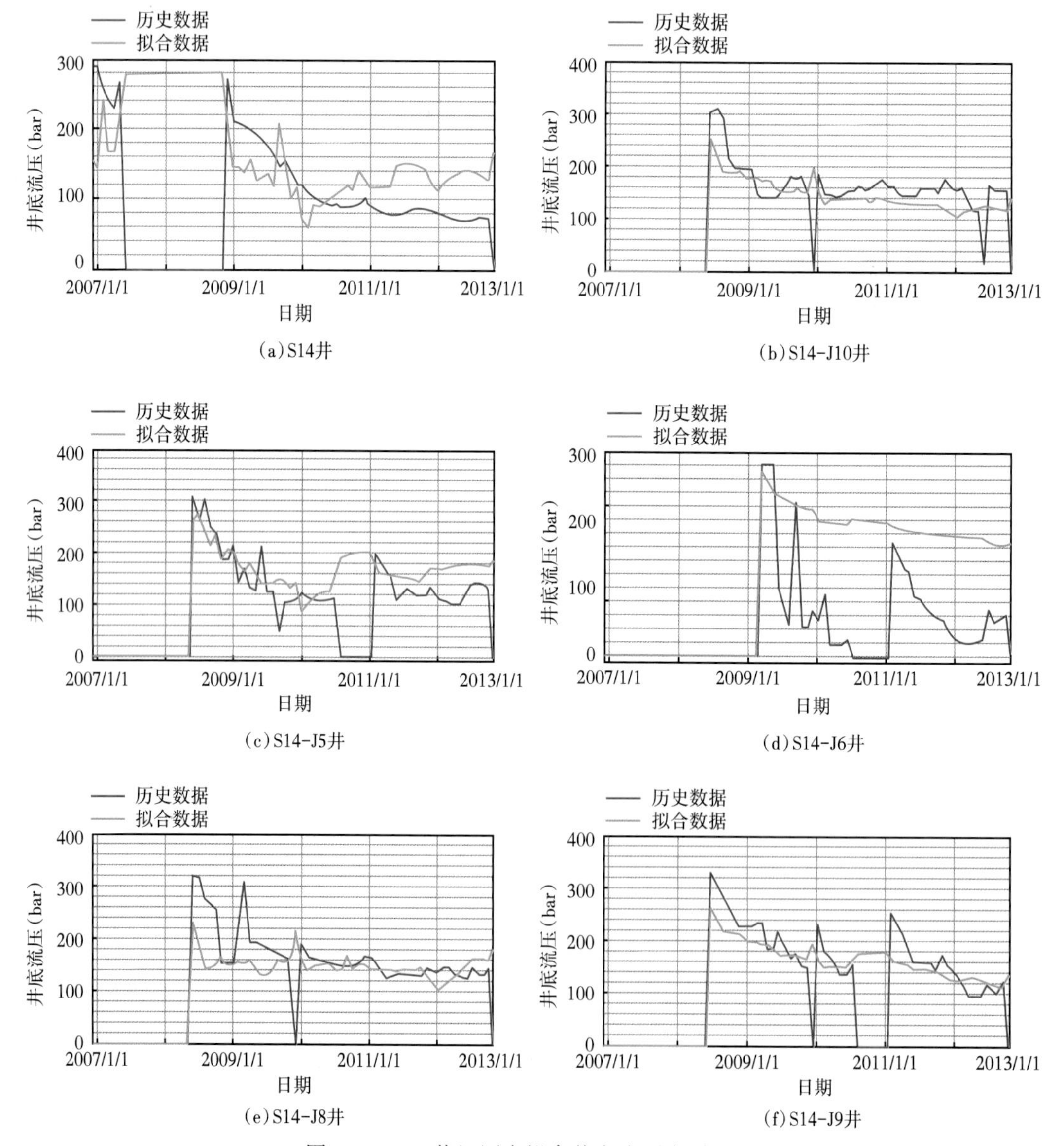

图 8-3 S14 井组历史拟合井底流压力对比图

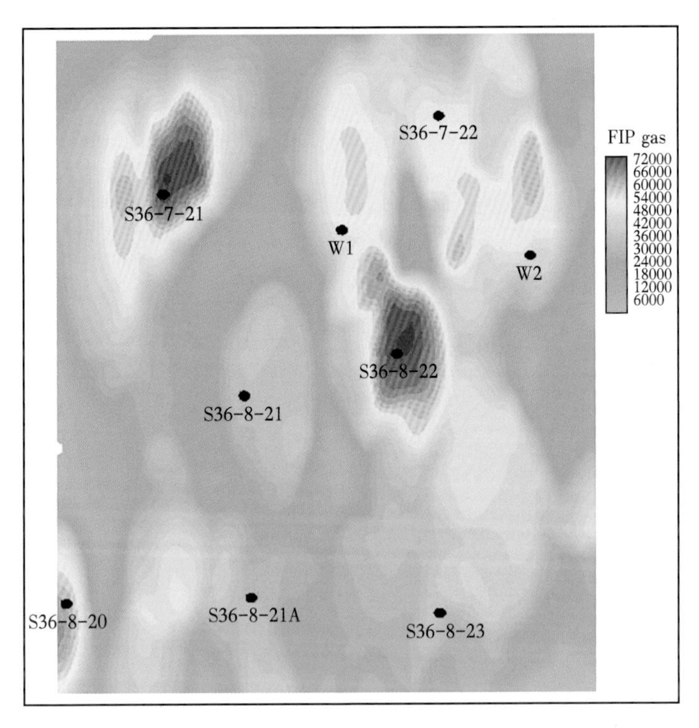

图 8-4　直井井位图

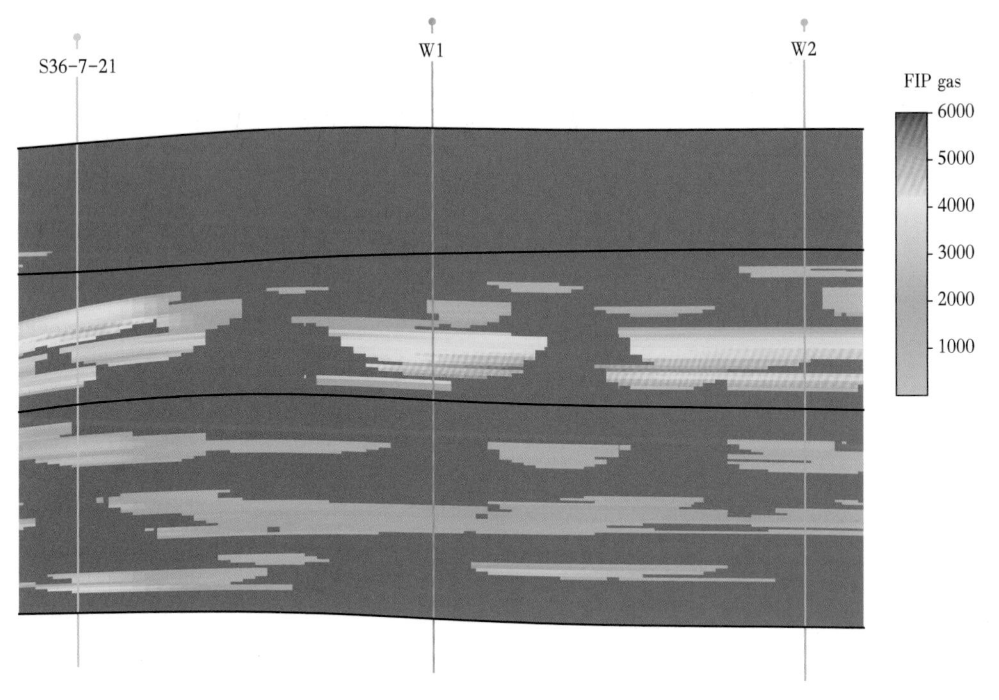

图 8-5　W1 井、W2 井井轨迹剖面

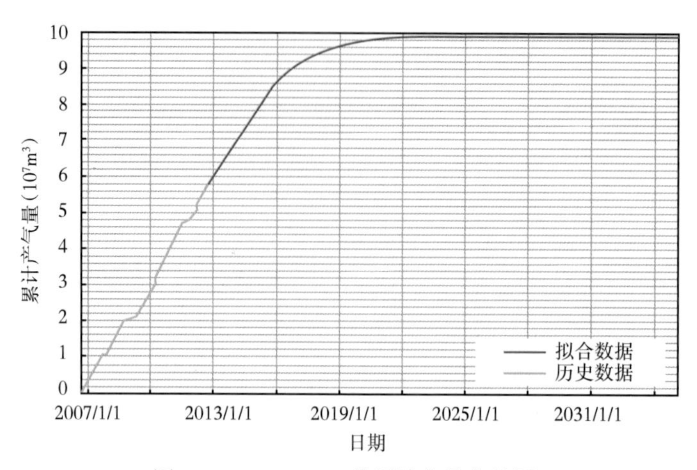

图 8-6 S36-7-21 井累计产量曲线图

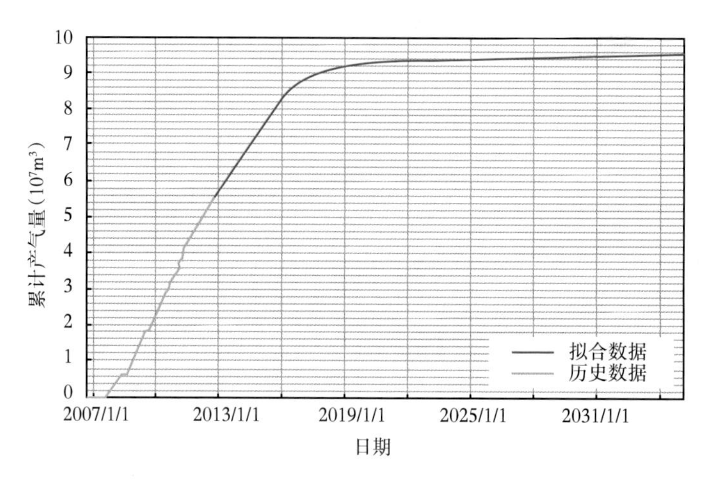

图 8-7 S36-8-21 井累计产量曲线图

根据储量分布情况及层位，设计了 5 口水平井，设计水平段长度 1000m，压裂 5 段。井位图及井轨迹剖面如图 8-8、图 8-9 所示。

该井组水平井平均配产 $8.4\times10^4m^3/d$，平均累计产量 $1.1458\times10^8m^3$，配产及累计产量数据表见表 8-4。以该井组内部署的两口水平井 W4 井、W5 井为例，W4 井的累计产量为 $6035\times10^4m^3$（图 8-10），W5 井的累计产量可达到 $15585\times10^4m^3$（图 8-11）。

表 8-4 苏 36-8-21 井组水平井配产及累计产量数据表

井号	配产（$10^4m^3/d$）	累计产量（10^4m^3）
W1	10	14012
W2	8.5	10148
W3	9	14551
W4	2.5	7051
W5	9	16601
合计		62374

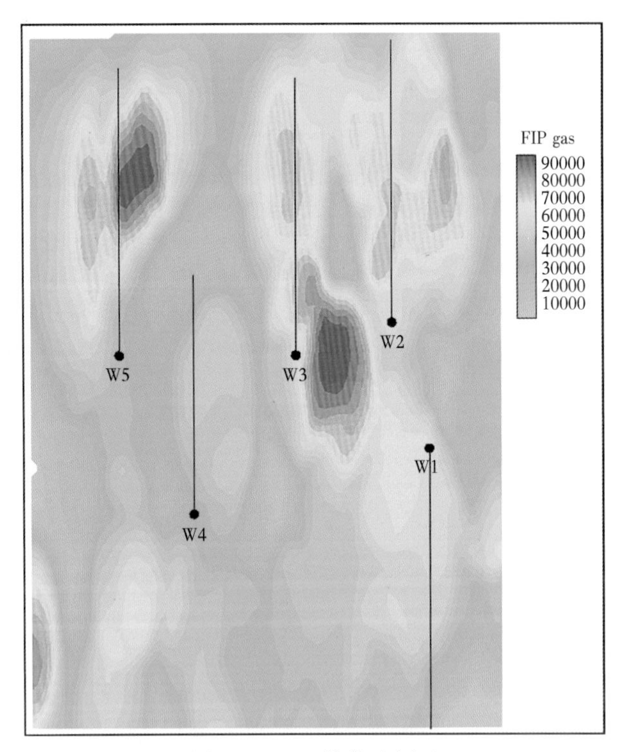

图 8-8　W5 井轨迹剖面

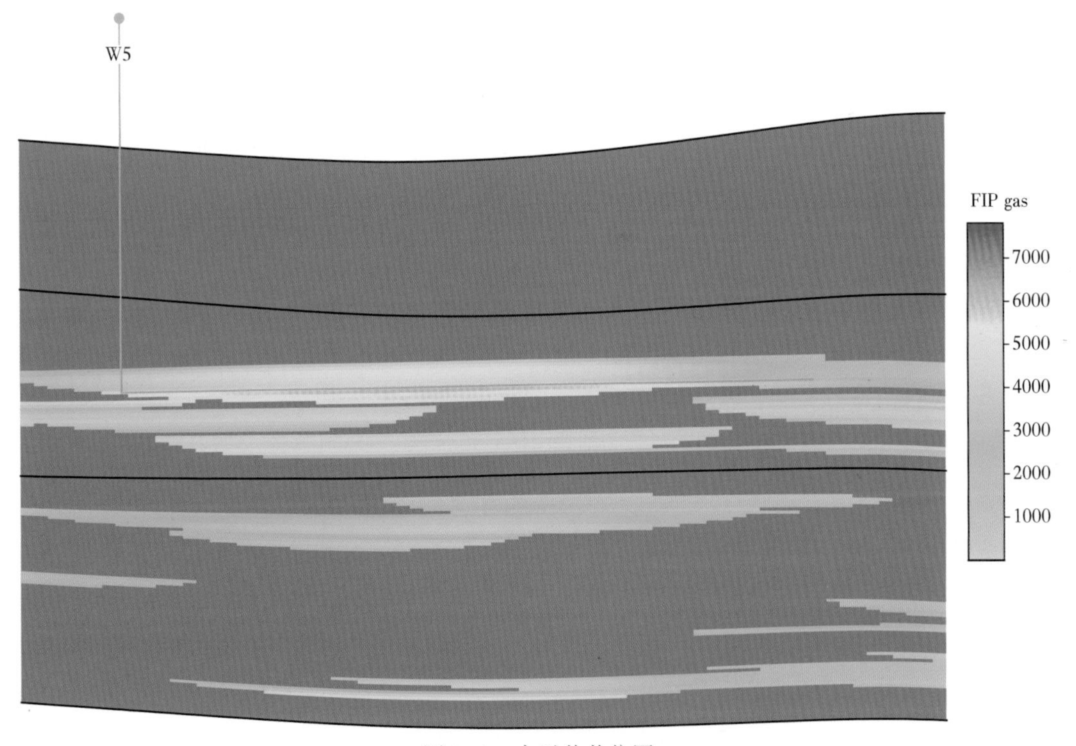

图 8-9　水平井井位图

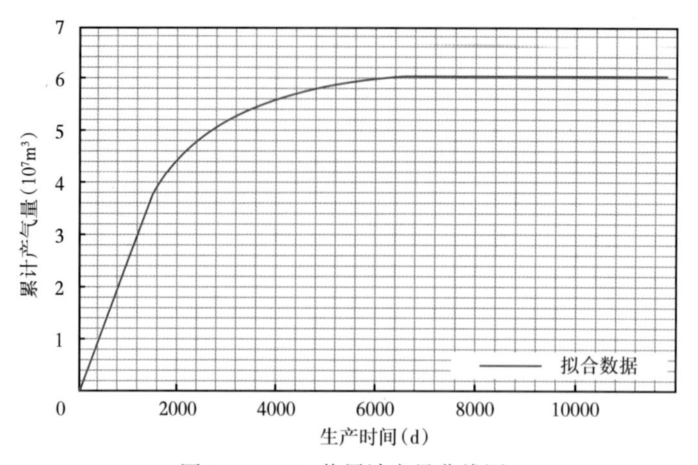

图 8-10　W4 井累计产量曲线图

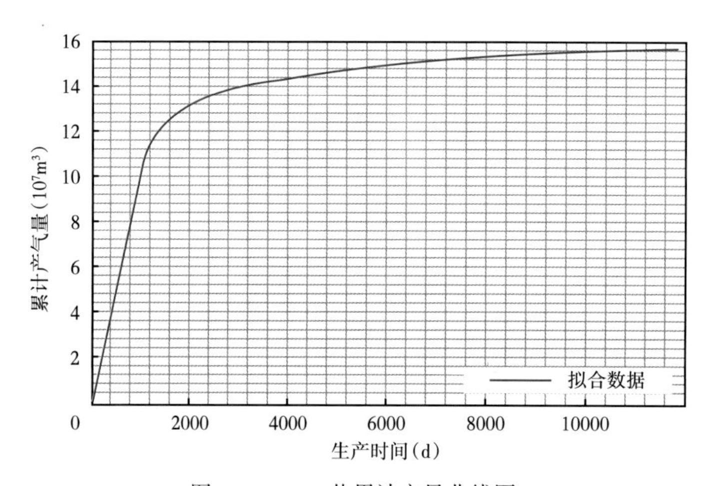

图 8-11　W5 井累计产量曲线图

模拟结果显示，同等投资条件下，水平井在动用层间储量方面没有表现出较高优势。剖面储量集中度超过 60%，水平井可获得比直井略高的采出程度；剖面储量集中度低于 60%，水平井不能获得比直井高的采出程度，且储层分布越分散，水平井开发的采收率越低（表 8-5）。

表 8-5　直井与水平井采出程度数值模拟评价结果表

砂层组模式	模拟井组	地质储量			直井开发		水平井开发	
		面积（km^2）	储量（10^8m^3）	丰度（$10^8m^3/km^2$）	累计产气量（10^8m^3）	采出程度（%）	累计产气量（10^8m^3）	采出程度（%）
单期厚层块状型	苏 36-8-21	4.94	10.32	2.0881	5.6578	54.82	6.2374	60.44
多期垂向叠置泛连通型	苏 10-38-24	6.01	9.50	1.5804	4.1850	44.05	4.5333	47.72
多期分散局部连通型	苏 6-J16	3.08	6.63	2.1526	2.7887	42.06	2.1167	21.85
	苏 14	2.84	5.56	1.9577	2.3691	42.61	1.0430	18.76

单期厚层块状型、多期垂向叠置泛连通型储层剖面上储量集中度高，水平井控制层段采出程度可达65%以上，层间采出程度在40%以上，采用水平井整体开发可大幅提高采收率；多期分散局部连通型储层剖面上储量分布分散，水平井控制层段采出程度小于60%，层间采出程度小于25%，可在井位优选的基础上，采用加密水平井开发（表8-6）。

表8-6 水平井层间采出程度数值模拟评价结果表

砂层组组合模式	井组	剖面储量集中度(%)	水平井控制层段采出程度(%)	层间采出程度(%)	水平井布署方式
单期厚层块状型	苏36-8-21	80.09	75.47	60.44	水平井整体开发
多期垂向叠置泛连通型	苏10-38-24	61.63	67.11	41.36	
多期分散局部连通型	苏6-J16	36.71	59.52	21.85	加密水平井开发
	苏14	37.77	49.67	18.76	

第二节 直井与水平井混合井网部署方案

本次主要是探索三维地质模型中的混合井网部署，综合考虑储层地质特征，储量集中度情况，部署水平井和直井，不考虑地面井场的相应部署问题。

一、混合井组地质模型

以苏6先导性试验区为中心向四周扩展，扩展后的区域面积约为162km^2（图8-12中的虚线框内区域），区内开发井数127口，地质储量233.93×10^8m^3。

应用“多期约束、分级相控”的多步建模方法，建立混合井网区的三维地质模型，为数值模拟、井网加密、水平井提高采收率等研究提供较可靠的地质数据体（图8-13至图8-16）。

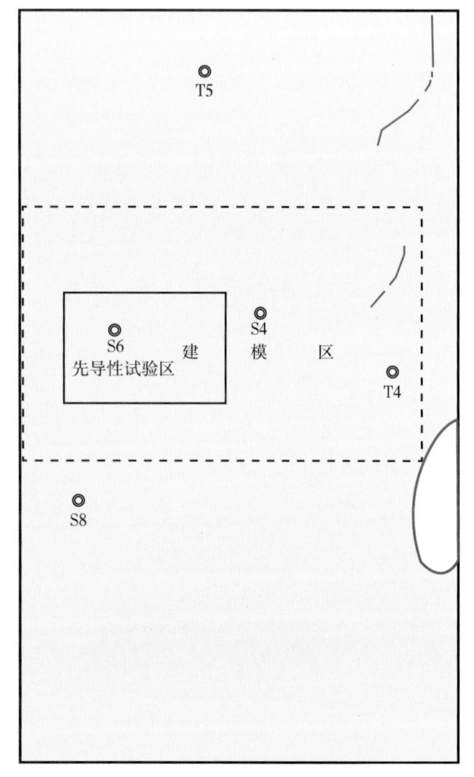

图8-12 苏6区块及其内建模区位置图

二、混合井网部署方案

将研究区按照水平井单井控制区域（600m×1600m）划分为面积约1km^2的区域单元，根据单元区内储层状况部署水平或直井，共设计四套方案，其中两套为直井、水平井混合井网，两套为全直井井网

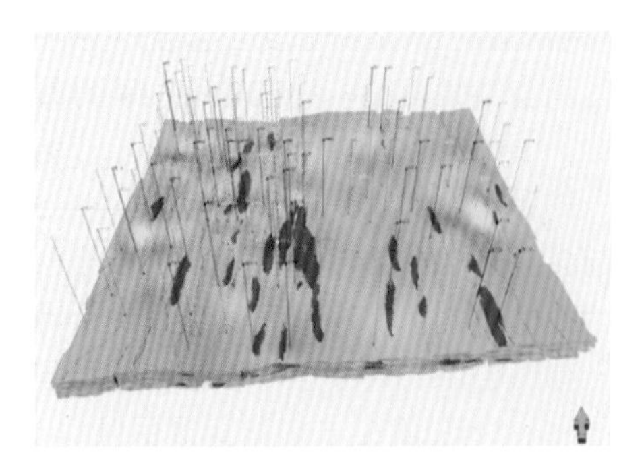
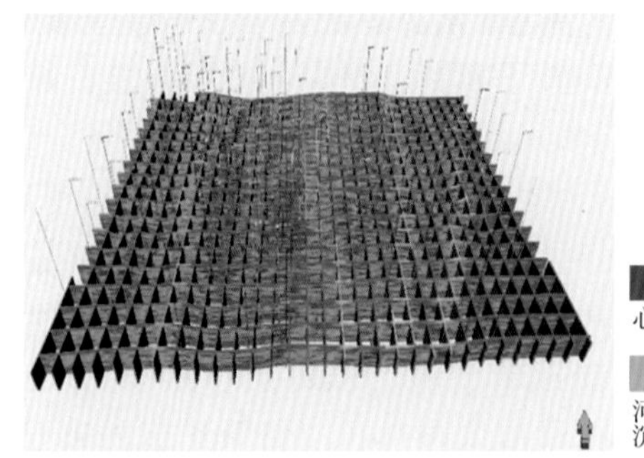

图 8-13　混合井网区沉积微相模型及栅状图

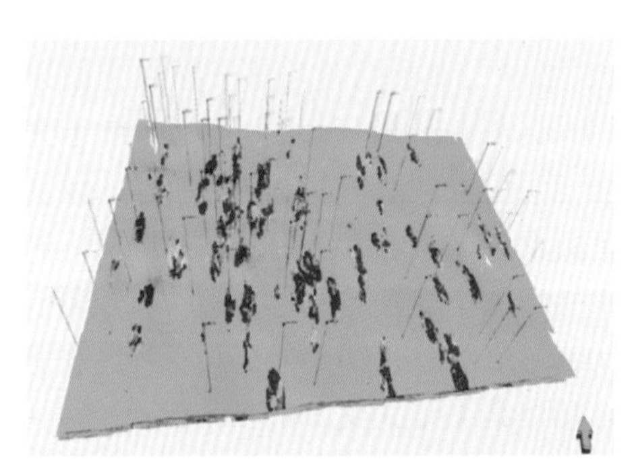
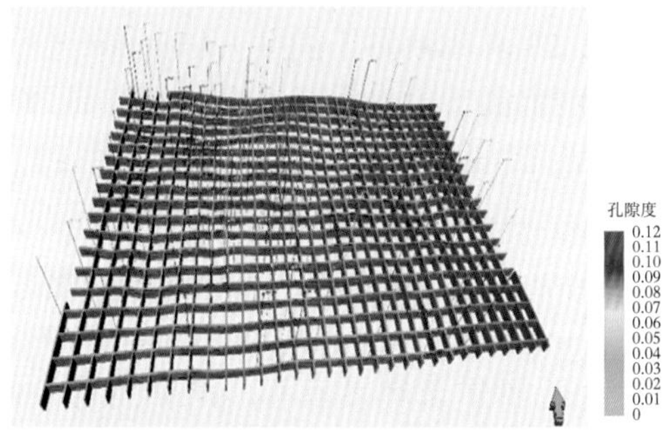

图 8-14　混合井网区孔隙度模型及栅状图

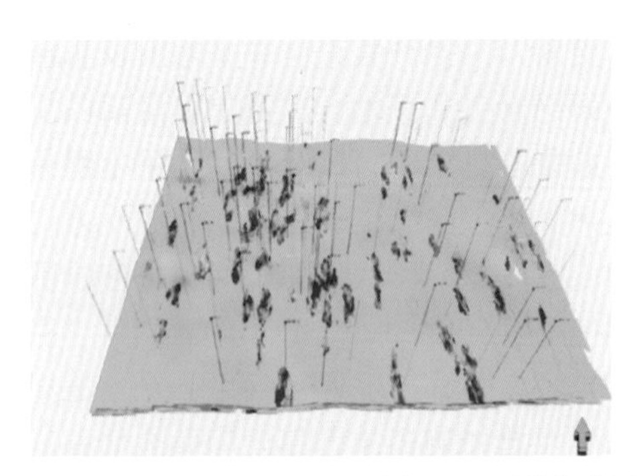
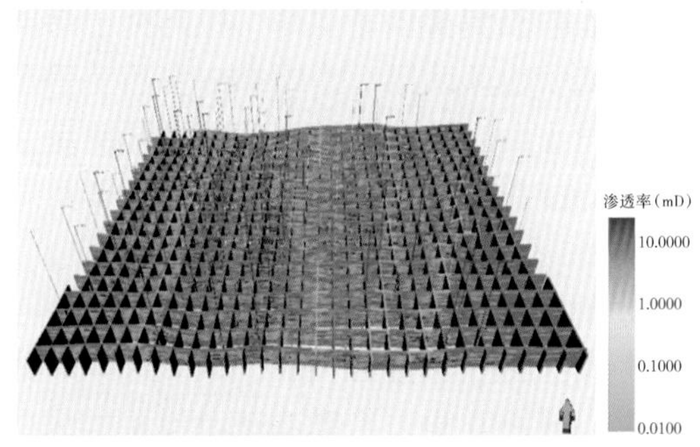

图 8-15　混合井网区渗透率模型及栅状图

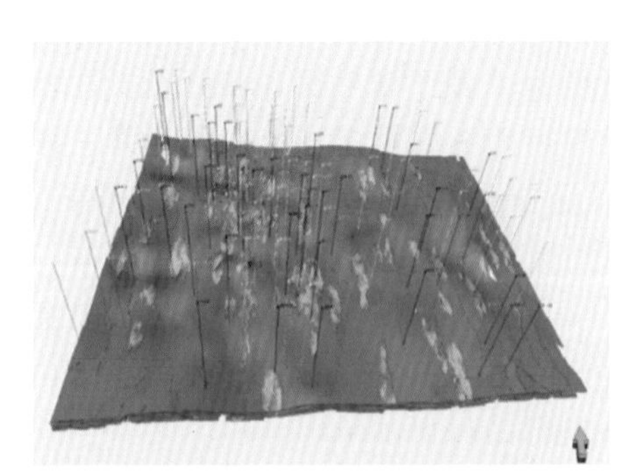
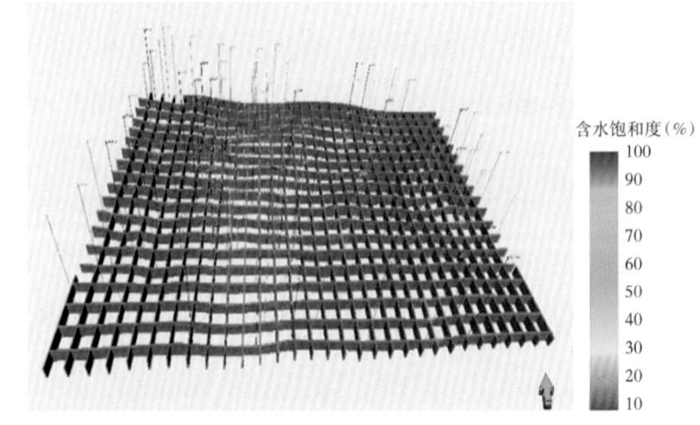

图 8-16　混合井网区含气饱和度模型及栅状图

(表 8-7)。井距、排距部署采用水平井 600m×1600m，直井 400m×600m 和 600m×800m；最终对比分析各套井网的采收率指标，评价混合井网提高储量动用程度的可行性。

表 8-7 井网试验方案设计

方案	直井		水平井	
	有或无	单井控制范围	有或无	单井控制范围
混合井网方案一	有	400m×600m	有	600m×1600m
对比方案一	有	400m×600m	无	
混合井网方案二	有	600m×800m	有	600m×1600m
对比方案二	有	600m×800m	无	

将建模区域按照 600m×1600m 的单位区域划分，形成 150 个独立的区域单元，分析每个区域单元的储层特征，判别适合部署水平井的区域，最终实现混合井网部署(图 8-17)。

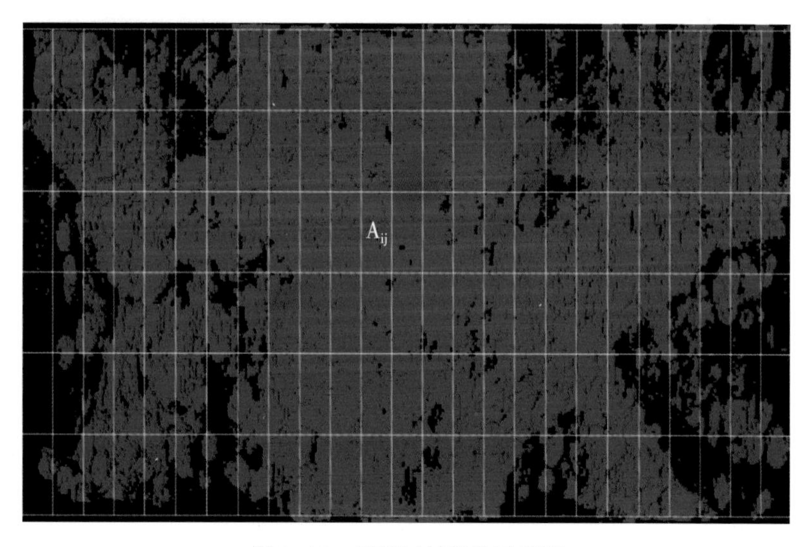

图 8-17 模型区域划分示意图

分析模型划分后的 150 个单元区域储层发育情况，可将其归纳总结为四种类型(图 8-18 至图 8-21)：

(1)储层类型一：有效储层单层厚度适中，储量集中度高，有明显的主力层，适合水平井开发；

(2)储层类型二：有效储层集中分布在相邻的小层中，累计厚度较大且储量集中，适合水平井开发；

(3)储层类型三：有效储层单层厚度适中，但储层均匀分布于在不同小层内，层间发育较厚的隔层，储量不集中；

(4)储层类型四：有效储层单层厚度小，在各小层中随机分布，储量不集中且整体储量丰度低。

分别建立适合水平井和直井开发的储层参数标准，其中适合水平井开发的储层要求有

图 8-18　储层类型一

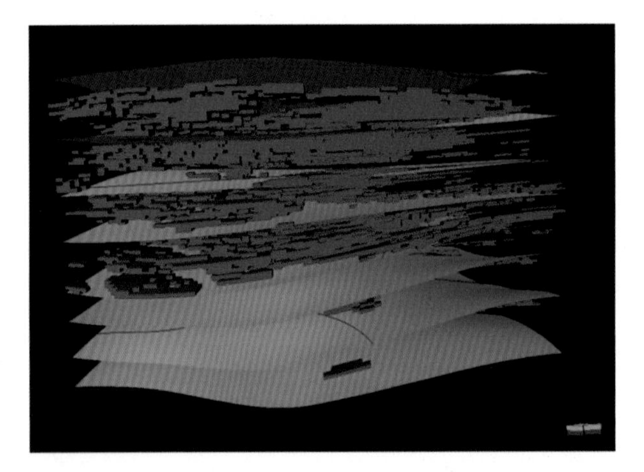

图 8-19　储层类型二

图 8-20　储层类型三

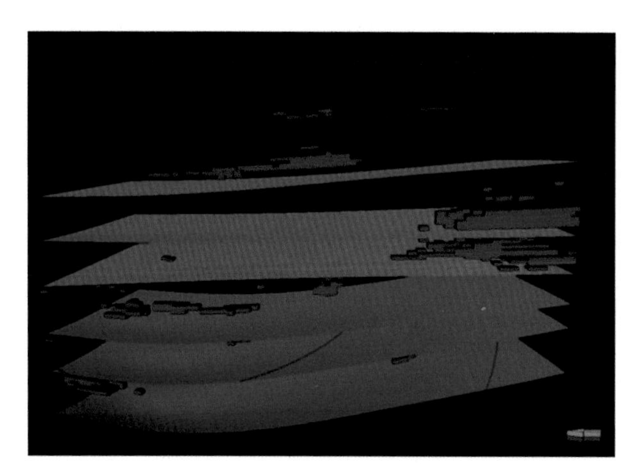

图 8-21　储层类型四

效砂体连片发育，有效砂体叠加厚度大于 7m，有效砂体尺寸大于 1000m，储量集中度较高，大于 55%（表 8-8）。

表 8-8　试验区适应水平井部署的单元区储层参数统计表（42 个区域）

层段	厚度（m）	有效砂体叠合长度（m）	有效砂体体积（10^4m^3）	储量丰度（$10^4m^3/km^2$）	储量集中度（%）
$H8_上$	2.3	350	195.2	0.255	15.6
$H8_下$	8.2	1117	620.3	1.1	67.2
S1	2.6	358	246.2	0.282	17.2

适合直井开发的储层有效砂体孤立、分散发育，有效砂体叠加厚度小于 5m，有效砂体尺寸小于 800m，储量分散于各个层段，储量集中度小于 40%（表 8-9）。

表 8-9　试验区适应水平井部署的单元区储层参数统计表（108 个区域）

层段	厚度（m）	有效砂体叠合长度（m）	有效砂体体积（10^4m^3）	储量丰度（$10^4m^3/km^2$）	储量集中度（%）
$H8_上$	3.9	675	425.7	0.5	35.1
$H8_下$	4.1	633	465.1	0.532	37.3
S1	3.4	233	340.6	0.393	27.6

三、方案指标预测与对比

1. 混合井网方案一

通过有效砂体空间展布统计分析，优选 42 个局部区域部署水平井，水平井控制区域面积占比 28%、其余 72%的区域按照 4 口/km^2 的井密度部署直井，形成直井、水平井混合井网，通过数值模拟预测气井生产期末采收率达到 50.7%（表 8-10，图 8-22）。

表 8-10　混合井网方案一指标预测

布井方式	直井数（口）	直井平均产量（10^4m^3）	水平井数（口）	水平井平均产量（10^4m^3）	区块累计采气量（10^8m^3）	采收率（%）
混合井网	432	1771	42	7932	109.82	50.7

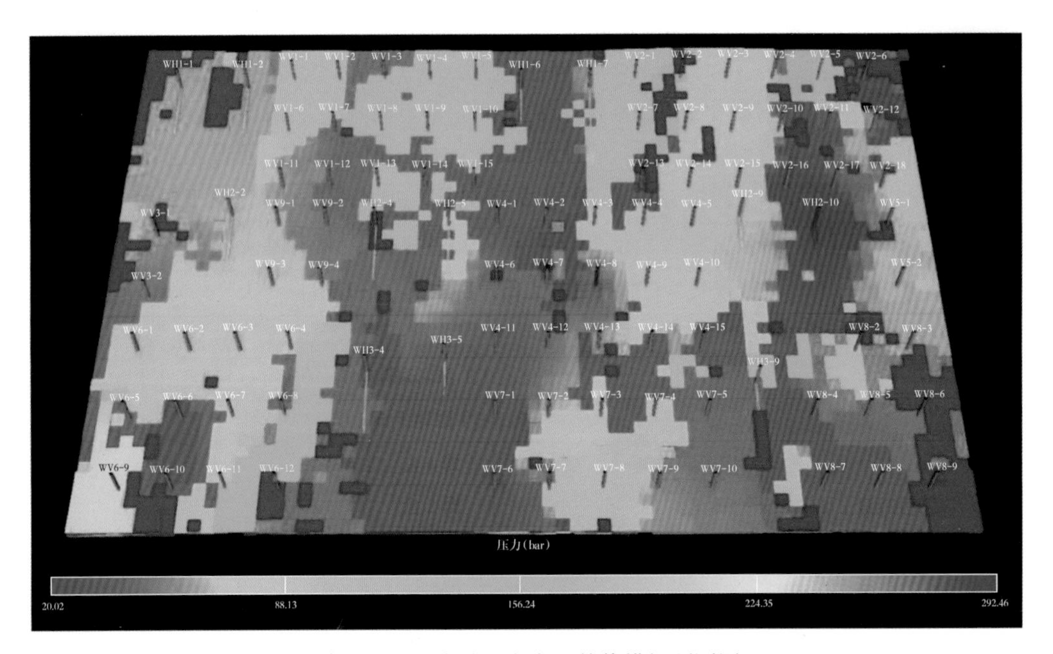

图 8-22　混合井网方案一数值模拟预测图

2. 混合井网方案二

通过有效砂体空间展布统计分析，优选 42 个局部区域部署水平井，水平井控制区域面积占比 28%、其余 72%的区域按照 2 口/km^2 的井密度部署直井，形成直井、水平井混合井网，数值模拟预测气井生产期末采收率达到 37.25%（表 8-11，图 8-23）。

表 8-11　混合井网方案一指标预测

布井方式	直井数（口）	直井平均产量（10^4m^3）	水平井数（口）	水平井平均产量（10^4m^3）	区块累计采气量（10^8m^3）	采收率（%）
混合井网	216	2193	42	7932	80.68	37.25

3. 直井对比方案一

按照 4 口/km^2 的井密度（开发井网 400m×600m）部署直井方案，数值模拟预测气井生产期末采收率达到 49.89%（表 8-12，图 8-24）。

表 8-12　直井对比方案一指标预测

布井方式	直井数（口）	直井平均产量（10^4m^3）	水平井数（口）	水平井平均产量（10^4m^3）	区块累计采气量（10^8m^3）	采收率（%）
混合井网	600	1801	0	0	108.06	49.89

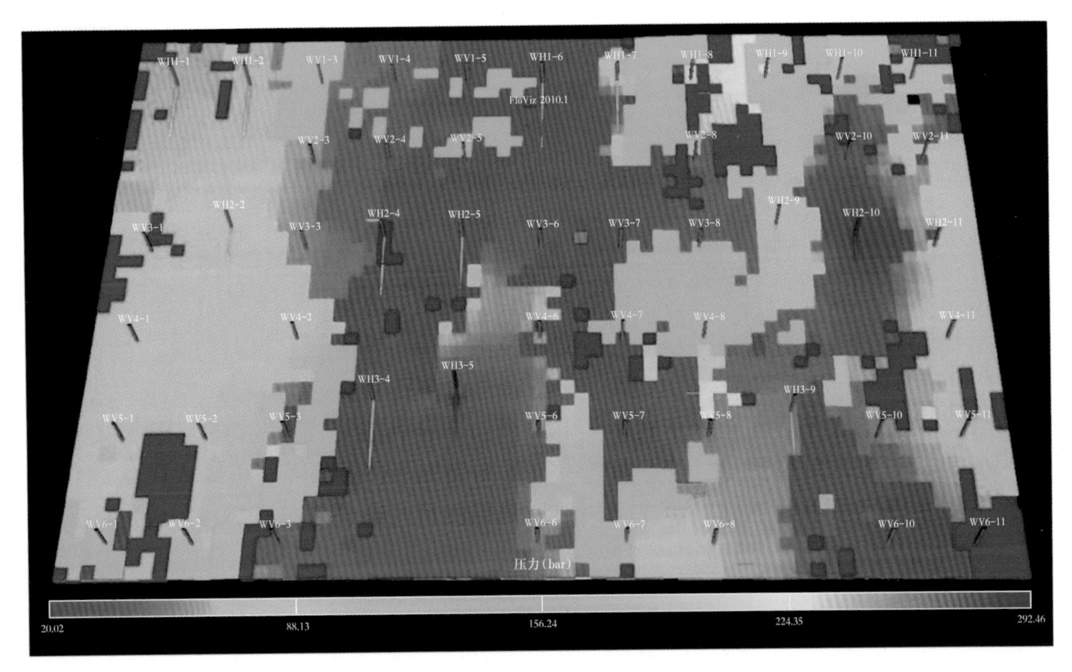

图 8-23　混合井网方案二数值模拟预测图

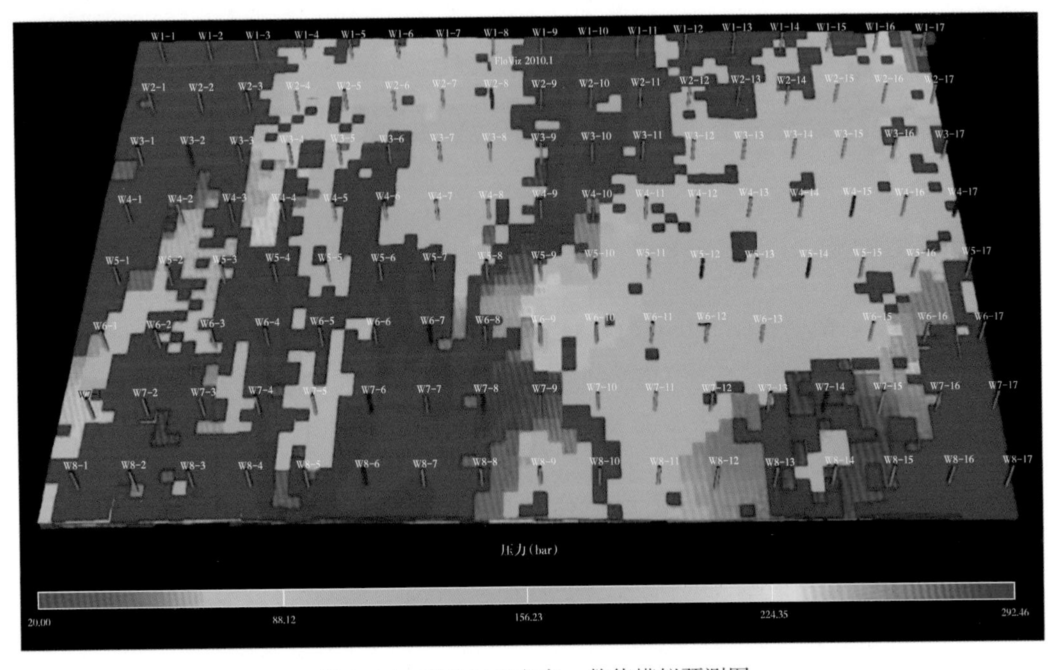

图 8-24　直井对比方案一数值模拟预测图

4. 直井对比方案二

按照 2 口/km^2 的井密度（开发井网 600m×800m）部署直井方案，数值模拟预测气井生产期末采收率达到 31.94%（表 8-13，图 8-25）。

表 8-13 直井对比方案二指标预测

布井方式	直井数（口）	直井平均产量（10^4m^3）	水平井数（口）	水平井平均产量（10^4m^3）	区块累计采气量（10^8m^3）	采收率（%）
混合井网	300	2306	0	0	69.18	31.94

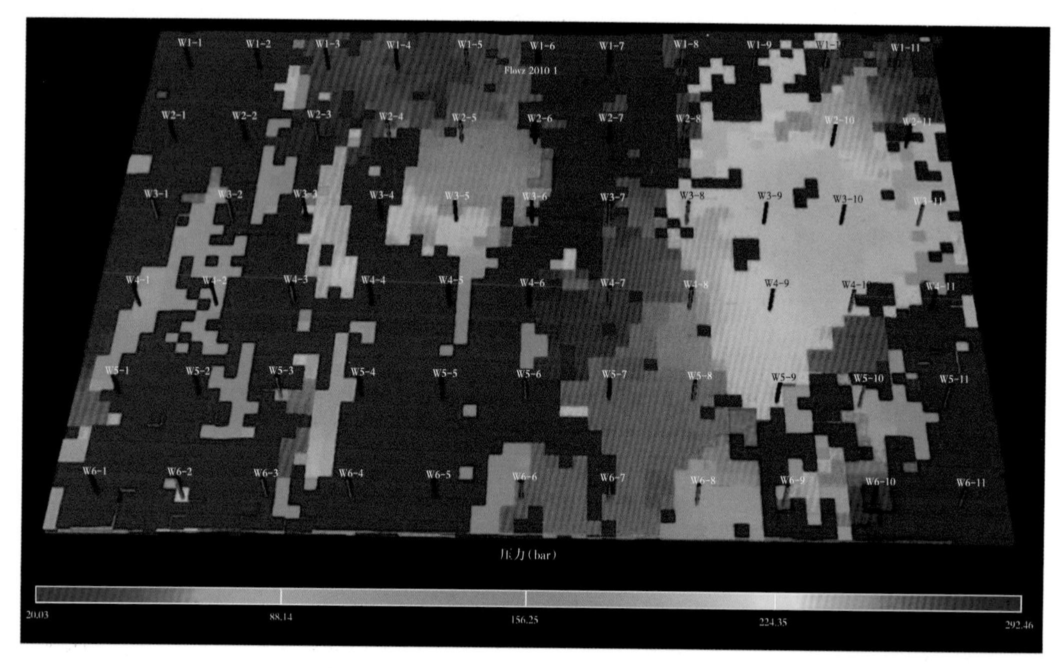

图 8-25 直井对比方案二数值模拟预测图

四种方案对比显示，混合井网开发相对直井井网开发具备一定的优势：当直井密度为 2 口/km^2 时，通过优选井位部署混合井网可以提高区块采收率，提高幅度约为 5%左右；当直井密度达到 4 口/km^2 时，部署混合井网的采收率指标与直井井网的采收率指标基本相当，没有明显提高；按照目前苏里格水平井投资约为直井的三倍计算，按照混合井网方案一部署可节约与水平井数等量的直井投资（表 8-14）。

表 8-14 四种部署方案指标模拟预测对比

方案	直井数（口）	直井平均产量（10^4m^3）	水平井数（口）	水平井平均产量（10^4m^3）	区块累计采气量（10^8m^3）	采收率（%）
混合井网方案一	432	1771	42	7932	109.82	50.70
对比方案一	600	1801	0	0	108.06	49.89
混合井网方案二	216	2193	42	7932	80.68	37.25
对比方案二	300	2306	0	0	69.18	31.94

参考文献

陈欢庆，石成方，胡海燕，等. 2008. 高含水油田精细油藏描述研究进展［J］. 石油与天然气地质，29（1）：128-134.

程立华，郭智，孟德伟，等. 2020. 鄂尔多斯盆地低渗透—致密气藏储量分类及开发对策展［J］. 天然气工业，40（3）：65-73.

戴强，段永刚，陈伟，等. 2007. 低渗透气藏渗流研究现状［J］. 特种油气藏，14（1）：12-14.

董硕，郭建林，郭智，等. 2020. 苏 6 区块气藏剩余储量评价与提高采收率对策［J］. 断块油气田，27（1）：74-79.

付斌，李进步，张晨，等. 2020. 强非均质致密砂岩气藏已开发区井网完善方法［J］. 天然气地球科学，31（1）：143-149.

高树生，叶礼友，熊伟，等. 2013. 大型低渗致密含水气藏渗流机理及开发对策［J］. 石油天然气学报，35（7）：93-99.

郭建林，郭智，崔永平，等. 2018. 大型致密砂岩气田采收率计算方法［J］. 石油学报，39（12）：1389-1396.

郭智，贾爱林，冀光，等. 2017. 致密砂岩气田储量分类及井网加密调整方法——以苏里格气田为例［J］. 石油学报，38（11）：1299-1309.

郭智，贾爱林，何东博，等. 2016. 鄂尔多斯盆地苏里格气田辫状河体系带特征［J］. 石油与天然气地质，37（2）：197-204.

何东博，贾爱林，冀光，等. 2013. 苏里格大型致密砂岩气田开发井型井网技术［J］. 石油勘探与开发，40（1）：79-89.

何东博，贾爱林，田昌炳，等. 2004. 苏里格气田储集层成岩作用及有效储集层成因［J］. 石油勘探与开发，31（3）：69-71.

何东博. 2016. 致密气藏有效开发与提高采收率技术［R］. 中国石油勘探开发研究院.

何光怀，李进步，王继平，等. 2011. 苏里格气田开发技术新进展及展望［J］. 天然气工业，31（2）：12-16.

何江川，余浩杰，何光怀，等. 2021. 鄂尔多斯盆地长庆气区天然气开发前景［J］. 天然气工业，41（8）：23-33.

何自新，付金华，席胜利，等. 2003. 苏里格大气田成藏地质特征［J］. 石油学报，24（2）：6-12.

计秉玉，王春艳，李莉，等. 2009. 低渗透储层井网与压裂整体设计中的产量计算［J］. 石油学报，30（4）：578-582.

冀光，贾爱林，孟德伟，等. 2019. 大型致密砂岩气田有效开发与提高采收率技术对策——以鄂尔多斯盆地苏里格气田为例［J］. 石油勘探与开发，46（3）：602-612.

贾爱林，郭建林，何东博. 2007. 精细油藏描述技术与发展方向［J］. 石油勘探与开发，34（6）：691-695.

贾爱林，何东博，何文祥，等. 2003. 应用露头知识库进行油田井间储层预测［J］. 石油学报，21（6）：51-53.

贾爱林，王国亭，孟德伟，等. 2018. 大型低渗—致密气田井网加密提高采收率对策——以鄂尔多斯盆地苏里格气田为例［J］. 石油学报，39（7）：802-813.

李会军，吴泰然，马宗晋，等. 2004. 苏里格气田优质储层的控制因素［J］. 天然气工业，24（8）：12-13.

李鹭光. 2011. 四川盆地天然气勘探开发技术进展与发展方向［J］. 天然气工业，31（1）：1-6.

李奇，高树生，刘华勋，等. 2020. 致密砂岩气藏井网加密与采收率评价［J］. 天然气地球科学，31（6）：865-876.

李阳，吴胜和，侯加根，等. 2017. 油气藏开发地质研究进展与展望［J］. 石油勘探与开发，44(4)：569-579.
李耀华，宋岩，姜振学，等. 2017. 全球致密砂岩气盆地参数统计分析［J］. 天然气地球科学，28(6)：952-964.
李易隆，贾爱林，何东博. 2013. 致密砂岩有效储层形成的控制因素［J］. 石油学报，34(1)：71-82.
李颖川，李克智，王志彬，等. 2013. 大牛地低渗透气藏产水气井动态优化配产方法［J］. 石油钻采工艺，35(2)：71-74.
李志鹏，林承焰，董波，等. 2012. 河控三角洲水下分流河道砂体内部建筑结构模式［J］. 石油学报，33(1)：101-105.
李忠兴，郝玉鸿. 2001. 对容积法计算气藏采收率和可采储量的修正［J］. 天然气工业，21(2)：71-74.
刘群明，唐海发，吕志凯，等. 2018. 辫状河致密砂岩气藏阻流带构型研究——以苏里格气田中二叠统盒8段致密砂岩气藏为例［J］. 天然气工业，38(7)：25-33.
刘晓鹏，赵会涛，闫小雄，等. 2019. 克拉通盆地致密气成藏地质特征与勘探目标优选——以鄂尔多斯盆地上古生界为例［J］. 天然气地球科学，30(3)：331-343.
卢涛，刘艳侠，武力超，等. 2015. 鄂尔多斯盆地苏里格气田致密砂岩气藏稳产难点与对策［J］. 天然气工业，35(6)：43-52.
卢涛，张吉，李跃刚，等. 2013. 苏里格气田致密砂岩气藏水平井开发技术及展望［J］. 天然气工业，33(8)：38-43.
罗东明，陈舒薇，张广权. 2011. 大牛地气田上古生界沉积相与天然气富集规律的再认识［J］. 石油与天然气地质，(3)：368-374.
马新华，贾爱林，谭健，等. 2012. 中国致密砂岩气开发工程技术与实践［J］. 石油勘探与开发，39(5)：572-579.
毛美丽，李跃刚，王宏，等. 2010. 苏里格气田气井废弃产量预测［J］. 天然气工业，30(4)：64-66.
孟德伟，贾爱林，冀光，等. 2016. 大型致密砂岩气田气水分布规律及控制因素——以鄂尔多斯盆地苏里格气田西区为例［J］. 石油勘探与开发，43(4)：607-614.
孙玉平，陆家亮，唐红君. 2014. 国内外储量评估差异及经验启示［A］//2014 年全国天然气学术年会［C］. 贵阳.
谭中国，卢涛，刘艳侠，等. 2016. 苏里格气田“十三五”期间提高采收率技术思路［J］. 天然气工业，36(3)：30-40.
田景春，张兴良，王峰，等. 2013. 鄂尔多斯盆地高桥地区上古生界储集砂体叠置关系及分布定量刻画［J］. 石油与天然气地质，34(6)：737-742.
王丽娟，何东博，冀光，等. 2013. 阻流带对子洲气田低渗透砂岩气藏开发的影响［J］. 天然气工业，(5)：56-60.
王永祥，张君峰，段晓文. 2011. 中国油气资源/储量分类与管理体系［J］. 石油学报，32(4)：645-651.
文华国，郑荣才，高红灿，等. 2007. 苏里格气田苏 6 井区下石盒子组盒 8 段沉积相特征［J］. 沉积学报，25(1)：90-98.
吴凡，孙黎娟，乔国安，等. 2001. 气体渗流特征及启动压力规律的研究［J］. 天然气工业，21(1)：82-84.
吴胜和，翟瑞，李宇鹏. 2012. 地下储层构型表征：现状与展望［J］. 地学前缘（中国地质大学(北京)），19(2)：15-23.
武力超，朱玉双，刘艳侠，等. 2015. 矿权叠置区内多层系致密气藏开发技术探讨——以鄂尔多斯盆地神木气田为例［J］. 石油勘探与开发，42(6)：826-832.

许杰，董宁，朱成宏，等. 2012. 致密砂岩地震预测在水平井井轨迹设计中的应用［J］. 石油与天然气地质，33(6)：909-913.

杨斌虎，刘小洪，罗静兰，等. 2008. 鄂尔多斯盆地苏里格气田东部优质储层分布规律［J］. 石油实验地质，30(4)：333-339.

杨华，付金华，刘新社，等. 2012. 鄂尔多斯盆地上古生界致密气成藏条件与勘探开发［J］. 石油勘探与开发，39(3)：295-303.

余淑明，田建峰. 2012. 苏里格气田排水采气工艺技术研究与应用［J］. 钻采工艺，35(3)：40-43.

岳大力，吴胜和，刘建民. 2007. 曲流河点坝地下储层构型精细解剖方法［J］. 石油学报，28(4)：88-103.

张焕芝，何艳青，陈文征. 2014. 加快致密气开发的政策研究［J］. 石油科技论坛，33(4)：13-16.

赵文智，汪泽成，朱怡翔，等. 2005. 鄂尔多斯盆地苏里格气田低效气藏的形成机理［J］. 石油学报，26(5)：5-9.

赵昕，郭智，甯波，等. 2019. 苏里格气田差异化井网加密设计方法——以苏×井区为例［J］. 中国石油和化工标准与质量，39(15)：250-254.

郑和荣，胡宗全. 2006. 渤海湾盆地及鄂尔多斯盆地上古生界天然气成藏条件分析［J］. 石油学报，27(3)：1-5.

周克明，李宁，张清秀，等. 2002. 气水两相渗流及封闭气的形成机理实验研究［J］. 天然气工业，22(增刊)：122-125.

朱迅，张亚斌，冯彭鑫，等. 2014. 苏里格气田数字化排水采气系统研究与应用［J］. 钻采工艺，37(1)：47-49.

Dyni R J. Geology and resources of some world oil-shale deposits：Scientific investigations report 2005-5294［EB/OL］. (2006-06-01)［2017-12-01］. https：//pubs. usgs. gov/sir/2005/5294/pdf/sir5294_508. pdf.

Jia A. 2006. The Development Strategies for Gas Fields of Low Permeability，Low Abundance and in Heterogeneity：International Oil & Gas Conference and Exhibition in China，Beijing，China，2006［C］. Society of Petroleum Engineers，5-7 December.

Olmstead R，Kugler I. Halftime in the Permian：An IHS energy discussion［EB/OL］. (2017-06-01)［2018-01-01］. https：//cdn. ihs. com/www/pdf/Halftime-in-the-Permian. pdf.

Ping W，Jiang R，Wang S. 2012. Lessons Learned from North America and Current Status of Unconventional Gas Exploration and Exploitation in China［C］. Vienna，Austria：Society of Petroleum Engineers.

US Geological Survey (USGS). Assessment of undiscovered oil resources in the Bakken and Three Forks Formations，Williston Basin Province，Montana，North Dakota，and South Dakota，Fact Sheet 2013-3013［EB/OL］. (2013-04-01)［2017-12-01］. https：//pubs. usgs. gov/fs/2013/ 3013/fs2013-3013. pdf.

Wang F，Zhang G J，Zhang Y，et al. 2005. History and Prospect of Natural Gas Development in China［C］. Doha，Qatar：International Petroleum Technology Conference.

Zhang Hualiang，Janson Xavier，Liu Li，et al. 2017. Lithofacies，diagenesis，and reservoir quality evaluation of Wolfcamp unconventional succession in the Midland Basin，West Texas［R］. Houston，Texas：AAPG Annual Convention and Exhibition.